· "发现世界"丛书 ·

浩 瀚 宇 宙

张明昌　编著

上海辞书出版社

总 序

世界亟待发现，发现改变世界。

人类虽是万物之灵，但对客观世界的了解，直至今天仍然有限，尚未发现的新规律和新事物还太多太多。而一旦发现了一条新规律、一个新事物，并合理地利用它们，世界的面貌就会有所改变，人类的生活就会更加幸福。

发现和发明的重要性，怎样强调也不过分。发现，是科学的华彩乐章，是科学的美妙景致，是科学中最振奋人心的一座座丰碑。科学工作者，包括我自己在内，当初选择这一职业，多因受到科学发现的巨大魅力的感召，和追求科学发现的巨大喜悦的诱导；不从事科学工作的人士，对科学的最直观印象，也是科学发现和发明带来的生活方式的变化。

亲爱的青少年读者们，科学的未来在你们身上，你们将来都有可能获得或大或小的发现，做出或大或小的发明！在此之前，除了在课堂上学习必要的科学知识外，再读一点有关前人如何获得发现、利用发现的故事，想必大有裨益，更充满乐趣。

由上海辞书出版社推出的"发现世界丛书"，为大家准备了数学、物理、化学、天文、生物、医学、军事工程技术等学科中的大量发现故事。其中，有妙用无穷的《诡谲数学》，围绕着一些中小学的基本数学概念，谈文化，谈历史，谈生活，谈应用，谈思想，说明数学的思维方式在生活中无处不在，尤其是逻辑、概率、统计、博弈等数学分支中的发现，不仅实际应用广泛，而且对人们看问题的思路也会带来深刻的启迪；有"点石成金"的《惊奇化学》，涵盖早期化学发展历程、化学经典理论、化学新发现、人类健康与环境问题中的化学等四大主题，用全面真实的化学图景，激发读者对有趣又有用的化学的探究热情；有梦想成真的《发明奇观》，从众多的现代技术门类中，选取了十多个侧面，把这些技术诞生的情景真实再现给读者，说明技术绝非冷冰冰的，而是深度融入了现代人的生活，对人类更亲切，对环境更友善，通过展示技术的魅力，激发人们对技术科学的兴趣……所有这些，都能让读者领略到不同学科的发现之美。

　　当然，学科其实只是我们对知识的一种分类方式，它们的本质都是从不同的侧面揭示客观世界。因此，不同学科中的发现故事，都蕴含了类似的道理：面对大千世界，如何寻找发现的突破口；站在十字路口，如何确定发现的大方向；遇到重重障碍，如何走好发现的荆棘路；关乎芸芸众生，如何开掘发现的正能量。

我一向认为，科普固然要把科学道理说清楚，更重要的是，要传播科学思想，弘扬科学精神。时下，科普书种类繁多，令人目不暇接，它们都试图努力给读者的人生带来深远而积极的影响。本丛书是其中独具特色的一个范本：时尚的表述方式、有趣的科学故事、清晰的逻辑线条；从科学发现、技术发明，到如何促进人类文明、社会生活……都有准确的描述。

衷心希望广大青少年读者，以及中学教师朋友们，多提宝贵意见，以利科普作品水平的提高。

褚君浩

2013年7月

目 录

踏在脚下的星

在浩瀚的宇宙中，有着数不清的星星，它们都是"远在天边"的庞然大物。然而你可知晓，我们世代居住、繁衍生息的"生命绿洲"——地球，就是这万千星星中的一颗。在茫茫宇宙中，尽管它只是沧海一粟，但对于生命而言，却是一颗无可取代的、最为重要的星。

阿基米德果真能举起地球吗

现在知道，地球可以看作半径为 6 378 千米的圆球。尽管地球表面上有崇山峻岭、洋底有万丈深沟，谁都知道，地球上海拔最高点是中国的珠穆朗玛峰，海拔高度为 8 844.43 米，海下最深的是太平洋中的马里亚纳海沟，深达 11 521 米。但与地球半径相比算得了什么呢！就像一只篮球上有一个 0.3 毫米凸起的"小豆豆"与一条深 0.4 毫米的划痕而已。在太空中，这颗蓝色的星球是如此动人，任何人都会为之怦然心动！

对于人类而言，地球真是太大了，大地总是一望无际，以至很多古人都

太空中看到的地球（"阿波罗 17 号"飞船所摄）

古书中阿基米德举起地球的插图

认为"天圆地方"，直到16世纪麦哲伦率领他的船队历经千辛万苦，完成人类史上第一次环球航行时，人们才相信，我们脚下的大地的的确确是一个大圆球。因为船队是一路向前的，如果地球不是圆球，他们怎能在3年后回到出发点呢？

地球有多重呢？当然是一个巨大的"天文数字"：5 976 000 000 000 000 000 000 000千克（21个"零"）或者说是59.76万亿亿吨！

不过也有人对此并不以为然。古希腊的伟大学者阿基米德就曾自豪地说："给我一个支点，我就能举起地球！"

他之所以声称能举起地球，是因发现了"杠杆原理"。借助杠杆，人在举重物时就可以省不少力气，平时扛不动的重物也可能被举起。而且杠杆的力臂越长，可以举起的重物也就越重，如支点两侧的力臂比为 1：10，达到平衡时两重物的质量比就是 10：1，也就是说只费 1/10 重物所受重力就足以举起重物。从理论上说，不管物体多重，只要让力臂足够长就可以了。难怪阿基米德敢说出这石破天惊的话来，当然在他那个时代，没有人知道我们脚下的那颗星——地球到底有多重。

然而，阿基米德可能不知道杠杆能省力，却并不能省功。因为即使有人能"给一个支点"，即使阿基米德具有"神臂阿童木"那样的神力——姑且算他有"万吨力"，支点近地球长100毫米，那阿基米德距离支点就必须长达59.76万亿千米！这相当于6"光年"长，比最近的恒星还要远！世上哪来这么长的杠杆？它本身的质量也是非常了得。再说，若要用此杠杆，哪怕要把地球举起10毫米，阿基米德至少要把杆子向下压6万亿千米！以1米/秒计，也需要连续压上2亿年！需知道，人类诞生至今也只不过一二百万年而已。由此可见，要想举起地球无异是"蚍蜉撼大树"啊。

地球的"五脏六腑"

地球的内部是怎样的世界？在古代，由于缺少现代科学知识，人们想象出阴森可怕的阴曹地府和十八层地狱，这当然很荒诞。但地球内部情况究竟如何，人们至今仍是不甚了解。一百多年前，法国科幻大师儒勒·凡尔纳把地球比作一团硕大无朋的奶酪，里面布满了弯弯曲曲的坑道和大大小小的洞穴。他在《地心旅行记》中，讲述一位教授与其侄儿(还有一名冰岛的向导)从冰岛的一个火山口进入到地心区域的故事，这一行3人在地球内部遇到了暴风雨的袭击，球形闪电几乎使他们葬身地穴。在旅行中，他们遇见了许多奇兽怪物，穿越过密密层层的蘑菇森林，飘泊在地下的大海，还发现了人类祖先的累累白骨……最后，是一次火山爆发，把他们喷出地表，落在意大利的一个岛屿上，结束了两个月九死一生的探险生涯。

可惜，凡尔纳描写的并不是事实。如今，了解地球的"五脏六腑"即地下情况的办法之一是直接钻洞。但通过钻洞的方法只能了解部分地壳情况，无法将洞钻到地球内部最深处。目前，最深的洞不过14千米。这与地球半径6 378千米相比，就好比蚊子在大象肚皮上叮了一小口而已。

要想知道地球内部，比较可靠的方法是借助"地震波"。天然地震及人工地震，都会产生地震波，地震波在地球内部的传播情况取决于物质的性质。因此，人们可以从其传播情况来探讨地球内部的物质组成和结构。现在一般认为，地球内部构造大致分三层：地壳、地幔和地核，而每层间都是不连续的，彼此之间有个"间断面"。

地壳是地球的表层，相当于人的"皮肤"。大陆地壳平均厚度为 **003**

35千米,大洋地壳平均厚度为7千米。在地表以下,随着深度每增加100米,温度可升高3℃。到地壳深层,温度增加的速度变慢。地壳最深处的温度一般不会超过1 000℃。虽然地壳的体积仅占地球的1%,而质量占比更小,只有0.4%,但对于地球生物而言,地壳却是至关重要的。它为人类和生物界提供了适于生存的生态环境,还为人们贡献了矿产和宝藏。

地壳以下即是地幔。地幔是地球的主要部分,厚度约为2 860千米,其体积和质量分别占地球的83%及68.1%。由于地幔中的温度和压力都很高,所以它的下部(下地幔)可能呈流体状态。

地球最核心的区域称"地核"。地核主要是由铁、镍等较重的金属元素组成。一般认为,地核的上部(外地核)可能呈液态,但最中心的内地核却可能是硬邦邦的固态。这是因为那儿的压力可能超过370万个大气压,相当于一个像乒乓球那样大小的表面积上,要承受57万吨的巨大压力。在如此难以想象的高压下,物质的熔点已经升得极高。所以,尽管那儿温度可能高达6 000℃,但物体仍呈固态。地核在极大的压力下,密度也高达13克/厘米^3,比铅还重。

保护地球,刻不容缓

所有资料都表明,地球是太阳系内唯一的"生命绿洲"。可是长期以来,由于人类肆意挥霍资源,糟踏环境,致使这个星球已经"遍体鳞伤",患上了多种严重的"疾病"。

尽管联合国已确定每年6月5日为"世界环境日",但1997年在韩国汉城(现名首尔)举行的世界环境日纪念大会上,与会的各国代表痛心地指出:全球环境仍在继续恶化,面积占地球表面70%以上的海洋正在日益被严重污染,10%的珊瑚礁、50%的红树林已永久消失,3大渔场的鱼群早已枯竭,加上全球变暖,不仅使海平面上升,也使很多海洋生物失去了孵化与繁衍的场所。

由于人类滥砍滥伐，使地球之肺——森林的面积锐减，仅在1980—1995年间，森林面积就减少了0.73亿公顷，相当于一个墨西哥的面积。这直接导致了水土流失和土地的荒漠化、盐碱化，也使许多野生动物遭遇灭顶之灾。

全球变暖的趋势似乎不可阻挡。世界气象组织指出，2007年1月份和4月份的全球气温比历史同期平均值分别高出1.89℃和1.37℃。2006年，中国年平均气温较常年偏高1.1℃，为1951年以来最暖的一年；2013年1—7月，平均气温比常年同期偏高1.4℃，为1951年以来历史最高值，也是1997年以来的连续第11个偏高年。自1986年以来，中国已连续出现21个暖冬；2013年2月5日北京的最高气温达16.0℃，创下1840年有气象资料以来历史同期最高纪录。

全球变暖正在严重威胁着人类。最新的卫星和地面观测结果表明，自1993年以来，全球海平面平均以每年3毫米或更高的速率持续上升——这个速率远超过20世纪的平均水平。德国一研究所预测，到2200年，海平面估计将上升1.5～3.5米。全球将近70%的海岸带，特别是广大低平的三角洲平原将变成汪洋泽国，如纽约、伦敦、阿姆斯特丹、威尼斯、悉尼、东京、里约热内卢、天津、上海、广州等城市都将被淹没。南太平洋和印度洋中的一些岛国则面临灭顶之灾。2001年，太平洋岛国图瓦卢决定举国迁往新西兰，成为世界上第一个因海平面上升而计划放弃自己家园的国家。另一个岛国马尔代夫则将步其后尘，成为第二个因海平面上升而搬迁的国家。此外，瑙鲁、基里巴斯、瓦努阿图、托克劳群岛、汤加、澳大利亚大堡礁、意大利的水城威尼斯、美国的夏威夷群岛都会面临沉没在海面之下的危险。

另一个令人忧虑的事是，近年来世界各地的极端天气也频频出现：2013年7月初，美国多地连续数日最高气温达46℃，最热的加州"死亡谷"地区气温高达53.3℃。游客们将鸡蛋直接打碎在石块上，一会

大如鸡蛋的冰雹

儿工夫就做成了"煎蛋"。同年8月5—11日，日本局部地区也出现40℃以上高温，有9 815人中暑入院，其中17人死亡。

与此同时，欧洲大部分地区的气温也在不断刷新当地历史最高纪录。然而，7月28日晚，德国汉诺威却忽降体积硕大的冰雹，最大的直径达8厘米，很多人被冰雹砸伤。这次灾害造成了数百万欧元的损失。随后而至的洪灾和高温天气，又造成蚊子泛滥成灾，部分地区"蚊子甚至遮蔽了天空，看起来好像阴天一样。"8月，俄罗斯远东地区的大雨也带来了其历史上规模最大的洪水，迫使超过1万人逃离家园。

中国也未能幸免，7月以来，中国南方地区平均最高气温38.6℃，比常年同期偏高2.4℃；平均高温日数为10.2天，比常年同期偏多4.8天。四川、重庆、湖南、江西、福建、浙江、上海、江苏等省市，共300个气象观测站出现了日最高气温。就在中国南方地区遭受大范围极端高温侵袭的同时，东北的嫩江、松花江干流却发生了自1998年以来的最大洪水。

更让人不安的是正在迅速枯竭的水资源。据有关报告，现在世界上至少有80个国家供水不足，每天都要为水奔波的人数已占这些国家总人口的40%。如果说，19世纪、20世纪的许多战争是为了争夺石油资源，那么21世纪在水将成为一种"稀有资源"时，极有可能因水而引发社会动乱乃至国际冲突。中国的水资源严重缺乏。华北平原一些地区的地下水位正以大约每年1米的速度下降,经济发达的苏、锡、常地区,也因地下水过度开发而造成地面下沉。在北京的不少地区水也成了发展经济的瓶颈。黄河,这条中国人的母亲河,现在经常出现断流,而且断流的范围年甚一年,断流的时间也在不断延长……这些都是大自然给我们敲响的警钟。

问题的确十分严峻,但只要人人都能认识到它的严重性、急迫性,时刻注意保护环境,大力治理污染,努力植树绿化,选择低碳生活,便可遏止环境恶化的趋势,让山变得更青,水变得更绿,天变得更蓝。

人类生活在地球上,宇宙中只有一个地球。因此保护地球已经刻不容缓,而且保护地球,需要"从我做起,从现在做起"。

"准地球"的神话可以休矣

地球上许多资源是有限的,再努力保护,再拼命节约,也总会有枯竭的一天,因而一些有识之士早就未雨绸缪,提出未来迁居其他行星的主张。当然人们想得最多的自然是火星,可是平心而论,火星目前条件让人根本无法生存,需要彻底地改造,可这又谈何容易?

于是,有人为了迎合这一想法,就说在我们地球绕太阳的轨道上,有一个现成的与地球完全一样的"准地球"。

1997年10月,哈萨克斯坦有一位名叫康拜图拉·马胡托夫的天文学家发表一篇论文,他认为在太阳系中还有一个人类尚不知晓的神秘星球——准地球。之所以称它为"准地球",是因为它的大小、质量与地球几乎完全相同,很像地球的"孪生兄弟",准地球就在地球的轨道上绕太阳运行,只是它与地球分处在这一轨道的两侧,中间隔着一个光芒四射的太阳,好像是在与地球"捉迷藏",所以几千年来,人类都不知道在太阳的"身后"还躲藏着一个最亲近的"同胞手足"。

马胡托夫的观点也曾得到一些人的支持,哈萨克斯坦科学院就是其最坚定的拥护者,他们称这是一项"伟大发现",他们说,马胡托夫的成果不仅饶有趣味,而且有"充分的科学依据"。因为它们共占一条轨道,所以绕太阳的公转周期必然与地球的公转周期严格相同,也就是说,从地球上看去,它始终在太阳的"背后"与太阳一起从东方升起,同时落入西山地平线之下。在地球上无论用什么望远镜,即使是太空中的"哈勃"太空望远镜,也是无可奈何,只能"望星兴叹"而已。

这些观点似乎天衣无缝,人们一时难以识别真伪,那么,到底是不是真有准地球在太空中运行呢?

其实,只要稍有一些天文学知识,就不难发现其中的破绽。

地球绕太阳运行的轨道实际是一个椭圆,如若准地球真的在轨道的另一侧,那么当地球位于近日点(或远日点)时,准地球必然是在远日点(或近日点),这样它们的公转速度不仅不相等,而且差别也达到最大,这个准地球就一定会"探头"出来。如遇上日全食,众多天文学家应当不会忽略这个亮度达−3等的天体。多年来,多少人苦苦寻觅"水内行星"(人们一度以为在水星轨道之内,还有一颗更近太阳的行星),可无情的事实是,太阳身旁从未发现过比较亮的行星。

再说,天体可以隐匿不见,但它的强大引力却是"孙猴子的尾巴"——绝对藏不了,连理论上绝对看不见的黑洞也可由此来寻找,何况准地球!所以倘若太阳背后存在一个如此大的行星,那水星、金星的运动早会乱了套,也决不会有19世纪、20世纪那些寻找水内行星的曲折故事了。

更重要的是,现在人类已进入了太空时代。20世纪70年代,美国发射了"水手"10号飞船,它在2个水星年(176天)中连续3次飞临水星的上空,已经到过太阳的"背后",如果那儿有一颗比水星大得多的行星,怎能逃过它的"眼睛"?

更加令人信服的依据是美国"旅行者"1号的资料。1990年2月14日,在它即将飞离太阳系之际,在离地64亿千米处特意"回过头"来,

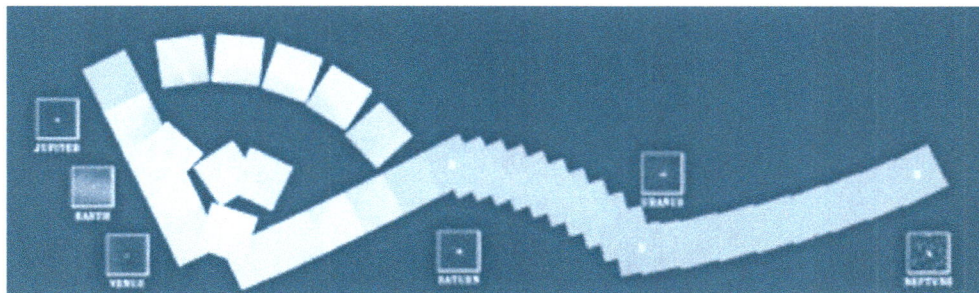

给太阳系拍了一张"全家福"。资料经5个多小时后传回地球,使人们大开眼界。照片上的地球、金星虽然只有针尖那么大,但仍清晰可见。倘若轨道上有那个准地球,岂非早已原形毕露? 如今这张珍贵的照片早已为许多国家的科普书籍、天文著作反复引用,在国外几乎已达到妇孺皆知的地步。

"旅行者"1号发回的"太阳系全家福"

不仅如此,1994年、1995年美国发射的"尤里西斯"太阳探测器分别从太阳的南、北极地区飞过,它离太阳1亿多千米,这样"居高临下",准地球也无法隐藏。再有"伽利略"飞船在1995年10月间也到达过地球轨道的另一侧,可它们都是什么也没有发现!

由此可见,准地球完全是美丽的神话而已,可以休矣。

绕 地球转动的星

　　皎洁的明月,如夜空中一盏永不熄灭的神灯。古今中外,多少文人墨客为它如痴似醉;亘古以来,多少亲密情侣让它为他们的山盟海誓作证……明月是画、是诗。从《诗经》中的"月出皎兮,佼人僚兮"的千古绝唱,到贝多芬《月光奏鸣曲》的优美旋律,从唐诗宋词不胜枚举的咏月佳作,到现代文学大师回肠荡气的月色描绘,总叫人百读不厌、回味无穷。1851年,美国哈佛天文台在台长威廉・邦德的领导下,利用刚发明不久的照相技术,拍了许多月亮照片。同年,这些照片在英国伦敦举办的"世界博览会"上,赢得了一致的喝彩,并获得摄影最高奖。1887年,在法国巴黎的"世界博览会"上,有人在广场上架起一架小小的望远镜,每当明月东升,就招徕观众观看望远镜中的月亮,每人收费1法郎。人们在望远镜前排起了长队,都想一睹月神的风采,有人甚至连看几次,乐得手舞足蹈,流连忘返。不消说,这架望远镜的主人因此发了一笔小财。

迷人的太空神灯

　　月球一直在绕地球运行不息,是地球的卫星,地球则带着月球始终绕太阳转动,但因为月球离地球大约只有38万千米,所以看起来月亮与太阳差不多大。

　　中国神话传说中,月球是一个绝对完美的世界,上面有玉楼琼阁,遍地金银珠宝,到处是奇花异草,馥郁迷人。从取名为极富诗意的"广寒宫",就可看出人们对它的向往与赞颂。千百年来,月球也是科学幻想最好的题材之一。科幻大师儒勒・凡尔纳的《月球旅行》曾畅销世界。威尔斯的《第一批登月者》自1901年问世,至今还令人手不释卷。威尔斯笔下的月球世界，空气虽然稀薄，但已足够人类呼吸之需。小说中的主人公不仅看到过正在吃草的"月牛"，还被披着铠甲、长着异常大脑袋的"月球人"囚禁起来，而他们戴的脚镣和手铐竟是纯金做成的！

1923年，因《人猿泰山》一书成名的美国作家巴勒斯写了一本《月亮女郎》：一艘原来计划飞往火星的飞船因中途出了故障，不得不在月球上降落……小说中，月球上到处都是一种半人半马的怪物，它们十分凶残贪婪，甚至同类之间也互相吞食。但在月球内部，却有天仙般的月亮女郎，她们就像《圣经》中的安琪儿，两臂上有可以飞行的双翅，背上有可以升空的气球，舞姿优美，十分靓丽而善良……

直到1955年，一个名叫克拉克的人写了《地球之光》，书中描写月球上的植物：它们是依靠摄取月球表面岩缝中冒出的气体而生长的。

从感情而言，人们的确极其希望真有"月球人"与我们做伴，甚至连一些极有声望和成就的科学家也持这种想法。例如，古希腊大数学家毕达哥拉斯曾认为月球上的动物种类要比地球上的多得多，月亮上面的树木也会更加高大，"月球人"也比我们人类更聪明能干。意大利天文学家伽利

伽利略曾废寝忘食观察月亮，希望见到月球人

略,首先用天文望远镜瞄向的天体就是明月,月面上的"环形山"、"海"等名字,就是由他首先提出来的。后来人们赞誉他"哥伦布发现了新大陆,伽利略发现了新宇宙"。但伽利略在做出一系列新发现的同时,也曾固执地相信,月亮一定也是一个生机勃勃的世界。为此,他不辞辛劳,多次通宵达旦地举着自己的望远镜,期望能从中见到"月球人"的世界。又如,著名英国天文学家威廉·赫歇尔,他就坚定不移地认为,月球上有"居民"存在!

当时在西方,神学势力十分强大,主张"月球人",从一定程度上讲,是有一定进步意义的,因为它驳斥了"上帝创世说"的谬论,体现了生命普遍存在的科学真谛。然而,真理与谬误有时往往仅是一纸之隔,弄不好就会滑向反面。有讽刺意义的是,一场忽悠了全世界的大骗局正由威廉·赫歇尔的独子约翰·赫歇尔所起,这就是科学史上发人深思的一个带有"科学性"的"月亮骗局"。

"月亮骗局"始末

事情得从1835年说起。8月25日,美国刚创办不久的《纽约太阳报》上,在显著的位置刊登了英国年轻作家洛克撰写的《美国的纽约》一文。文章说,英国著名天文学家威廉·赫歇尔的传人约翰·赫歇尔,为发展父亲开创的"巡天"工作,于1834年携带仪器到南非开普敦及好望角,准备在南半球做为期几年的天文观测。洛克对约翰作了详细的介绍,认为他不愧是英国皇家天文学会的创始人之一,42岁的他已发现了3 347对双星、525个星团(包括星云),约翰在这些方面的成就与其父亲相比,已有过之而无不及。洛克说,约翰这次远征,带着当代世界最优良的仪器——放大倍率极高的望远镜,这将可以让他分辨得清月面上18英寸(45厘米)大小的物体。因此,洛克断定,约翰的这次南半球之行,一定会给人类带来重大的

洛克笔下的"月球人"

发现……

　　实际上,这正是洛克忽悠人们的伏笔。第二天,该报的"独家新闻"说约翰·赫歇尔已通过望远镜见到了异常鲜艳、类似罂粟那样的花丛,还有很像紫松、枞树那样高大挺拔的树……接下来几天,又"发现"了许多动物:碧波荡漾的湖泊中有与犀牛相似的巨兽在嬉戏,树林中有小鸟在跳跃,白色的麋鹿和绵羊正在草原上漫步,海里则有一种长有双腿、会造房子会做饭的海獭。最后他写道:"月球人——一种长着双翅的人形生物。他们用蓝宝石砌成一座大庙宇。从他们的手和臂的动作,看上去既充满热情,又特别强劲有力,因此,我们可以推论,他们不仅有理想,还有相当先进的技术,过着富庶的生活。"

　　这一组奇文不仅迅速传遍美国,也轰动整个西方世界。洛克顿时名扬四海,《纽约太阳报》的销售量扶摇直上,一度成为世界销路最好的报纸之一,报社门前则是车水马龙,热情读者的好奇的询问、大胆的建议,让报社的编辑们应接不暇。

013

当然，谎言绝不可能持久，"月亮骗局"不久即被揭穿。其实，洛克的骗术并不高明，因为只要想一下就能看出其中的破绽来，在地球上要看清月面上18英寸大小的物体，使用的望远镜的口径至少要达到500米以上，而当时世界最大的望远镜口径不过1.22米。但令人吃惊的是，这场闹剧在西方的影响却大得出奇，一时间使不少人激动得不能自已，以至后来在英语中出现一个关于这场骗局的专用名词 "The Moon Hoax"（月亮骗局）。直到今天，喜欢追求刺激，热衷于猎奇的人还大有人在。他们不愿花精力去学习科学知识，也不希望听到严肃的科学结论，对"火星人"、"月球人"、"外星人"之类的话题津津乐道，听不进科学分析，这难道不是很可悲的吗？

广寒宫中的"旖旎风光"

科学家早已证明，地球上看来无比美丽的月亮，其表面却是一片千古不毛之地。月球的大小早已被精确测定，直径约为3 476千米，仅是地球的3/11。体积则是地球的2%。它的表面积还比不上整个亚洲的面积，如果投影下来，只与中国面积差不多。所以，如果我们登上月球，就会明显感到这个"世界"很小，地平线（似乎应叫"月平线"）就在眼前。一个中等身高（1.7米）的人，在地球上可望见4.6千米的远处，但月面上你绝对见不到2.4千米以外的远处，因为它已经躲到"月平线"的下面去了，登月的宇航员就发现"月球世界明显地小多了"。它的"体重"为7 350亿亿吨，仅是地球的1/81.3；因而在月面上物体所受的重力只有地球上的1/6，也就是说，一个重600牛的年轻人，在月面上只有100牛重，如同幼儿的体重，但肌肉的力量却没有减小，于是便会觉得"身轻如燕"，可以跳得很高。

重力变小后，世界将变得分外神奇，连训练有素的宇航员，在月面上漫步时也叫人忍俊不禁。显然他们也不太适应，有时一抬腿，人就会悠悠升起,再慢慢落下,连跌跤也是慢悠悠地向前倾,姿势好不"优美"。一脚踢去,月面上的千古尘土就会纷纷扬扬,要过很长时间才会落回月面。这一切都像电影中的慢镜头。

月亮表面满目荒凉

但不要忘了,我们地球上是绿水青山,鸟飞鱼翔,莺歌燕舞,生机勃勃,是生命的乐园;但月球表面,却是满目荒凉:大大小小的环形山犬牙交错,鳞次栉比,没有江海河川,没有白云蓝天,没有风雨雷电,除了砾石和尘土还是砾石和尘土,毫无生气。

月球上没有空气也没有水,即使在白天,尽管太阳比地球上更加明亮刺眼,但就在那耀眼的太阳旁边,就有繁星在争辉,整个天空仍像黑丝绒那样深沉乌黑。

月球是一个寂静的世界。即使万炮齐鸣,地陷山崩,也听不到什么动静,就像在看"无声电影"。这是因为没有传声的媒介——空气。没有大气层的保护,流星便可长驱直入,轰然落于它的表面上,而且,由于没有风雨的侵蚀,几十亿年来,陨星频频撞击所造成的痕迹依旧,使它始终保持着原来的风貌,这就是它至今仍瘢痕累累的原因所在。月面上,这种与陨石坑类似的环形山多得难以统计,直径1千米以上的环形山约为33 000个,占月球表面积7%~10%。最大的贝利环形山在月球南极附近,直径为295千米,若把中国的海南岛投进去还绰绰有余。那些很小的数不清的只能称之为"坑洞"。

没有空气也造成了月球表面没有液态水。因为在真空条件下,液

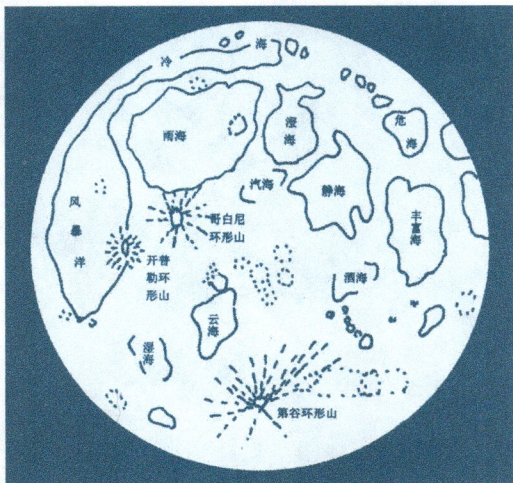

"月海"大多在正面

态水会很快蒸发。由此可知，月球表面上那些被称为"海"的暗黑地区，也只是相对较平坦区域稍低的区域而已。现在知道月面上共有22个"海"，除了3个在月球背面无法见到，4个跨越正、背两半球外，其余15个都在月球正面，最大的"风暴洋"面积达500多万平方千米，相当于法国国土面积的9倍多。月海大多呈圆形或椭圆形。在正面，月海的面积约占月面的50%多。

没有水和空气的月球表面温度也大起大落，白天在阳光直射下，最高温度可以达到127℃，比水的沸点还高，但太阳一落，温度就直线下降，到深夜最冷时，温度会降到-183℃！因为没有空气的散射、折射作用，所以月球世界黑白分明，太阳所到之处，亮得刺眼，烫得灼人，但在巨石的阴影中，却又黑得伸手不见五指，冷得叫人发抖。

真是奇妙的世界！

月面上的"中国人"

自伽利略1610年首次绘制人类第一张月面图（5幅）以来的几百年中，各国科学家努力绘制的各种月面图，加上美国宇航员登月的探测与中国"嫦娥"号的资料，现在人们对月球正面（始终对向地球的半球）的了解已经到了无以复加的程度，甚至有人说："现在人类对于月球表面的了解,已超过了对于地球海洋底部的认识。"

但人们却一直看不到月球背面。1959年10月,苏联"月球"3号飞到月球背面的上空,拍到了世界第一批月背图,粗略地说,月背同正面一样,也是一个"大花脸",但更加起伏不平。背面上的"海"仅有莫斯科海、东海、智海三个,而且它们都很小。但奇怪的是,月背半球的月壳比正面厚,但总质量却比正面月球小。

月球上的环形山一般都是以科学家的名字命名的,从1970年开始,国际天文学联合会已经多次对月面上的各种地形进行了统一命名,因历史原因,正面的大环形山很早就被西方国家所"瓜分",所以现在正面只有一个很小的"高平子"山。连同背面在内,现在留名于月面的中华儿女已有10多个。

高平子本名高均,是中国现代天文学家,1888年出生于江苏金山(今上海市金山区),因仰慕汉代天文学家张平子(张衡)而改名。他开创了中国的太阳黑子观测和子午测时的工作,最早主持《天文年历》的编算,还协助筹建了紫金山天文台,对促进中外科学文化交流做出了很大的贡献。

在首批命名的5座环形山中,还有一个名不见经传的"万户"。笔者从国内资料中遍寻无果,后从海外文献获知,这是活跃在洪武年间(14世纪后期)的明代一个小小的武官的官名,至于真实姓名至今仍是一个谜。据传,他原是民间的一个心灵手巧的木匠,后来到了军营中,他善于钻研思考的特长得到了充分的发挥,改进了许多兵器性能,更发明创造了诸如"神火飞鸦"、"火龙出水"等原始火箭,因而西方一些研究中国科学史的学者称万户是"世界上第一个试图利用火箭作飞行的人。"事实上,万户还为了他的事业献出了宝贵的生命。

他很清楚火药的巨大威力,所以萌发了要利用它来"上天"的念头。并决心"以身试之"。他不顾家人的劝说与反对,在一把木椅下绑上了47枚他制造的原始火箭,专门挑选了一个风和日丽的"黄道吉日",让人把椅子搬到院子中央,再命仆人把自己的身体捆在椅子上,他的双手还各拿着一只巨大的风筝,他想上天后靠它们控制飞行的方向和最后的平稳着陆。

一切准备就绪后,他让仆人点火。哪知这些火药一下失控,只见得火光闪闪,炸声隆隆,满院的硝烟、碎片,让人睁不开眼,等仆人们惊魂刚定,寻找主人时,他已被炸得血肉模糊,命丧九泉了。正是这种大无畏的献身精神,让他在月面上赢得了一席之地。

哪来的"月球轰炸机"

月球上没有生命,这早已成为常识。然而,不时会有耸人听闻的消息传出。对此最热衷的是美国乌姆兰德兄弟。他们广泛收集各种小道消息,并且发挥了充分的想象力,在1976年出版了一本关于玛雅文化的书《玛雅人与月球》(中译本为《古昔追踪》)。书中说,1950年社会上流传,在一个玛雅庙宇的圆形拱门上,发现了一幅月球背面图。接着,他大量援引了"UFO权威人士"特伦奇的资料说:"大约在40年前,天文学家们发现,在月球表面上有一些无法解释的'圆顶物'。"特伦奇报道说:"到1960年时,已经记录下来的就有200多个。更奇怪的是,人们发现它们还在移动,从月球的一个部位移动向另一个部位。"

作者由此提出:"有没有这样一种可能,玛雅人至今还生活在月球的表面之下,因为那里的温度变化不是那么剧烈,又可以躲开像暴雨那样袭来的小陨星,而且还有可能找到氧气和水蒸气。"

在国外还传说,美国国家航空航天局有一份名叫《月亮大事记》的文件,其中第R-227号技术报告中,曾记载了从1540年11月26日起到1967年10月19日为止的400多年间,对月球所作的观测中的异常现象,其中不少也为乌姆兰德书中所援引了。报告中说,"月球轨道"2号探测器在静海上空49千米处,拍到了月面上有一些方尖石。阿勃拉莫夫博士计算了方尖石的角度及分布，认为它的布局是一个"埃及三角形"，很像开罗附近吉萨金字塔的分布，而方尖石上许多"侵蚀"的条纹是极其规则的正方形图案……

法国科学家阿尔弗雷德·纳翁在《月球及其对科学的挑战》一书中说："月球上可能存在着智能活动。"有位苏联天文学家甚至在《共青团真理报》上撰文说："月亮可能是外星人的产物，15亿年来，它一直是他们的宇航站。月亮是空心的，在它荒凉的表面下存在着一个极为先进的文明。"

最让人吃惊的是"月球轰炸机事件"。

1988年4月中旬，苏联一位航天专家、太空研究中心的科学家麦杰维耶夫博士居然声称，去年从他们发射的"人造月球卫星"上拍回的照片显示出，在月球某个环形山中竟有一架美国的重型轰炸机，虽然它表面有些地方已被微流星毁坏，但仍相当完整，连机身上那美国空军的标志，放大后仍清晰可见。更奇特的是，这位博士还说："整个飞机的机身表面上，似乎还布满了好像是青苔那样的绿色物体，给人以刚从水中捞出来的感觉。"这位专家的结论是："我们只能推测这架飞机可能是被外星人劫持，将它送到了月球上。"对此，瑞士不明飞行物协会主席威廉·格达则把它与百慕大三角区挂上了钩，他说："它极可能与百慕大魔鬼三角海域的飞机、船只神秘失踪有关。这架飞机可能是我们所需要的证据。"1年多后，博士再发惊人之语："当苏美联合组成的小组准备深入调查此事时，这架飞机又神秘地消失得无影无踪，几乎没有留下任何痕迹。"最时髦的解释自然是，外星人得知飞机已被地球人知道后，就采取了紧急措施，把它转移到别处去了。

这当然是天方夜谭。其实细细考察我们发现，闹剧的始作俑者实际是美国《每周世界新闻》在"愚人节"时所编造的笑料，1988年4月5日出版的杂志上发表了一则长篇报道，说及月面上有一架美国制造的B-52轰炸机！同时还配上了一张彩照，照片是一个环形山中赫然停泊着一架老式的螺旋桨飞机。不知怎么，苏联人就把这则消息改头换面变成了他们的"发现"！而且时间还提早了一年。

在月面上的一环形山中有一架美国的轰炸机

《每周世界新闻》是只在超市出售，让人"看了就扔"的东西，根本没有权威性，也不讲科学性。其编辑伊冯直言不讳地承认，这不是科学出版物，他的读者中多数人希望从耸人听闻的消息中寻刺激，因此"我们常用喜剧的形式来编造种种航天故事"。他们还故意留下了有明显伪造痕迹的破绽，因为那是1955年才服役的B-52轰炸机，而在二战时只有B-29。事实上，英国空间中心一个高级职员在英国《星期日体育》见到了有关的转载后当即撰文，批驳了这则"新闻"，当即揭穿过这个谎言，指出那照片是由两张本不相干的照片拼接出来的，作为背景的该环形山来自"阿波罗"11号登月宇航员所拍摄的系列照之一。编号为"AS11-44-6609"，名"代达罗斯"，直径为80千米，如照片属实，那架飞机少说也有几十千米长，世上岂有这样大的家伙？

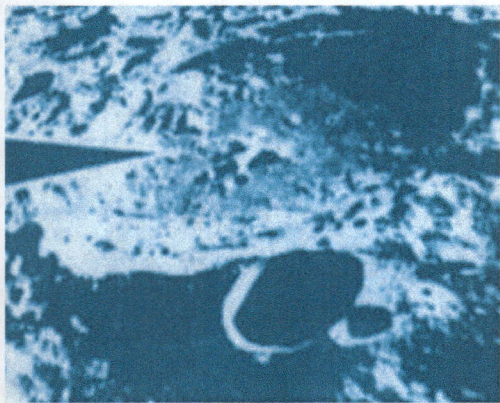

原来停泊在月面上的飞机消失了

由此可见，《每周世界新闻》只是为娱乐大众开了个"国际玩笑"，而麦杰维耶夫如此明目张胆地造假，愚弄世人，真有欺世盗名、居心叵测之嫌。

炸毁月亮的狂想

有诗曰："明月几时有，把酒问青天。"多数人对月亮是情有独钟，大唱赞歌，可真是"人上一百，千奇百怪"，世界上也有人十分仇视月亮，必欲置之死地而后快。

此人即是美国衣阿华州大学的数学家亚历山大·阿比恩教授。如果撇开月球问题不谈，他亦是一位受人尊敬的学者，发表过200多篇论文和几部专著，现在有3条数学定理是以他的姓名命名的，确也可称得上是"成功人士"。可是1991年他却异想天开，对太阳系的现有结构提出了挑战，他说："从7 000万年前的灵长目化石开始，从来没有一个人举起一个手指头，来反对现有的天体组织，我们就像盲从的、可怜的奴隶。"

他首先要造月亮的反。在他看来，由于月球的引力才使地球自转轴倾斜了20多度。"如果没有月亮，地球就会平稳地运转，太阳也会不偏不倚地把热量均匀分配给地球每一个角落，人类就能生活在'永恒的春天'中。"因此，他建议人类应当设法炸毁月亮。先用装有核弹头的导弹把月球炸成两半，甚至更多的碎块，以后再各个击破，一一歼灭。

怪论出炉后，居然还有人附和，例如，俄罗斯有位教授虽然也对此可能造成的严重后果不无忧虑，但还是十分赞同阿比恩的主张，因为俄国许多地方实在是被冰天雪地的严寒害苦了。德国一家电视台、英国两家报纸还先后去采访了这个狂人，消息也就很快传遍世界。

真是"三人成虎"，后来竟变成了这样一个"故事"——美国总统已签署了一个炸毁月球的"科学计划"，不久的将来就要发射3枚带着氢弹的火箭去轰炸月亮，并让其碎块来冲击地球，以纠正地球自转轴的倾角。这样一来，世界各地不再会有四季变化，沙漠、荒滩都会变成伊甸园式的天堂。

阿比恩可能是昏了头。地球有四季、五带，其根本原因在于阳光射来的角度。如果地球自转轴不倾斜，赤道区域将变得更加酷热难耐，两极的严寒区域将比现在大得更多。哪有什么全球"永恒的春天"？只会有更广阔的不毛之地！而且这样的人为改变环境后，现有的生态系统都会被彻底打乱，不知会使多少动物、植物遭到灭顶之灾！而动植物是人类不可或缺的朋友，如果它们都一一灭绝了，人类如何生存？所以没有一个环境学家对此不感到其后果"太可怕了"。

再说，从太阳系起源与演化的研究也可得知，行星自转轴的倾斜是它们长期演化的产物，与有无卫星没有直接关联。火星的"月亮"直径只有几十千米，火星的自转轴倾角比地球还大半度，木星有如此多卫星，可倾角却与没有卫星的水星一样（3°），所以炸掉月亮并不一定会改变地球自转轴的方向。

深入研究下去，"消灭月球"后的可怕后果还远远不止于此，若碎块铺天盖地而来，地球上的文明社会受得了吗？没有月亮后，地球自转会骤然变慢，这一"急刹车"将造成全球范围的巨大风暴，20级（风速80米/秒）的飓风、加上巨大的惯性作用，很少有高层建筑能幸免于难。再说地球没有了月球后，海洋潮汐将会大大减小，江河则更难畅通，令人头痛的污染将更难治理。

不过，我们实在可以不必理会这个教授，因为就现代人类的科学技术水平而言，在大自然面前，人类还是渺小的弱者，对于一些较大的自然灾害我们尚且无法抗拒，哪有什么炸毁月球的神力？要知道，月球不是足球、篮球，可以让人们玩弄于股掌之中，它远在38万千米之外，导弹、飞船要走好几天方可到达。月球的质量虽然比不上地球，可也非同小可——7 350亿亿吨！这样的庞然大物，岂是3颗氢弹可以销毁得了的？不难算出，爆炸一颗百万吨级的氢弹与一个直径百来米的陨星袭来并无多大区别（不计核污染），即使3个氢弹加在一起，充其量使月面上多增加一个不太大的环形山而已，而这样大小的环形山在月面上已有成千上万,多一个少一个无伤大雅。

不是有人常说"人类目前拥有的核武器足以毁灭地球几十次"了吗?千万别相信超级大国的这种"核讹诈"。当然对于文明社会或者人类而言,此话可能有一定道理,所以我们要坚定不移地反对使用核武器。可是对于天体,人类是不可能改变它们的命运的。

月球上的"文物古迹"

1959年9月15日,苏联领导人赫鲁晓夫送给美国总统艾森豪威尔一件礼物——一枚"月球"2号送到月面上的金属标牌(复制品)。这标志着,人类已经具备了把自己的"信物"传向其他天体的能力。半个世纪以来,"广寒宫"中已经有了众多地球文明的标志。

月球是人类的近邻,人类迈向宇宙的步伐就是从探月开始的。1959年9月12日,苏联发射的"月球"2号于14日0时2分,实现了人类第一次与天体的"零距离接触",飞船以3.3千米/秒的速度撞在月面上阿基米德环形山附近,这个1 511千克的飞船如同一枚重磅炸弹,把许多月面物质抛到了3 000千米的远处。飞船本身无疑是粉身碎骨了,但它所带的一大两小3枚特制的正五边形金属铭牌,因为有特别的保护装置,想来应当安然无恙,其中大的直径15厘米,上面铸有苏联国徽和"C.C.C.P"的字样;两枚小的直径为9厘米,上面俄文的意思是:"苏维埃社会主义共和国联盟。1959年9月"。加上后来的几艘"月球"号所带,月球上的这

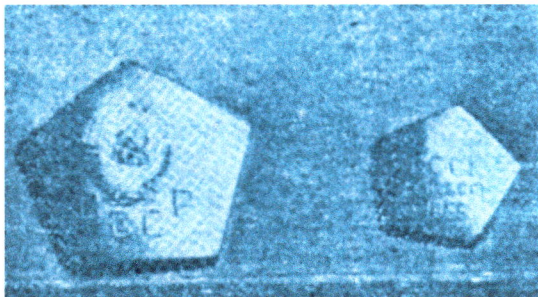

苏联"月球"2号所带的金属标牌

种标牌总共有12枚。

当然最醒目的应当是现在还屹立在月面上的那些高科技产物,包括14个在月面上实现软着陆的苏、美、中(嫦娥3号)的月球探测器、7个"阿波罗"登月舱的底座(有一个是未登月的"阿波罗"10号投在上面的)、7辆特制的月球车(包括中国的"玉兔")、12位登月者所安放在月面的各种科学仪器。其中6辆是机动的月球车,说不定装上新电池后还能载着宇航员在崎岖不平的月面上驰骋呢!

月球车也是值得一提的"文物"。第一辆是苏联"月球"17号于1970年送上月球的"月球车"1号,这辆8轮车质量为756千克,它可以越过30°的陡坡,在崎岖不平的月面上也不会倾翻。在地面指挥人员的操纵下,它在雨海中走过了10.54千米路程,考察了月面8万平方千米的区域。现在仍在工作的则是中国的"玉兔"。它的设计质量140千克,以太阳能为能源,能够耐受月球表面真空、强辐射、−180℃到150℃极限温度等极端环境。能爬20°的斜坡、20厘米的越障能力,并配备多种科学探测仪器。2013年12月15日4时35分,"嫦娥"3号着陆器与"玉兔"分离,顺利驶抵月球表面。12月15日23时45分完成"玉兔"号围绕"嫦娥"3号旋转拍照,并传回照片。

此外,"阿波罗"号6次登月,12位宇航员先后在月面各处分别安置了大批科学仪器:月震仪、激光测距仪、空间实验室和一系列的监测电子仪器。这些设备和仪器的总质量达18吨。它们有的至今还在发挥作

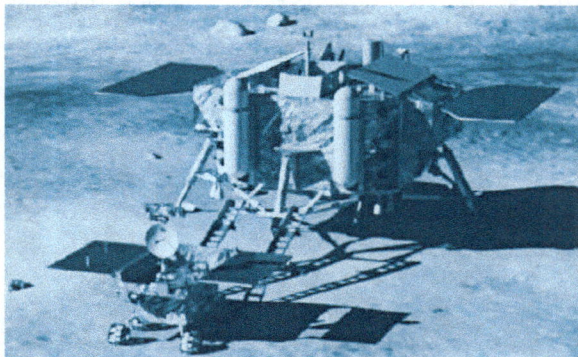

中国的"玉兔"正从"嫦娥"上滑下登陆月面

用,所以也是一道亮丽的风景线。

　　还有一类"文物"虽然并没有多少科学价值,却极富个人情趣,因为当年美国国家航空航天局规定,每个登月者除了规定的仪器设备外,还允许带一些私人物品留于月面上做纪念。

　　美国人生性张扬,又不乏幽默感,所以12位登月者充分展现了他们的个性。阿姆斯特朗因负有特殊使命,所以他放下的是有73个国家元首签名的问候信、美国的星条旗和怀念殉难宇航员的铜质纪念章。而他的同伴奥尔德林则是给月神献上了一只精美的"圣杯"和一块"圣饼",有趣的是圣杯中还盛有优质的葡萄酒;"阿波罗"14号的宇航员谢泼德本是个高尔夫球迷,他踏上月球后特地挥杆打了几杆,其中一只球落到近处一个月坑内,另一只则飞得"很远很远",这两只小球连同球杆上的铁头也就永远留在月球上;"阿波罗"15号的宇航员欧文登月后,把为航天事业捐躯的3位战友——在1967年牺牲的格里索姆("水星七杰"之一)、怀特(美国第一位"太空漫步者")、查菲的骨灰(一小部分)撒在了月球上的哈德利月谷中;而"阿波罗"16号的两位宇航员,杜克是留下了一张他们的"全家福"的合影照片,另一位约翰·杨则是早在事先与未婚妻共同设计了一枚绘有地球、月球、登月舱图案的订婚戒指、耳环等。顺便提一下,1999年7月31日,美国专为验证月球两极处是否有水而发射的"月球勘探者"在最后撞向月面时,也将天文学家苏梅克的28克骨灰撒在了月面上。

　　此外,为了减轻返回时的重量,那12位宇航员还将照相机、靴子和钢笔等个人物品也都留在了月球上。它们无疑也成了罕见的"月球文物"。

　　月球上的那些"文物"同样也有非凡的"考古"价值。1969年11月18日,"阿波罗"12号的登月舱降落在以前降于月面上的"勘测者"3号旁180米处,宇航员康德拉和比恩按原定计划进行了人类第一次"太空考古"工作。他们仔细研究了"勘测者"在月面上2年7个月发生了什么变化：除了其外壳油漆的颜色稍为变深了一些，其他几乎一切如旧，但他们从"勘测者"3号内取回的一架照相机却震惊了世界。因为在回到地球后，这架相机在实验室中竟然出现有链球状细菌在活动！当然后来研究确定，这些"小精灵"并不是人们热望的"月球居民"，而是地道的地球生命，只是它们在"偷渡"到月球后，在月球那样万分严酷的条件下能蛰伏两年多时间，一旦有了合适的条件就能激活，其科学意义怎么估计也不会过分。

貌合神离的行星

  金星又称"太白"、"启明"、"长庚"。中国最早的诗集《诗经》中就有"东有启明,西有长庚"(《小雅·大东》)之句。在星相家的心目中,它是一颗"凶星",主杀伐。而古罗马人、腓尼基人、犹太人也都把金星视为魔鬼的化身,是"恶星"。但在中国民间,对金星却是百般宠爱,在《西游记》中,太白金星是一位慈眉善目的长者;还有传说太白金星曾经帮助大禹治水;那些让人喜爱的人物,如诙谐滑稽的东方朔、诗仙李白都是"太白金星"下凡。鲁迅先生的小名就是"长庚",而其二弟周作人的小名则叫"启明"。

印度人为啥瞎嚷嚷

  除太阳、月亮以外,金星是全天最为明亮的星,最亮时甚至可以把地面上的物体照出影子来,肉眼可见的全天6 000多颗星的亮光全部加在一起也只比它亮20%左右。难怪它有时也会让人产生错觉或幻觉。

  在中印边界的"实际控制线"地区,只要稍稍有一些"风吹草动",就会让印军疑神疑鬼。2012年以来,印军称在其西段边防的拉达克地区,频频有"黄色球体"从中方一侧升起,在天空漫游三五小时后才渐渐隐去。他们想当然地认为,这是中国新型的"高空无人侦察机",在与印军玩"猫与老鼠"的游戏。因而在两国边防会议期间,印方正式就此提出质询,但一再遭到中方的否认与拒绝,并建议印方可以将其击落。可是印军又说因为"太高",他们对它鞭长莫及,实在是无可奈何……

后来，印方让负责武器研发的"国防研究与发展组织"牵头，动用了所有的仪器设备与手段来进行彻查，可半年多下来，他们也未能把此事搞个水落石出，最后只得向印度天体物理研究所请教，经过天文学家的介入，最后才得出结论："不明飞行物"根本与中国无关，而是天上的金星（少数情况下是木星）。

其实也不必太苛责印军，因为在历史上，金星被人误认为"不明飞行物"（英语缩写UFO）的例子并不少见，比较典型的一个事例是20世纪70年代末，澳大利亚墨尔本的一些电视摄影师们声称，他们已经成功地拍得了一个UFO，接着有12个警察、1位飞机驾驶员作证，说他们也见到天空中有一个"极为明亮的"、"天蓝色的物体"。消息迅速传播开来，致使那儿的一个空军战斗机飞行大队进入了紧急戒备状态，电视、报刊更是争相炒作……

连美国也上过金星的当。那是在第二次世界大战期间，美国的一艘"纽约号"战舰在茫茫的大海中巡弋，有一天他们发现，上空正有一些银白色的物体在飞行，而且这些物体似乎还在跟踪他们的战舰。舰长在用望远镜细细观察后断定，这是日本人的军事气球（当时人们还不知道有UFO，否则肯定又是一次UFO事件），于是他立即下令用炮火摧毁它。隆隆的炮声惊醒了刚睡下的当夜值班的领航员，他出舱后发现，所有瞄得很准的炮弹，竟然没有一枚炮弹能达到这个目标，当然更没能击落它。于是不禁疑窦丛

美国纽约号曾向金星猛烈开火

生，经过一番思索与计算后，他恍然大悟，立即向舰长报告，他们是在向天上的金星开火！

无法猜透的科学字谜

因为金星是地内行星（地球轨道之内绕太阳公转的行星），所以如果用天文望远镜观测，就能发现它与月亮一样，会有盈亏圆缺变化。

但在400多年前，人们还普遍相信"地心说"：认为地球位于宇宙的中心，所有的天体，包括太阳、行星与恒星，都在不停地绕地球转动。1610年9月，意大利科学家伽利略用他自制的世界上第一台"天文望远镜"对向金星时，他看到的竟是一钩弯弯的"蛾眉月"，于是他决定继续跟踪观测。一段时间后，他发现金星的确有着与月亮相似的盈亏圆缺变化。这显然可以作为哥白尼"日心说"（太阳处于宇宙的中心，地球与其他行星都在绕太阳转动）的佐证，只是那时他不敢冒冒失失地提出来（在当时，这会被当作"异教徒"，有受到残酷迫害的危险），但他又怕被人抢了先机，于是他搞了个"文字游戏"，只是向媒体发表了一句让人摸不着头脑

金星在地球轨道内绕太阳转动变化

的话：

"Hace immature a me iam frustra leguntur, O.Y."

按字面意思，大致是"枉然，这些东西，今天被我不成熟地收获了。"当时伽利略已小有名望，人们纷纷前来询问他收获了什么？希望他能透露一些信息。可他总是虚与委蛇地跟人打哈哈。伽利略是不怕这个字谜被人破解的，因为句中的35个字母的排列共有1亿亿亿亿（32个零）种，即使让全世界60亿人都来研究，而且每个都是技术熟练的高手，配合得也是天衣无缝，以每秒钟排出一种不重复的组合，那也得花上6万亿年！这比我们的宇宙的"年龄"（150亿岁）还长400倍呢。

1610年12月，伽利略已经胸有成竹，于是他公开了谜底，他把这35个字母重新排列成这样的一句话：

"Cynthiae figuras aemulatur mater amorum."

此句话的意思是："爱神的母亲仿效着狄安娜的位相。"熟悉罗马神话的人都知道，那个肩上长着双翼、手握金箭银弓的十分可爱的小爱神丘比特，其母亲就是维纳斯（西方称金星为维纳斯），而狄安娜正是罗马神话中的月神。

伽利略的这一发现为哥白尼的"日心说"提供了无可辩驳的佐证，因为如果金星与太阳都在绕地球转动的话，人类是绝对不可能看到它的这种变化的。

耐人寻味的是，西方还流传着这样一个美丽的传说：19世纪，德国数学家高斯曾在望远镜中见到一钩弯弯的金星时，大自然的这种奇景让这位"数学王子"十分陶醉，他为了给敬爱的老祖母一个惊喜，让她分享他的快乐，于是一天傍晚，他调好望远镜后，就把老人请来看望远镜中的奇特景象。可没料到，他的祖母却十分淡定地问他："这个'弯月亮'怎么在你的望远镜里颠倒过来了？"——当时不少望远镜中所见到的像都是上下颠倒的，这对于宇宙中的天体是无伤大雅的。但这说明高斯的老祖母平时是能凭自己的肉眼见到金星位相的。

故事就是故事，是否确有其事，这是历史学家研究的事情，但我们要指出的是，肉眼的分辨本领一般在1′左右，而金星离地球最近时，它的大小可达1.04′。从这点可看出，这至少在理论上还是有可能的。

不是胞妹是魔鬼

初看一下，金星与地球真好像是一对姐妹，它的半径达到6 070千米，与地球只差了5%，质量则是地球的81.5%，平均密度也只有5%的差别，它与地球最近时的距离只有4 100万千米，是离我们最近的行星，加上1761年人们就证实了金星表面有一层浓密的大气，这也是人类所知的第一个有大气层的行星。而且它就像裹着面纱的伊斯兰妇女，让人见不到她的真面庞那样，使人无法窥见它的表面。于是一些人就认为，在地球的这个"孪生姐妹"上，一定与地球一样是另一个"生命绿洲"，考虑到它比地球更靠近太阳，其表面应完全是茂密的热带雨林，古木参天，闷热无比，可能还有巨蟒怪兽、奇花异草，甚至说不定还生活着热情奔放的"金星人"……

20世纪50年代后期，射电天文学家终于透过这层永不消散的"面纱"，首

金星上的大气遮住了表面　**031**

先测出它的自转周期和表面温度,但传来的结果简直叫人怀疑仪器是否出了毛病:它自转极慢,温度极高,可能达300℃以上!从来没有一个行星会这么热。这样的高温世界,任何有机生命都不可能存活!如果这样,哪儿还像什么地球的"孪生姐妹"?

为了弄个水落石出,美苏两国在20世纪60年代,纷纷派出"使者"到金星作实地"采访",但开始时好几个"特使"都出师不利,不是无线电失灵,就是飞船出故障。直到美国的"水星"2号在1962年飞抵其上空并发回资料,人们才知道金星表面温度不止300℃而是达到了480℃,这种令人难以想象的高温足以让铅、锡、锌等熔点较低的金属熔化为液体。更让人想不到的是,在金星上,不管是白天黑夜,也不管是什么季节(倘有四季的话),更不论在赤道、两极,都是热得那样可怕,几乎没有什么区别。

为什么会是这样?原来,问题出在它的大气。金星上的大气与地球大气截然不同,其中96%以上是二氧化碳。二氧化碳有个奇怪的秉性:它能让太阳光自由通过到达金星表面,但却不再放它"回去",这就是通常所说的"温室效应"。长时间的只进不出,使金星表面温度只升不降,成为太阳系中表面温度最高的行星。

金星上还有一个可怕的问题,那就是它的大气十分浓密,密度约比地球大气高100倍。根据飞船发回的资料,金星表面的大气压力与地球海洋中900米深处的压力差不多,达90个大气压。在这样的压力作用下,一个篮球将被压缩成一只乒乓球那么大。所以,人类虽然很容易在月球上行走(当然要穿宇航服),但要登上金星却难上加难,即使可用特殊的手段来降温,但人的躯体根本无法承受如此巨大的压力,人的肺脏也无法呼吸——只有进气的时刻,没有出气的可能。

金星的大气中96%是使人窒息的二氧化碳,3%左右是氮气——同样无法呼吸,还有1%是其他各种元素。还必须指出的是,在离金星表面上空32~88千米的大气层中,充斥着可怕的浓酸雾滴,主要是浓度很高的硫酸,也有少量的盐酸、氢氟酸等。所以金星上一旦下起"雨"来,那是极为恐怖的情景,因为这些浓酸足以让人毁容,地面的岩石也会受到强烈的腐蚀。高温与高压,再加上强酸,对于生命而言,实在是一个可怕的坟场地狱。

金星还有一个与众不同之处,那就是它的自转。天文学家在20世纪60年代用雷达反复对它进行测定,得到的结果是:金星的自转方向与其他行星相反,是自东向西,所以金星上总是西天出太阳。而且速度特别的慢——转一圈需要243天!我们知道,地球赤道上的自转速度可达465米/秒,但金星赤道上的自转速度只有1.8米/秒,比我们平时步行的速度快不了多少。这样,如果我们在金星上抬头看天,太阳几乎是纹丝不动的。太阳(金星上所见的太阳直径会是我们在地球上所见的1.5倍)从西方升起后,要过121.5天(或2 916个小时),才会沉入东方地平线。

所以金星上的1"天"相当于地球上的117天。金星绕太阳公转周期只有224天,如果以它绕太阳的公转周期算1"年"的话,那么在金星上1"年"还没2"天"长。

凌日引发的喜剧

金星凌日是极为罕见的天文现象,它是太阳、金星与地球三者位于一条直线上时才有的奇景。大约每243年发生4次,而且不是发生于6月,就是在12月间。上两次发生于2004年6月8日和2012年

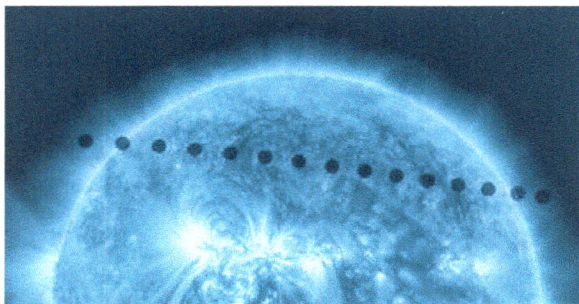

美国国家航空航天局所拍的2004年金星凌日

033

6月6日,而下两次则要等到2117年12月10日与2125年12月8日。金星凌日时,我们可以看到一个小小的黑点,从太阳圆面上缓缓由东向西慢慢掠过。当年,有着"天空立法者"美誉的德国天文学家开普勒就曾把太阳黑子当作了金星凌日。

1761年,观测金星凌日的人很多,其中一个佼佼者就是俄国著名的学者罗蒙诺索夫。他见到金星进入和离开日面的时候,日面的圆边都会抖动一下,很像缺了一块。他意识到,这是金星大气层的折射所造成的现象,这是人类首次知道存在有大气的其他行星。

而另一位法国天文学家纪尧姆·勒让提却尝尽其中的辛酸。因为那次金星凌日最好的观测地在中国和印度,法国本土观测不到,所以他提前一年就启程了,可就在当时,英法之间爆发了战争,海路被封锁了,勒让提无奈,只好绕道辗转到达印度。可是刚到庞迪契里,已占领那儿的英军绝不让敌国的人员登陆……绝望的勒让提只得在海上进行观测。6月5日,他在船上架起了望远镜,可印度洋上的风浪却使船只晃动不已,勒让提在站立不稳的条件下,得到的观测资料自然不会有什么用处。

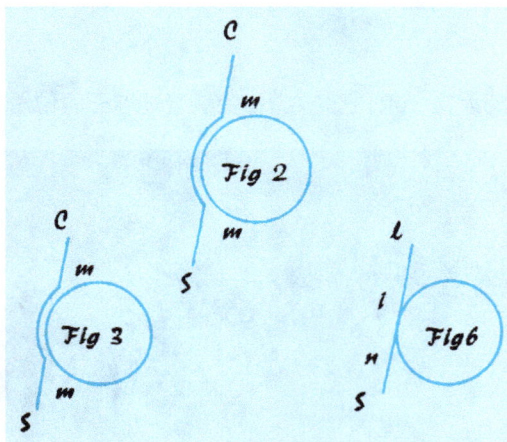

罗蒙诺索夫手绘的金星凌日图

幸亏勒让提知道,这儿仍是8年之后的金星凌日理想的观测处。战争不久就结束了,勒让提踏上了庞迪契里的土地,准备在那儿苦等8年。他建了观测站,还专门学习当地语言,了解那儿的民俗乡风,孜孜不倦地研究当地的气候和印度天文学。

1769年终于来了。他满怀信心、按部就班地进行着必要的准备工作，似乎一切都井井有条，而且五六月份的天气都相当好。可是偏偏就在6月3日，金星走进日轮前的十几分钟，突然间老天变脸，一时间风起云涌，电闪雷鸣，一场倾盆大雨把勒让提浇得像个落汤鸡。阵雨很快过去了，但金星已走出了日面，凌日已结束。老天爷这个恶作剧真是太残酷了，勒让提在望远镜前呆若木鸡。他知道，下一次的机会，再也轮不到他了。这意外的打击使他心灰意懒，最终病倒在床，幸得当地居民的悉心照料，才逃脱了死神的魔掌。

雪上加霜的是，因为几年来他的家人从未收到过他的音讯，以为他早成了异乡之魂，所以亲属们瓜分了他的财产，连科学院院士的位置也已由他人补缺。所以当1771年勒让提双手空空返回故土时，已身无分文且无家可归。到法院起诉也无济于事，反而还要付高昂的诉讼费。

好在勒让提的最后结局还好。他的不幸遭遇得到了一位小姐的同情和爱怜，最后两人结了婚。勒让提开始了新的生活，并撰写了两本关于印度风情民俗的书，重新成为一个著名人物。

1874年的金星凌日也为人类立了一功。那次凌日发生时，美国正处于深夜，所以美国天文学家华生早早来到了中国。10月10日，华生在北京支起一架望远镜。为了熟悉环境，他先在夜间观测星星。不几天，他就发现了一颗新的小行星——第139号小行星。华生对这意外的收获分外高兴，他向清王朝申请为他的小行星命名。"我恳请帝国的摄政者恭亲王赐予它一个恰当的名字。"华生在给友人的信中写道："后来清朝的一个高级官员带给我一个文件，文件的内容即是这颗新行星的名字。但他同时附带传达了一个口头要求——只有在'钦天监'（中国官方的天文机构）向皇帝呈上发现并命名这个行星的报告后，我才能在中国公布这颗小行星的名字。后来我才了解到，如果不这样做，那些官员将要失宠而遭殃。由恭亲王确定的这个名字叫'九华'，寓'中国的福星'之意。"

地球的"小弟"

　　位于地球轨道外侧的近邻是颗荧荧如火的红色行星——火星。这是一个与地球非常相似的星球。因此火星一直受到人们极大的关注。不仅是科学家,也包括一般民众,中国文学大师老舍在1932年发表了一篇小说——《猫城记》。其梗概是:在一次外太空旅行时,因飞机在火星上空失事,"我"成为唯一的幸存者流落在火星上,在那儿游历了20多个国家⋯⋯小说中的"火星人"长着一副猫脸,他们对金钱贪得无厌、垂涎三尺,对女人则拈花惹草、风流不已,而年轻一代胸无大志,只迷恋外国洋货,一味仿效外国人的怪腔。而那儿的君王专制骄横、独断专行,大臣们则尔虞我诈、勾心斗角⋯⋯

活脱脱的"地球模型"

自17世纪望远镜问世之后,观测火星则成为兴趣盎然的事。因为除了金星之外,火星离地球最近。但金星一直被浓云遮住,让人无法见其庐山真面目,火星则并不那么遮遮掩掩。人们发现,火星简直就是一个地球"模型"。首先,它的自转周期仅

　满目荒凉的火星表面

比地球的长41分钟,因此,"火星日"与地球日仅差39分35秒。地球自转轴的倾角是23°27′,而火星自转轴的倾角是23°59′,也只有半度之差。由此可知,火星表面也可以划分"五带"(热带、南、北温带及南、北寒带),也存在着与地球类似的四季循环。火星上的"1年"为687天,相当于地球上的1.9年,所以它每一季平均为172天左右(约6个月)。火星接收到的太阳光和热不到地球的一半,所以它的夏天,即使在赤道上也并不炎热,温度变化在−80~20℃之间。在它最冷的两极地区,即使在夏天,温度也只有−70℃左右,冬天则可降到−140℃。根据哈勃太空望远镜的观测,近20年来火星上的气候已有明显的变化——云层变得更厚,气温也下降许多。1997年7月登上火星的"火星探路者"却告诉人们:那儿白天的温度是12℃,但夜晚可降到−76℃以下。而且在几分钟甚至几秒钟内,温度的变化可达17~22℃,气压也随之大起大落,所以说火星上的四季其实并没什么意义。

从望远镜中看去,火星的两极地区始终为白色的物质所覆盖。雪白的极冠自然会使人联想到地球南北极的积雪与冰山。而且,随着季节的变化,这两个极冠也随着寒来暑往此消彼长,可见那里一定有冰雪存在。

火星上也有大气,而且它并不像金星大气那样令人毛骨悚然,但比地球大气稀薄些。凡此种种,人们把火星看作天空中缩小了的地球模型,有人干脆称火星为"天空中的小地球",更有人甚至相信火星上也有智慧生命。

但实际上,火星与地球的差别很大。火星的赤道半径为3 395千米,仅及地球的53%,体积还不到地球的1/6,质量约为地球的1/10,重力加速度是地球的1/3左右。火星表面的大气压只有地球的0.6倍。更重要的是,火星大气中的主要成分是二氧化碳,生物所需的氧只占火星大气的0.1%,这与我们赖以生存的大气几乎没有什么相似之处。火星的极冠与地球两极的冰雪也不同,它的主要成分是"干冰"——固态的二氧化碳，极冠中也含有一些冰，但数量不多，倘若把极冠中的冰全部融化成水，至多也只能形成一个10米深的"大海"。在火星的整个表面，人们找不到哪怕一滴液态水！这与地表约70%是汪洋大海有着天壤之别。

火星的地貌不如金星那样类似地球，而是有许多环形山，尤其在火星的南半球，虽然不像月球、水星那么多，但为数也是不少。

因此，火星跟地球也是"貌合神离"，是一个不太相称的"小兄弟"而已。

众多华人上火星

到目前为止，已有许多火星探测器光顾或在火星表面着陆，加上雷达等各种手段的探索，今天人们已有了很详尽的火星表面地形图。火星的南、北两半球有很大的差别：北半球相对比较平坦，间或有些死火山，平均比南半球低4千米左右。而南半球比较古老，环形山很多，由于受到较严重的风化侵蚀，环形山的边缘不锐利，坡度也较平缓。直径20千米以上的环形山有6 000多座，其中190座直径超过100千米。在其北纬18°处，便耸立着一座迄今所知太阳系内最大的火山——奥林匹斯山，它那圆圆的火山口直径达600千米，差不多可以把整个海南岛放进去。其主峰的高度为26千米——几乎是地球上珠穆朗玛峰高度的3倍。

火星的南半球上还有众多的峡谷深沟。最著名的"水手谷"位于赤道附近，它延伸长度达5 000千米，最深的地方陷入地表6千米，可容下整个昆仑山，最宽处有200多千米。若把金星上的峡谷与水手谷相比，不免又相形见绌了。

"云母屏风烛影深，长河渐落晓星沉，嫦娥应悔偷灵药，碧海青天夜夜心。"这是唐代诗人李商隐的名句。"嫦娥奔月"则是中国家喻户晓的神话故事,但是现在这位长袖善舞的女神如今又"上"了火星! 一些新的火星探测器登陆火星,科学家又发现众多新的地标和勘测点,更重要的是,有两位华裔科学家王阿莲和李荣兴参与了美国火星探测项目,在他们的积极努力与坚持下,在火星新地名的命名中,用中国人名、地名命名的比例有了大幅度的提高,加上30多年前已获命名的刘歆(汉代天文学家)、李梵(汉代历算家),已有30多个席位。其中有嫦娥、女娲、伏羲、精卫、神农、愚公、盘古、燧人、仓颉、嫘祖、后羿、刑天、夸父、共工、吴刚等神话故事中的人物;也有尧、舜、禹、张骞、郑和等古代圣贤;地名中是虚实并举,既有实实在在的黄河、泰山、敦煌、莫高窟、鸣沙、玉门关、罗布泊、丝绸路等,也有神话中的广寒宫、不周山。

众所周知,UFO(不明飞行物)是当今世界最让人激动的科学悬案之一。自1947年首次发现至今,世界各国每年都能收到成千上万件"目击报告"以及有关照片、录像等资料。最近还传出了火星上也有UFO的踪影:据英国广播公司(BBC)2004年3月18日报道,美国的"勇气号"火星探测器在研究火星大气时,意外地拍到一张从火星上空飞过的UFO的照片。显然这也是世界上第一个从另一颗行星上看到的UFO。

华裔科学家王阿莲

事实上,"勇气号"所捕捉到这个画面非常意外,因为虽然它在火星上着陆已有几十天,但它却很少有机会将镜头对准天空。因它主要研究火星大气,只是不经意间捕捉到了正穿越火星桃色天空的一个"条纹"。

从这个不明飞行物的运行轨迹来看,科学家否定了流星等可能,也排除了降落于火星的其他飞船,认为很可能是1875年美国发射的"海盗"2号火星探测器留下的痕迹。

尽管现在还是众说纷纭,无法得出一致的结论,但有一点是肯定的,那就是它与"外星人"风马牛不相干。

"火星人"登陆了

1877年夏,有两位天文学家声誉鹊起,一位是发现两颗火星卫星的美国人霍尔,一位是意大利布雷拉天文台台长斯基帕雷利。其中这位42岁的意大利人对火星作了连续几个月的观测……不久他宣称,尽管看得极其模糊不清,但火星表面上确实存在复杂"线条",其中有两条几乎平行地延伸了数百千米。他所说的"线条"在意大利语中是"Camali",它偶尔也可说成是"沟渠",与之相对应的英语单词应是"Channel"。哪知媒体发表时却译成了"Canal"!而后者在英语中的意思是"人工开凿的河道"(即"运河")。

就这一字之差,竟引起了一场旷日持久的大争论。因为运河是人工开凿的,火星上有运河,就不会没有"人"!

最有影响的当属美国的洛韦尔,他原是波士顿的一个富豪,曾在日本和朝鲜担任过外交官,10年外交生涯结束后便对政治厌倦起来,于是他自己出资在亚利桑那州一座2 400多米高的山上建立了他的私人天文台(至今洛韦尔天文台仍是研究行星、卫星的权威机构之一)。洛韦尔热爱天文学,有个眼科医生曾恭维过他的眼睛,说洛韦尔的目力是他所检查过的人当中最敏锐的。洛韦尔因此洋洋自得。在以后的15

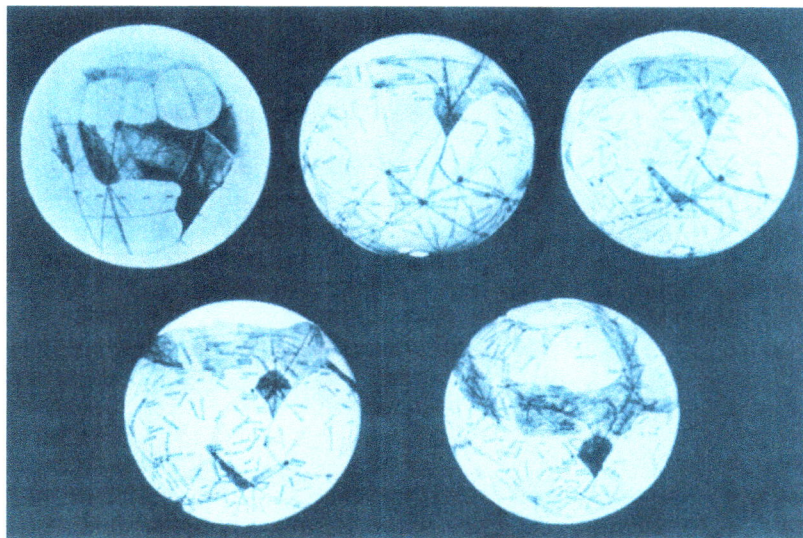

个春秋中，他对火星作了大量的仔细的观测，据此，他精心绘制了大大小小共180多幅"火星运河图"。洛韦尔所描绘出的运河至少比斯基帕雷利多出3倍！而且他甚至认为，能否看清火星上的那些运河，正是鉴别天文学家观测技能好坏的"试金石"，这样一来自然就会有众多的附和者了。

火星是那么遥远，即使在最近的"大冲"期间，距离地球也有5 000多万千米，居然能被地球上的人观测到，可见，那些运河至少要有几十、几百千米宽。想当年花了10年时间开凿出来的苏伊士运河，不知耗费了多少人力物力，而它长不过160千米，宽仅180～200米。这样一比，"火星人"该有何等高超的科学和发达的技术啊！

从19世纪末开始，奇形怪状的"火星人"开始出现于文学作品之中，描写"火星人"的报刊杂志售量猛增。火星人成了科幻小说的主角。"火星人"的模样则由作者充分发挥想象力来塑造：有的是幽灵似的怪物，有的长着三头六臂，有的像身上长有许多触手的章鱼……

英国威尔斯的科幻小说《星际战争》出版后，"火星人"几乎变得家喻户晓。威尔斯是与法国儒勒·凡尔纳齐名的科幻小说先驱者，他笔下的"火星人"虽然四肢无力，却有超人的智慧，发达的科学技术，他们生性古怪，凶残无比。书写得非常吸引人，后来该书又被改编成电影《大战火星人》。影片中的"火星人"为了寻找一个水源充足的乐园，决定征服地球。当"火星人"的远征军来到地球后，立即凭借他们手中的先进武器横冲直撞，地球人仓促组成的联合部队简直不堪一击，很快被侵略者统统缴了械……

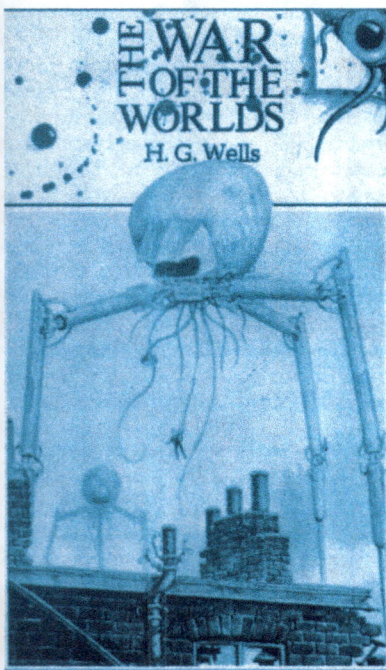
《星际战争》中的封面

1938年10月，根据那部电影改编的广播剧在美国播放时，曾引起了骚乱：不少人忘记了播放前的说明（也有人是中途收听的），逼真的艺术效果，使很多人信以为真，因而一时间搞得人心惶惶。剧中所说的"火星人"登陆处位于新泽西州，于是那里的道路被挤得水泄不通，远方的好奇者不辞劳苦，如潮水一般从四面八方涌来，想一睹"火星人"容貌为快。而"登陆处"附近的居民，则争相逃离现场，有些胆小的人甚至吓得自杀了！直到1988年冬，在新泽西州的一个小镇上，居然仍有一千多个居民举办了"火星人登陆50周年纪念会"，且盛况空前。而全国公共广播电台，还在星期天重播了50年前的那个剧本——当然了防止意外，这次事先做了详细的说明。

在那个年代，无论是业余无线电爱好者，还是专业的电讯机构，只要收到暂时来源不明的无线电讯号,他们往往首先想到是不是"火星人"给我们的"问候",总要花费不少功夫去"破译"那些乱七八糟的微弱信号。

当然更多的天文学家对此不以为然。他们指出,主张"火星人"的人,彼此画出的"运河图"大相径庭,几乎没有两张是完全相同的。这些天文学家也用望远镜观测,却常常见不到这种理想化的图案。所以他们认为,这都是在极限情况下人眼所产生的光学幻觉而已。

"运河"的神话直到1965年才结束。那年7月15日,美国的"水手"4号火星探测器首次从距离火星9 850千米处飞过。从它所发回来的21幅火星近距照,人们才恍然大悟:曾让人激动万分的运河实际上只是排成一线的大小环形山而已。

"运河"是子虚乌有,但河床却确实存在。从飞船所发回来的照片来看,火星表面有许多干涸了的河床,它们纵横交错,主流支流交汇,至少有几千条之多。最大的主流长1 500千米,超过了北京到上海的距离,宽也达几十千米。现在已经没有人再怀疑,在几十亿年前,火星上曾发生过巨大的洪水。在"探路者"火星探测器所降落的"战神谷"内,大小巨石都很光滑,重心偏向一边,明显是汹涌无比的洪水造成的。美国科学家形容当时洪水规模相当于北美洲中部五大湖区的水在两周内全部涌入墨西哥湾,事实上谷内被冲出的沟壑深达96千米,宽也有2.4千米!其场面令人惊心动魄。

"火星植物学"与"太空博物馆"

甚至还在人们为"运河"争论不休之前的1870年,法国有位天文学家就声称,火星上那些暗黑色的区域可能是火星上的植物带。20世纪50年代,苏联有位季霍夫教授,他观测到火星表面色彩有着与季节节拍相吻合的周期变化,据说他后来还获得了一些光谱照片,他发现这些光谱与地球上高山寒冷地区的植物光谱有很多相似之处。所以他坚信，火星上有着类似地衣、苔藓之类的"火星藻类"，正是这些能抵御极度严寒、忍受紫外线伤害、适应稀薄大气、又能最大限度利用阳光的"火星藻类"，随着冬夏更迭而枯荣交替，才导致火星大地"动容"，变更了暗区的颜色。于是他在大学中开设"火星植物学"的尖端课程。

1958年，苏联一位名叫谢克洛夫斯基的天文学家，突然发表了一篇使世界哗然的文章。文章声称，根据他对火星两颗卫星的观测和研究，他认为，它们并不是天然卫星，而是"中空"的"人造天体"。

谢克洛夫斯基的主要依据是，根据他的精确测定，两颗火卫在轨道上运行时，有人造地球卫星特有的一种"加速现象"，火卫二绕火星的公转周期每天会缩短百万分之一秒。这样，大约2.8亿年后它就会坠落在火星表面。他分析，造成火卫运动加速的原因是火星大气的阻力。但根据人造卫星理论可推算出，火星表面稀薄的大气要造成如此明显的影响，必要条件是火卫的质量很小，而根据这样小的质量和卫星的体积，可推算其平均密度比空气的还小（为水的千分之一）。因此，他认为火卫应当是"中空"的。一颗内部空心的卫星决不会是大自然的产物，它只能是高度智慧和科学技术的结晶。并且他还认为两颗火卫的直径只有1千米左右（而不是通常认为的几十千米）。它们之所以那么亮，是因为它们的表面是用某种特殊金属做成的。

余下的结论不言而喻：这两颗火卫是高度发达的"火星人"制造的"人造火星卫星"；现在那些科学技术早已超越我们的"火星人"，不是生活在火星的地下深层，就是在火星环境变坏之前远

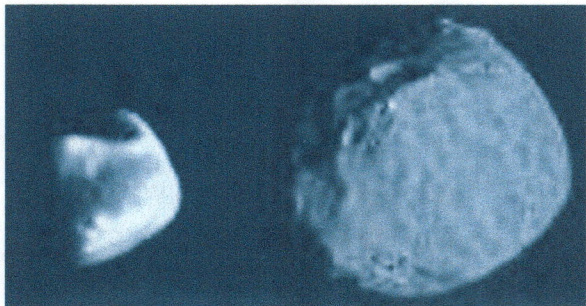

飞船拍到的两火卫近照，右是火卫一，左是火卫二

走高飞了；这两颗"人造火星卫星"，就是他们临别时的"杰作"；"火星人"已把标志他们高度文明的物件，统统放进这两个"太空博物馆"内了。

如今，空间探测的资料已否定了这个美丽的神话。从飞船近距离所拍到的火星与火卫的照片看，火星表面改变颜色的原因是遮天蔽日的"尘暴"，而造成这样的尘暴也是有季节性的；两颗火卫的形状很不规则，表面也瘢瘢疤疤，使人会联想起那些被鼠咬虫蛀的大土豆，显然不是金属做的，更不会是精致的"博物馆"。现在人们知道，火卫轨道运动的加速是一种"潮汐效应"，火卫二加速的程度也没有谢克洛夫斯基所说的那样大。

不过在当时，他们的观点确实吸引过许多人。因为在20世纪50年代，无情的事实是，在空间科学上，苏联处于遥遥领先的地位：第一、第二颗卫星上天、最早到月球附近、最早在月面硬着落的、最早得到月球背面图、最早的男、女宇航员都是苏联人，他们发表的有关论文和著作，谁也不能不刮目相看。

再说，广交朋友是人类的天性，谁不希望在茫茫太空中能发现一些"邻居"呢？

百年之争重开战

为了探索激动人心的"火星生命"问题，迄今为止，人类已先后向火星派出了40多位"大使"，但最初的12位由于种种原因都未能"到任"，不是中途爆炸，便是"临阵脱逃"，也有的因通讯失灵而杳如黄鹤……

在20世纪90年代之前，对于火星探测取得成果最多的是美国两艘"海盗号"飞船。它们于1976年夏天降落在火星表面，连续工作了6年多，直到1982年11月，才停止发回信息。得到的结论是：在它们降落处方圆 **045**

引发新争论的火星陨石"艾伦–希尔斯84001"

几十千米的范围内，不仅没有找到什么生命的迹象，甚至还未能发现任何有机物。于是，争论了百年之久的"火星生命"问题似乎画上了句号。

谁知，1996年8月6日，美国国家航空航天局的大卫·麦凯博士在一次新闻发布会上宣布："我们相信，我们已经发现火星过去存在生命的确凿证据。"接着航空航天局的官员丹尼尔·戈尔丁又说："我们已制订了旨在揭示30亿年前火星上存在某种形式微生物的可能性的研究计划。"这真是石破天惊，一石激起万层浪！

原来，他们在一块名为"艾伦–希尔斯84001"的陨石中发现了两种物质：多环芳香烃和磁铁矿、黄铁矿中铁化合物，而这块陨石来自火星。一般认为，前者是简单有机物质腐烂时产生的，应是微生物的分解产物；后者则只是在生物作用下才有的产物。而且它们同时出现在这块来自火星的陨石深层，实在令人鼓舞！难怪连时任总统克林顿也来凑热闹："美国的太空计划将会全力以赴，寻找更多火星存在生命的证据。"

不少科学家更是深受鼓舞，既然地球上那些生态条件极为严酷、以前认为不可能有生命之处（如火山口滚烫的热泉、几千米深的深海海床、永久冻土深层等），近年来都陆续发现一些原始微生物，而火星上有些地方的条件与那些地区极为相似，何况过去火星上的自然条件没准比现在的要好得多，所以他们推断火星上曾经滋生过生命的可能性极大。由于英国一些科学家在另一块来自火星的陨石"η-79001"中也发现了有机化合物之类的"生命的遗迹",更让人们认为火星上的原始生命或许至今还蛰伏在其地表深层或极冠周围的含水冻土层内。

但是对此持有异议的也大有人在,除有人怀疑这些陨石的"身份"(是否来自火星)外,那些让人兴奋不已的"生命化石"本身就让人疑窦重重,这些蚯蚓状的结构实在太小了,长只有20~200纳米(1纳米=10^{-9}米),要1千多条放在一起才相当于一根头发那么粗,根本无法对其进行解剖分析和研究。加利福尼亚一位天文学家认为,这种"生命化石"也可以用非生命活动来解释,事实上,以往也曾多次在陨石内发现过芳香烃分子,可从未有人认为是生物性的,1998年,有人认为这些证据可能是人为污染造成的。

2004年在南极发现的一块名为"Y000593"的火星陨石又一次引发了争论。它重13.7千克,年龄为13亿岁,于5万年前坠于南极大陆,研究表明,该陨石内部有众多曲折而细小的孔道及富含碳元素的细微球粒,与被微生物改造过的岩石极为相似……

由此可见,"火星生命"仍为不解之谜,如果人类不能登上火星做实地考察,要对这样的百年之谜做出令人信服的解答是非常困难的。

前仆后继向火星进军

1996年美国国家航空航天局于11月6日和12月6日,让"火星全球观测者"和"火星探路者"相继踏上征程。前者虽然发射于先,但却晚到,1997年9月8日抵达火星后即调整轨道,计划绕火星转上1"火星年",对火星大气气候、地理环境、磁场结构、固体矿物成分等作全面的探测研究。

捷足先登的"火星探路者"在1997年7月4日(美国独立纪念日)把一辆6轮火星车"索杰纳"号("旅居者")安全降落到苍莽的火星表

天空起重机将"好奇"号轻轻放在火星表面

面。"旅居者"传回的资料表明，火星表面地形与地球的类似，土壤则大致分三类：硬质土、粉状土及细质沙土，而岩石则多姿多彩，外观上有红、蓝、白三种颜色，它还证实"艾伦-希尔斯84001"的确是来自火星的"贵客"。更令人激动的是，它把洪水冲刷的景象一览无遗地展示在人们眼前：无数的大小碎石乱七八糟地堆积在峡谷之中，这显然是特大洪水冲刷过的痕迹。洪水说明了火星上面一定有过温暖湿润的时期，因而大大鼓舞了探索火星生命的科学家。

后来，美国又相继发射了"奥德赛"（2001年）、"勇气"（2003年）、"机遇"（2003年）、"火星勘测轨道飞行器"（2005年）、"凤凰"（2007年）；"好奇"（2011年）；欧洲空间局则发射了带着"猎兔犬2"的"火星快车"（2003年）。另外，印度也是跃跃欲试，于2013年11月发射了"曼加里安"号火星探测器，成为继美、俄、欧盟后的第四个发射火星探测器的成员。

尽管它们都建立了非凡的功勋，如"凤凰"号证实了火星表层下确有水——刨冰；"好奇"号在火星物质中检测出有机化合物痕迹。"好奇"号的终极目标是，探索是否有生命基本构成元素，包括碳、氮、磷、硫和氧等。不过，它并没有配备用于寻找生物或微生物化石的设备。如果要获得确定的答案，尚需派出另一个探测器，把火星上的岩石和土壤运回地球，供大型实验室化验。

但是最终的结论还是要靠人去实地考察。所以美国计划在2018年送有冒险精神的一男一女两名志愿者绕火星飞行501天。这个雄心勃勃的火星旅行计划已经吸引了大批申请者。

能 发光的行星

俗话说"龙生九子，各不相同。"太阳的8个"子女"（人们常把绕太阳运行的行星看做是其子女）更是如此，彼此间的容貌各异、禀性不一，"身材"也各有长短。按轨道运动、距离远近可分为内行星和外行星两类；然而从物理特征来看，则应分为类地行星和类木行星两种类型：以地球为首的4颗类地行星个头不大，却十分"结实"，密度都较大，拥有的卫星甚少，4颗行星总共只有3颗卫星；而以木星为代表的类木行星则与此相反：它们个个体态庞大，可并不结实，平均密度只与水相当，但拥有众多的卫星相绕，其中木星的卫星已证实的就多达63颗！更奇特的是，空间探测的资料表明，在类木行星浓厚的大气下面，可能都是一片汪洋。

当之无愧的"大哥大"

太阳系中按太阳由近及远的次序排第五颗的是木星。木星在天空中显得异常明亮，是除金星外的第二亮星，也是"兄弟"8个中最魁梧的。木星的赤道半径达71 400千米，约为地球的11.2倍。按体积来讲，木星是地球的1 316倍。如果把地球比作一颗小小的绿豆，木星就相当于一个中等大小的西瓜。木星的质量为1.9亿亿亿吨，相当于地球的318倍。即使把其他7个"弟兄"加在一起，也只及它"体重"的40%，所以它是当之无愧的"大哥大"，可以称为"行星王"。

在中国古代，称木星为"岁星"。木星轨道距离太阳5.2天文单位（近似于日地平均距离，约1.5亿千米），绕太阳的周期大致为11.86年，也就是说，大约12年在星空中绕过一圈。用现代的说法，木星大致每年在

行星的大小相差悬殊：前排左起为地球、金星、火星、水星、冥王星

"黄道十二宫"中走过一个宫，故而可以用木星当时所在的星空位置来推算年份——"岁星"的名称也是由此而来。西方则称木星为"朱庇特"，是罗马神话中权力最大地位最高的天神，相当于希腊神话中的主神宙斯。

木星真是庞大无比，如果在其赤道上绕行一周，行程将达45万千米，比我们到月球的距离（38万千米）还远得多呢。人造地球卫星绕地球一圈大约需要90～100分钟，倘若以这个速度绕木星一圈，则将需14小时以上。

木星的质量巨大，其表面的引力也比地球表面的引力大得多。同样重100牛的物质，搬到木星上就会重达264牛。所以，倘若木星上真有"木星人"存在的话，那么他们可能是动作迟缓的"慢性子"，因为一举手一抬足，都要比在地球上花上2倍多的力气。

木星巨大质量所产生的引力，也为空间探测带来一系列新的问题，譬如登上木星后，要想离开木星，就会非常的不容易，因为要摆脱其表面引力的速度需达59.5千米/秒以上。这个速度可使人们在不到2分钟内从南京到上海打个来回。当然有弊也有利，人们也常用它的这一特点来为一些太空探测器助上一臂之力，为飞向更遥远的目标提供免费的动力。

用望远镜观测木星，很容易发现它的视面是个扁圆。实际上它的扁率为0.064 8，或者说，它的极半径比赤道半径约短4 600多千米。要在其中塞进两个水星，才接近正圆。木星的转动也比类地行星快得多，按其自转周期（9小时50分30秒）及赤道半径不难算出，木星赤道上的自转线速度为12.66千米/秒，这个速度比出膛的步枪子弹还要快15倍！

1610年初，伽利略发现了木星周围有4颗"小星"——这是人类第一次知道其他行星的卫星，同时也成为哥白尼日心学说的第一个观测证据。

用普通的天文望远镜，可以很容易把木星的圆面显示出来。在木星的南半球上有一块红色的卵形圆斑——"木星大红斑"。大红斑真大，虽时有改变，但至少有10 000千米×20 000千米，最大时可达14 000千米×48 000千米。把水、金、地、火4个类地行星一股脑儿放进去，也绰绰有余。1665年，法国天文学家卡西尼就是通过观察木星大红斑，计算出木星的旋转周期。

奇特的"液体行星"

在一般人的想象中，行星都是像地球、月球那样，表面是坚实的大地，宇宙飞船要在行星表面降落非得小心翼翼不可，倘若操纵、计算有丝毫失误，就会变成"硬着陆"，难免被撞得粉身碎骨。然而，在木星那儿大可不必担心。

根据木星的质量和体积很快可以算出它的平均密度是1.33克/厘米^3，只

木星上的大红斑特别醒目　　**051**

是水密度的1.33倍,甚至比太阳(1.41克/厘米³)还小。显然,如果木星也像地球那样,最轻的壳层密度有3.3克/厘米³,那除非木星是一个空心球!

因而,科学家认为,在它厚厚的大气层下面,并不是我们熟悉的山川大陆或者荒漠谷地,而是一片蒸腾鼎沸的"汪洋大海"。

也就是说,木星不具备固体表面,浓密的大气之下都是"海洋",而且,更让人想不到的是,组成木星"海洋"的竟不是水,而是氢!谁都知道,氢气是最轻的气体,怎么会变成液体呢?其实不必惊讶,我们身旁就有这样的实例——液化石油气不就是液态的"气体"吗?物理学告诉我们,通过加压或冷却,物质就会由气态变成液态。木星1千多千米厚的大气层,其压强比液化石油气钢瓶内的要大得多。这个科学结论,不久便得到了宇宙飞船的证实。空间探测器的资料表明,木星确实是颗"液体行星"。在它那1 400千米厚的大气层下面,还可粗略地分为三大层:分子氢层、金属氢层和内核层。

液态的分子氢的表层温度很高,仅比太阳表面温度低1 000℃左右,如果不是有很高的大气压泰山压顶似的镇着,恐怕早就蒸腾到太空中去了。这样看来,与木星相比,金星表面那可怕的环境已是"小巫见大巫"了。

木星中间的金属氢层,外表看起来似乎很平静,不如分子氢层那样在剧烈地沸腾翻滚,但其温度高达11 000~20 000℃,在这样高的温度下,氢原子中的电子挣脱了羁绊,变成自由电子。这样的氢就像水银那样可以导电,故称之为"金属氢"。现在,科学家们已经能在实验室中制造出这种奇特的物质了。

最有争议的是它10 000多千米的核心部分。多数天文学家认为,木星应当有一个由铁、镍和硅酸盐组成的固态核。但在几万摄氏度高温下,能否保持着固态,实在很难说,所以也有人认为,木星是"彻底的"液体行星,根本不存在固态物质。当然这个问题还有待进一步探索。

木星上的磁场很强，足以使一般手表"磁化"而无法运转。但是它的磁极方向与地球相反，即在地球上指南的针到了木星上所指的方向却是北。因为木星的磁场很强，所以木星大气中有绚丽无比的极光。"旅行者"1号宇宙飞船在1979年3月间接近木星时，曾拍摄到它那范围达3万千米的极光。3万千米是地球直径的2倍多！如果我们身临其境，那一望无际的神奇绚丽的自然景观，一定会叫人如痴似醉。

金科玉律受挑战

过去人们都认为，太阳所属的恒星类天体，它们的质量很大，自己能发出光和热；行星则不仅质量比恒星小得多，而且它们本身不发光。人们所以能在天空中见到行星，完全是因为它们反射了太阳光。一旦太阳熄灭，行星也就"消失"于茫茫星空中了。天文学家历来都把能否发光发热作为区别恒星和行星的标准。

但是，木星却向这条金科玉律提出了挑战。首先，人们在研究中发现，木星的"体温"始终莫名其妙地比预计的高。因为从理论上推算，木星的"体温"应为−168℃（指大气顶层的温度，下同），但不管你用什么方法，到什么地方去测量，得到的结果总比推测值要高20～50℃。而同样测定其他行星的温度，都与理论值大致相符。木星的体态是如此之大，温度高几十摄氏度，所需的能量从何而来？显然，这种能量只能来自它自身，也就是说，它本身发热！

在20世纪50～60年代，人们曾用红外手段研究木星，从而惊讶地发现，木星也在向外不断地发出红外辐射，测量表明其所发出的红外辐射竟是它接收到太阳红外辐射的2.5倍！如果没有自己的能源，这种"长期赤字"的局面无论如何也是难以为继的。我们知道，红外线、紫外线、可见光等都是电磁波，区别只是它们的波长（或者说频率）不同而已。红外线的波长则是在0.77～1 000微米间；可见光的波长在 **053**

0.4～0.77微米间；紫外线的波长则是在0.04～0.4微米间。

　　木星不仅在向外发出红外线，而且还像一个"广播电台"那样，在不断发出强大的无线电波。无线电波在天文学上称为"射电波"，也是电磁波的一种。太阳系内其他行星所发出的射电波都很弱，以致几乎难以察觉，而且它们的波长都是"短波"。而木星却不然，早在1955年天文学家就发现了木星发出的射电波，波长从短波到中波都有。这个"木星广播电台"的发射功率可达1亿千瓦。我们知道，一般来说，一个广播电台的发射功率只需几十到上百瓦已经足够了，可见"木星广播电台"比它们强百万倍！

　　以射电方法测定的木星自转周期为9小时35分28.933秒，这比用光学方法测定的自转周期长近5分钟。千万别小看这5分之差，有人认为，这正是木星内部有固态核的证据之一，因为这个值正是固态核的自转周期，光学方法所测到的则是它表面的周期。

　　X射线也是电磁波的一种，只是它的波长更短（0.01～10纳米）、能量更高而已。木星的X射线发现于20世纪70年代末。1978年美国发射了"高能天文台"2号，这是一颗绕地球运转的科学卫星。它上面搭载的X射线望远镜发现木星发出很强的X射线，对木星的卫星系统施加各种复杂的影响。

　　凡此种种，不免让人怀疑，木星究竟是行星中的"大哥哥"还是恒星中的"小弟弟"？也有人猜测，将来木星是否会演化成一颗恒星？

"伽利略"为何要"杀身成仁"

　　在20世纪，共有5艘无人飞船拜访过木星："先驱者"10、11号，"旅行者"1、2号及"伽利略"探测器。伽利略是17世纪一位了不起的科学家，也是天文学史上一个划时代的人物。20世纪80年代，美国国家航空航天局决定要发射一枚"伽利略木星探测器"，简称为"伽利略"号，专门用以探测木星及木卫。它于1989年10月18日启程，经过近6年才到达"木星王国"。

1995年7月13日，它向木星发射了所携带的一枚"木星大气探测器"，这是真正进入木星王国的第一个"小客人"，这个探测器只有339千克，但装有不少科学仪器，12月7日，它义无反顾地以50千米/秒的速度向木星赤道附近的大气层扑去，木星大气层中的高压，使它只维持了75分钟就被烧毁了。好在它献身之前，已经把它所测量到的木星大气中的各种数据——温度、湿度、压力、风向、风速、化学组成……都传送到了飞船上。

"伽利略"号在离木星160万千米处进入绕木星的轨道，并逐渐逼近木星本体，它实际绕木星运行了34圈，发回包括1.4万张照片在内的3万兆比特数据，而且与此同时，它还有15次靠近4个大木卫（称"伽利略卫星"）的机缘，与木卫最近时的距离只有几百千米，所以可观测到以前无法见到的众多细节。

"伽利略"号不负众望，它得到了有关木星本体的许多宝贵资料，让人们对于木星及其卫星的研究更加深入。1996年"伽利略"号拍摄到木卫一的壮观景象，一座大火山喷出的蓝色火焰表明，这是硫黄燃烧的结果，它抛出的物质一直冲上100千米的

"伽利略"号发出"木星大气探测器"（前者）

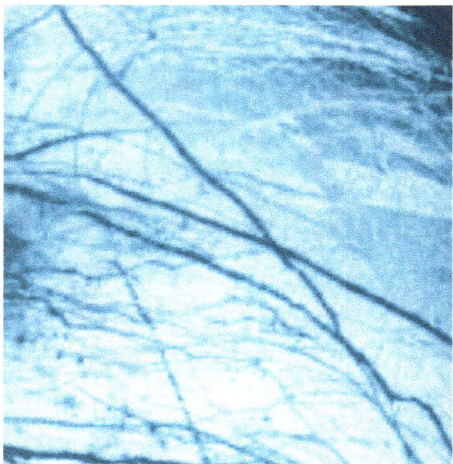

木卫二上有一片汪洋，让人欣喜不已

高度,在木卫一表面,地形地貌随时都在改变,在那里根本找不到"年龄"超过1 000万"岁"的地形特征。

更激动人心的无疑是关于木卫二的消息。"伽利略"号使得这个"丑小鸭"顿时变成了美丽的"白天鹅"。1996年8月,美国国家航空航天局的官员宣称:"木卫二上存在太阳系中另一个真正的海洋。"1997年飞船又一次从距木星198千米处飞过,发回的资料表明,木卫二拥有一个薄薄的大气层,在大气之下是一片棕红色的大海,这是真正的盐水,洋面浑浊不堪,也有巨大的冰山,间或有许多"疱状物"……因此不少科学家认为"正像在地球上曾经发生过的那样,某些沉积物会为生命提供所必需的物质"。更有人认为,那儿已经有了某些简单的生命形态,若真能证实木卫二上存在另一类生命的"伊甸园",其意义及影响,怎么估计恐怕都不为过。

然而,在当年发射"伽利略"号时,谁也未能料到,常年处于-145℃的木卫二上竟然会有存在"地外生命"的可能,所以事先并未对其彻底的消毒。尽管在茫茫太空中一般的生命都无法生存,但近年来许多迹象表明,生命有着极其顽强的自我保护能力,它们能长期蛰伏,一旦有了适合其生长的环境,就会重新复活。所以谁也不知道"伽利略"号上是否潜伏着此类"顽强的臭虫",如果将来一旦失控,"失足"落入木卫二上,这些"太空偷渡客"就有可能把木卫二搞得面目全非,那种灾难性的后果,将会让全世界的科学家永远追悔莫及。为了保护这片远在6亿千米之外的极有希望的"生命乐土",乘指挥人员还能对其发号施令时,让它"杀身成仁"——冲入木星的大气层自焚。2003年9月21日,"伽利略"号服从指令,以48千米/秒的巨大速度"坠入"木星的大气层,以一种近乎自杀的方式使自己焚毁,为这颗壮烈的探测器画上句号。当时的场面也让人们颇为伤感。一位名叫洛佩斯的科学家说:"对一位老朋友说再见,真有点难过。"坠落过程开始后,最后一任项目主管亚历山大女士的眼睛也变得湿润起来。

戴着"项链"的行星

在太阳系的八大行星中，土星无疑是最美丽动人的天体，那金黄色淡雅的圆面，中间还围着一条明灿灿的"项链"，真像是一件无与伦比的"太空艺术珍品"，它大小匀称，亮度适中，尤其与土星相配在一起，真是珠联璧合，相得益彰，增添了几分妩媚。不论男女老少，也不管对天文学有无兴趣，只要在天文望远镜中对它看上一眼，都将会因为它那珠光宝气的绝妙容貌而留下终生难忘的印象。

两个难猜的科学字谜

土星离太阳约9.6天文单位（14.4亿千米），是太阳系中第六颗（按太阳由近及远的顺序）大行星。在1781年赫歇尔发现天王星之前，人们把土星看作是太阳系边界处的"守门人"，也是肉眼可见的最后一颗行星。它的赤道半径为6万千米，可极半径却短了5 500千米，是太阳系中最扁的行星。

土星的半径是地球半径的9.4倍，而质量仅是地球的95倍，所以它的平均密度只有0.7克/厘米³，是唯一密度比水还小的行星。如果能把它丢进浴缸内的话，它一定会像皮球那样漂浮

美丽无比的土星有一个绝妙的光环
（右上圆点为地球）

在水面上。

土星与木星相仿,也是一个"流体行星",在它浓厚的大气之下,也是一个由氢和氦组成的硕大无朋的"大海"。大海的下面则是金属氢、氦层。与木星相比,它似乎多了一层厚5 000千米的冰层。土星的自转也快得惊人,在其赤道上的自转周期为10小时14分。与木星一样,它也有自己的能源,也在向外发射红外线,实际测量的土星大气温度比理论计算值高出将近30℃!

土星与众不同之处在于它"颈上"的那条神奇"项链"——光环,它的美丽真可叫其他行星"羡慕嫉妒恨"。

土星的光环发现得很早,当年伽利略就看到了土星身旁有两个模糊朦胧的"附着物"。在他那自制的简陋望远镜中,遥远的土星本身就不那么清晰,它的光环更是时隐时现,而且常与土星本身"粘"在一起无法分开。在当时人们头脑中,根本想不到光环这种玩意。他费尽心机也无法弄清,只得沿袭发现金星位相时所沿用的老方法,先发表一组字谜再说:

"Smaismermilmepoetalevmibuneunagttaviras"

伽利略的原意是这样一句话:"Altissiman planetam tergemineumm observavi."译成中文的意思是:"我曾看见最高的行星有3颗。"当时人们以为土星是太阳系的边界所在,所以伽利略称它为"最高的行星"。他这句话的寓意是"时间和生命老人"身旁有两个搀扶着他的仆从。因为,古代西方把土星命名为"农业神",它还掌管着时间和生命。

伽利略完全可以高枕无忧,不怕别人猜透他的原意。因为用这39个字母可以组成的排列组合与金星位相的字谜一样,是骇人的"天文数字"。不过略带遗憾的是,伽利略因为手中的望远镜太简陋,到他1642年逝世时也未能解开这个科学谜。14年后,荷兰天文学家惠更斯使用了更先进的望远镜,终于完成了伽利略的遗愿,只是惠更斯也是先发表了一组字谜：

"Aaaaaaaaccccccdeeeeehiiiiiiiillllmmnnnnnnnnnnooooppqrrsttttttuuuuu"

然后,他又耗费了3年时间,终于在他的《土星系》一书中公开了谜底：

"Annulo cingftur tenui, Plano, nusquam cohaerente, adeclipticam inclinato." 这可以译为:"有环围绕,环薄而平,到处不相接触,与黄道斜交。"

惠更斯虽然比伽利略进了一步,可他其实也未能弄清土星光环的本质,直到1856年英国物理学家麦克斯韦才彻底弄明白,这个光环是由无数大大小小的冰块(也夹杂着一些石块、小铁块等)组成的,所以实际是千千万万颗大小不一的"冰卫星"聚在一起。

光环中风光无限

土星光环的范围很大,但在高倍望远镜中,明显可以看出它又可分为3个环:A环、B环和C环。在A与B环之间,则有一条宽达5 000千米的"卡西尼环缝";而B环与C环间的"法兰西环缝"的宽度也有3 000千米。

20世纪70年代,人类对太阳系的空间探测达到了高潮,先后发射了4枚轰动科学界的空间探测器,其中有3枚对土星及其光环作了细致的考察。这3枚空间探测器中的任何一枚所获得的资料,都超过了过去几百年的总和。

访问土星的3个空间探测器

空间探测器	"先驱者"11号	"旅行者"1号	"旅行者"2号
到达土星时间	1979年9月6日	1980年11月12日	1981年8月23日
距土星最高云层	12.8万千米	12.4万千米	10.1万千米

"旅行者"1号所拍的土星光环及局部放大照片

当"先驱者"11号1979年飞临土星时，天文学家们兴奋不已。它离土星最近时只有12.8万千米，因此对光环观测得分外清楚，它发现在A环之外，还有新环（F环和G环）和一条环缝——"先驱者缝"，使得光环数变为7条（1969年发现了最内部的D环及最外面的E环）。F环可能是最窄的环，宽度不到800千米，它与A环的外侧之间，其间正好有刚发现的先驱者缝隔开。G环则是土星最外面的一个环，其内侧离土星表面约有54万千米之遥。G环内的物质极其稀疏，然而却连绵不断地向外伸展了30万千米，几乎相当于地球到月亮的距离。真正的高潮是在"旅行者"1号到达土星之后。"旅行者"1号从光环的上、下方，在向阳面、背阴面等以各种不同角度，对离奇的光环进行了详细的观测，它传回的极其清晰的大量彩色照片真叫人大开眼界。

原来，土星光环哪止是六七条，它密密麻麻地从土星云顶上空，一直排到离土星中心很遥远的地方，环的数量成百上千，根本无法数清楚，简直就像一张硕大无朋的密纹唱片。更奇特的是，"旅行者"1号还发现，

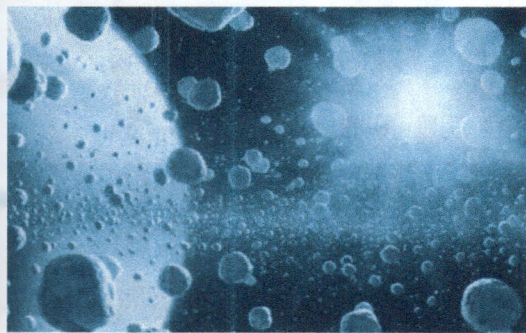

那些环带并不那么整齐匀称,而是十分复杂。大小不同自不必说,而且并不对称,连最亮的 B 环也似乎并不完整,有的大环中套着小环,显得凹凸不平,有的甚至呈犬牙交错的锯齿状。最令人惊讶的是窄窄的 F 环,它竟像是姑娘头上的发辫,有三股细环扭结在一起,一个环由粗短变得细长,一个环好像是另一个环中分裂衍生出来的,它们还在随时间而变化着⋯⋯

"旅行者"1 号还发现,B、A 环内的物质比较拥挤,那个比较稀疏的 C 环内,物质直径大多在 1 米左右,而 F 环则断断续续。它还探得,构成环的无数粒子几乎都是导电体,因此,它们转动时就会产生强大的射电波,俨然是太阳系中又一个"广播电台"。关于光环,还有一个扑朔迷离的问题,似乎光环本身也有"大气"包裹着。

"旅行者"1 号使人们欣喜不已,同时也带来了新的问题,光环何以会有如此光怪陆离的各种动力学现象? 有不少人认为,这是土星众多的卫星系统的引力作用。然而目前天文学上,连简单的"三体问题"(三个天体在互相引力作用下的运动)尚且还未能得心应手地运算,要用数学方法去证明那么多环体的运动,至今还令科学家们束手无策。

三访后的累累硕果

为了更深入研究"先驱者"11 号与"旅行者"号空间探测器所发回的大量资料,美国国家航空航天局决定调整"旅行者"2 号飞往土星的路径,让它冒些风险,自下而上从土星的光环中穿越而过,这真是"不入虎穴,焉得虎子"。后来的事实表明,这样一次飞行确实出现过一些险情。当"旅行者"2 号以 16 千米/秒的高速穿过光环时,飞船遇到一个先前不知的环带,万幸的是,此环带十分纤细,基本上是微米级的尘埃粒子,所以有惊无险,只有飞船上的仪器记录下了这些微粒频频撞

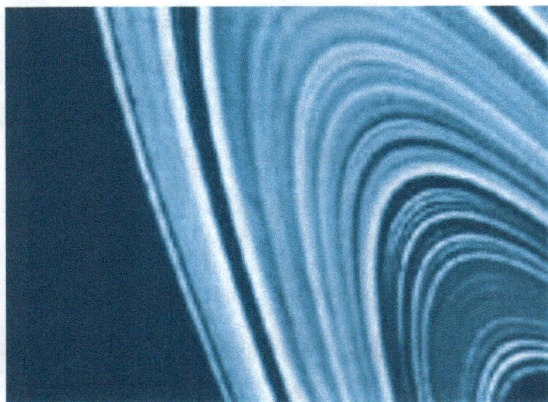

"旅行者" 2号见到的光环像一张"唱片"

击的过程。如果遇上稍大的团块，这个价值1.7亿美元的探测器将完全报废，更失去了一次宝贵的探测良机。

"旅行者" 2号果然不负众望，"身临其境"的它拍到了比前两次更为清晰的光环照片，再次证实了硬要把土星光环分为几条环带是没有什么实际意义的，它的确就像"宇宙音响公司"出产的一张巨大无比的"唱片"，粗粗细细的条纹成千上万，数不胜数。

"旅行者" 2号还见到了不同的景色：它所见到的F环，已与9个月前"旅行者" 1号所见的大不相同："扭结"已经脱开，但在里面却又衍生出14个独特的小环。更奇特的是，F环中竟还有一个由光亮物质构成的团块，这可能是F环中的一颗小小的冰卫星，但是它何以能在环中独立存在而不被潮汐力撕得粉身碎骨，却又使人难以回答。

过去认为，光环的环缝中应是空空的，不会有什么物质，但"旅行者" 2号却使人改变了这种看法。"旅行者" 2号的仪器发现，在A环中的恩克环缝里面，竟然有一条卷曲状的铁丝似的光环在游动。它还发现，最亮的B环有一个很大的缺口，所以这个最大的环其实并不是一个真正的完整的环。

"旅行者" 2号还发现，光环内的温度比土星大气中的低得多，在-208～-198℃之间。在地球上，只要到-183℃，空气中的氧气即会变成液态（当然还要有一定的压力）；到-195.8℃时，连氮也变成了液体，所以，如果光环内存在空气，那么这些空气将会变成液态。

"旅行者"2号飞船在土星的云顶上空,还记录到土星大气中数千次强烈的闪电。闪电规模也十分宏伟,大致可与木星上的相比拟。如果按闪电的威力计算,大约是地球上闪电的几千倍。它还见到一个风暴区,在相隔9个月的时间里,这个波及几十万平方千米的风暴区几乎没有什么改变。从理论上讲,土星上的天气常常是狂风不断,有时也会下起"雨"、"雪",——但要记得,这雨是"氨雨",这雪是"氨雪"。

"旅行者"2号还有一项带有神秘色彩的发现。它曾两次收到奇怪的声音:一次是在飞临土星前夕,它录到了土星发出的高低有律、低深宽广的声音,好像是一个不懂乐律的年轻人在拨弄电子琴,中间还夹杂有"嘟嘟"的喇叭声;第二次声音发生在飞船接近土星光环边缘并即将离去时,但这次的声音没有第一次悦耳动听,像是在桥洞底下听到桥上开过车辆时的隆隆声,也有点像大石头落在木板上的嘎嘎声。

土星上发出的这些声音当然不会是"土星人"的杰作,因为从土星的条件看,它亦是生命的"禁区",根本不可能会有智慧生物。所以这些声音应是大自然的创造,看来仅凭这两次记录一时还难以查明。如果将来你能有缘去拜访这颗迷人的行星,可别忘了捕捉这神秘的声音,查出它的来龙去脉呀!

泰坦人,快来吧

探测木星有"伽利略"号计划,与此相配的是探测土星有个"卡西尼"号探测器。"卡西尼"号探测器是20世纪最后的一个大规模空间探测计划,耗资34亿美元,飞船总重6 400千克,配有27种功能各异、性能极好的先进仪器与44台处理器。它在到达目标后,将在4年内绕那具有绚丽光环的土星转上74圈,因此它将为人类提供关于土星与其卫星的50多万张近距的高清晰照片。

可是好事多磨,先是1997年"卡西尼"号的发射台发生事故,后来又因它载有3 265克核燃料(由于远离太阳,太阳能电池无用武之地),引起了一些人的恐慌,甚至有许多科学家、医生、环保组织专门致信给当时的美国总统克林顿,要求取消它上天的资格,免得万一发射失事,造成一次可怕的核灾难。事实证明,这些忧天的"杞人"完全是庸人自扰。1997年10月15日,"卡西尼"号终于飞上了天空。经过7年34亿千米(相当于从地球到月亮打5 000个来回)的漫漫征程,终于顺利地到达了土星王国……

"卡西尼"号还有一个"亮点"是向迷人的"土卫六"(又名"泰坦")发射一枚"惠更斯"号探测器,惠更斯是17世纪的一位荷兰物理学家、天文学家与数学家。也是土卫六的发现者,所以以其名来命名是极为恰当的。土卫六是一颗大卫星,直径比月亮还大50%。长期以来一直是卫星世界中的"老大"(后来根据"旅行者"号传回的新资料,它成为仅次于木卫三的亚军),也是太阳系卫星中唯一拥有浓密大气层的佼佼者,望远镜中看它呈迷人的橘红色,人们很早得知它上面有着极为丰富的有机物,所以在"火星人"的神话破灭后,科学家们更是对其寄予无限的希望。

1998年1月14日5时03分(北京时间),重350千克的"惠更斯"

号探测器经过173分钟的艰难旅程,终于投入了泰坦的怀抱,成为降落于这颗大卫星的第一位贵客。"惠更斯"号在泰坦的表面只存活了近2个小时,尽管探测器上两台数据

"惠更斯"号探测器在土卫六降落

传输系统中有一台出现了故障,原本计划发回地球的近700张土卫六图片只有一半传输成功,但瑕不掩瑜,这并没有影响到此次探测任务的巨大成功。如在公开发布的首张土卫六的彩色照片中,该星球到处是一片橙色,其表面就像海绵一样多孔而富有弹性,处于最上面的是一层薄薄的岩石外壳。最近它又观测到土卫六上有一处很像湖泊的地貌,它长约234千米,宽近73千米,大小相当于美国和加拿大边界处的安大略湖。有科学家说,这很可能就是土卫六表面的甲烷湖泊之一。众多迹象表明,这颗卫星与40亿年前的地球极为相像。有人甚至预言,在20亿年后,那儿也会萌生出生命!

出于人类对地外文明迫切需要了解的心情,所以在"卡西尼"号上路之前,美国国家航空航天局在互联网上向世界各地征集对"泰坦人"的问候语,反应之热烈大大出乎意料,响应者遍及81个国家和地区,人数则多达几十万,美国国家航空航天局则将这些问候语制成了一张光盘,安放到"惠更斯"号上。

光盘上的这些千奇百怪、诙谐幽默的留言,读来真叫人忍俊不禁:一个署名为"地球虫"的人直率地说:"喂,你们好,'泰坦'上的绿色小虫子!"虫子唤虫子,看来是两不吃亏;另有一个署名为弗朗西斯科·冈萨雷斯·普雷托的43岁作家,则不知为什么,他单单只是向它们大喊"救命!"一位自称丹尼尔·卡弗里诺的诗人留下了他的得意诗作"不要因为看不见阳光就伤心哭泣,因为朦胧的泪眼,将使你失去所有的星光";还有一个署名为路易·卡斯特罗的13岁少年则充满了热情地说:"想多交些朋友吗?那就快来吧,让我们相聚在蓝色的星球上。"但有趣的是,紧接着就有人说:"现在你们还不能来,因为地球已被糟踏得不像样了,要来也得等到10万年之后。"可是究竟有谁能知道,10万年后地球会变成什么模样?还有一位更有意思,他并不说话,只是留下了唐老鸭那憨态可掬的"嘎嘎"声;最绝的是一个长得并不漂亮的法国女郎,居然想在离我们14亿千米的土卫六上，寻找她心目中的"白马王子"，这个署名为弗露兰斯·杜戈雅的姑娘写的《征婚启事》中自称"芳龄三旬，身高1.83米，金发碧眼，幽居于地球法国某风景如画的乡间，家境殷实，诚觅魁梧健壮的地球之外的青年为伴，当然富有浪漫情调的终身伴侣更让人喜出望外……"连美国时任总统克林顿也不甘落后，他留下的话是"所有世人都想成为美国人，亲爱的泰坦人，欢迎你们成为宇宙中最美丽的、美国第51个州。"当然也有少数人并不那么好客，所以发出了诸如"端正你们的态度吧，卑劣的外星人""癞蛤蟆是吃不到天鹅肉的"之类不友好的谩骂和诅咒。

不管是拍砖还是顶赞，都可从中看出，人类盼望找到"宇宙知音"的心情是何等急不可待啊！

意外发现的行星

从水星、金星、火星直到木星、土星，这些都是人们与之打了几千年的交道的"老相识"。在18世纪以前，人们所知道的包括地球在内的行星只有6颗。谁也没有料到，英国有个名叫威廉·赫歇尔的人，竟然发现第7颗行星——天王星！真是"一石激起千层浪"，这让太阳系又多一个成员。

威廉·赫歇尔的奇勋

1738年，在德国汉诺威（当时属英国管辖）的一个音乐世家中诞生了一个小生命，他就是威廉·赫歇尔。在他18岁那年，法国军队占领了这个小镇，为了逃避兵役，他不得不背井离乡，一边卖唱一边流浪，终于艰难地渡过了英吉利海峡。当他历尽苦难踏上英国的本土时，身上早已分文不名，全仗着自小就出色的音乐才华，使他免受饥馑之苦，并且很快在英国皇家乐队中谋得一个钢琴师的职位。年轻的赫歇尔才华横溢，兴趣广泛，他不仅有出众的艺术细胞，通晓语言学，热衷于数学，还能摆弄一些光学仪器，后来还成为制造望远镜的一代宗师。他是一生中磨镜面最多的天文学家。后来他迷恋上了神奇的星空，并与天文学结下了不解之缘。

1781年3月13日，红日西沉，夜幕降临，43岁的威廉·赫歇尔与比他小12岁的妹妹卡罗琳·赫歇尔，又一次兴冲冲地跑上了楼顶的平台，架起那台他自己磨制的望远镜。这架天文望远镜的口径为165毫米，焦距为2米，对于当时的业余爱好者来说，这已是很了不起的仪器了。

赫歇尔与他发现新行星使用的望远镜

他们按事先制订好的周密计划，把它指向了双子H星附近的一群小星。突然，望远镜的视场内出现了一个相当明亮、略带暗绿色的光点，凝神一看，似乎又有一个极小的圆面。威廉·赫歇尔心中不禁怦然一动：这绝不是恒星！那儿的恒星他全部熟悉，而且恒星的小小光点在望远镜视场内是闪烁不停的，而它发出的光却"稳如泰山，纹丝不动"。

为了看清究竟，他把原来放大率为227倍的目镜先后换成了放大率为460倍和932倍的目镜。果然，这个陌生的小圆面变大了些。由于他充分相信自己磨制的望远镜的质量，因此，他马上明白自己所见到的天体一定属于太阳系。因为对于恒星而言，不管望远镜用多高的放大倍率，至多只能使它们的亮度变亮一些，而决不会使光点变成圆面。第二夜，赫歇尔带着急切的心情又找到了它，果然，昨天那个小圆面的位置已经有了小小的改变。连续几夜的跟踪观测使他相信，他发现的一定是太阳系内的天体，因为恒星的位置是"永恒不变的"。

4月26日，威廉·赫歇尔向英国皇家学院递交了一篇论文《一颗彗星的报告》。因为有史以来，从来没听说过人类能够发现行星，为慎重起见，他姑且把它当作了彗星（中国民间俗称"扫帚星"）来对待。

威廉·赫歇尔发现的太阳系中的新天体究竟是什么呢？格林尼治天文台台长马斯克林和法国天文学家梅西耶都认为这的确应当是一

颗彗星。然而,人们不明白,为什么它不像一般彗星那样,始终没有长出毛茸茸的长"尾巴"?而且他们所预想的各种彗星轨道都不能使它"就范",设定的轨道位置与赫歇尔的所见到的总是不相吻合。

看来观念必须革新。当时芬兰的数学家、天文学家莱格泽尔也对这个新天体作了观测,并且指出它的圆面边缘清晰,显然不是彗星而是行星。他更算出,它的轨道是一个很大的圆。1783年,法国著名科学家拉普拉斯正式公布了它的轨道数据:轨道半径长为19.18天文单位(约$2.87×10^9$千米),轨道偏心率为0.047及轨道面对黄道的倾角为0.8°。这些轨道特征表示了一个正常的、有规则的轨道运动,证实其确实是一颗行星。

至此,一切疑云烟消云散。威廉·赫歇尔发现了太阳系中的新行星!

这项举世震惊的发现,是他人生的重大转折点。赫歇尔成了世界上第一个通过望远镜发现行星的英雄。英王乔治也为他的发现兴高采烈,不久便召见了赫歇尔,不仅当场赦免他逃避兵役之罪,还赐给他一幢漂亮的住宅,并任命他为英国"皇家天文学家",许以年薪200金镑的终身俸禄,答应他可随时进宫面见以取得皇室的帮助。

从此,这个迷恋天文学的钢琴师终于变成了精通乐理的天文学家。赫歇尔不负众望,后来为天文学的发展做出了多项杰出的贡献。

有关命名的争论

后来人们测定,这颗新行星的半径是地球的4倍,为25 900千米,质量则是地球的15倍,约为870万亿亿吨,它绕太阳运行的周期是84年。

赫歇尔深受乔治三世的恩宠,为了报答这位一贯热心赞助科学的君王的"知遇之恩",赫歇尔情不自禁地想把他发现的新行星命名为"乔治星"。他把自己的新著题名为《乔治星与它的卫星》。但有人主张还

赫歇尔

是以发现者的名字命名它为"赫歇尔星"（法国天文学家勒威耶直到1846年，还坚持把它称为"赫歇尔星"）。然而，绝大多数天文学家仍然希望按惯例，用希腊或罗马神话中的天神名来命名行星。因此，最后采纳了柏林天文台台长波得的建议，称它为"乌拉诺斯"。这是希腊神话中开天辟地的第一个君主，是他把天地间安排得井然有序。正因为他显赫的权位，在中国便译为"天王星"。

现在知道，天王星最奇特是它的自转方式。它像滚动的车轮，自转轴几乎是"躺"在轨道上，一面绕太阳公转，一面"滚动"着自转。或者说，它的赤道面与轨道面几乎相垂直，天文学家称为"侧向自转"，侧向自转使得天王星上的"世界"与众不同，这正好符合乌拉诺斯的神话：天地无序，星空紊乱，需要这个大神来重新安排。

天王星的黄赤交角大约为98°（与此相对照，地球的不到23.5°，木星的只有1°），所以它的两极地区也有"红日当顶"的时刻。假使在它的北极区有"天王星人"在生活，而且其寿命同我们差不多的话，那么他们一生中只有一次目睹"日出"或"日落"的机会。因为在那儿，若太阳自2007年从西方（与金星一样，也是西升东落）地平线上露面之后，就按逆时针的方向螺旋上升，一天比一天高，直到21年后的2028年左右，太阳就一直在离天顶8°附近处打转。这时，太阳几乎成了天王星上的"北极星"。此后，太阳渐渐走下坡路，一圈一圈地螺旋下降，越转越低，直到2049年再没入东方地平线之下，随之而来的则是42年的漫漫长夜。

当然，比喻只是比喻，因为遥远的距离已使"天王星人"不知"太阳"为何物。从天王星上看太阳，角直径不到2′，相当于挂在150米外的一只苹果，一般人很难看清它有圆面。但是，在星空中谁也不会不注意到它，因为它的亮度主宰着天王星上的"大地"，这个比芝麻还小的"亮斑"竟比地球上见到的1 200个中秋明月加在一起还要明亮！

当天王星挡住恒星时

天文学家不仅精于观测，还能神机妙算。在历史上，就有一个人因为这种精准的计算改变了他的人生轨迹，他就是丹麦天文学家第谷·布拉赫。1560年，14岁的第谷刚进入哥本哈根大学，那年欧洲有次日全食(但在丹麦见到的只是偏食)。因为他对能事先如此准确预报天象的天文学家佩服得五体投地，便开始萌发违背家训，不再从事法律哲学工作，而要研究天文的心愿，后来终于成为"一代星王"，他所留下的大量观测资料成为望远镜发明之前最精准的"世界之最"，也是后来开普勒发现行星运动定律的基础。

20世纪70年代，天

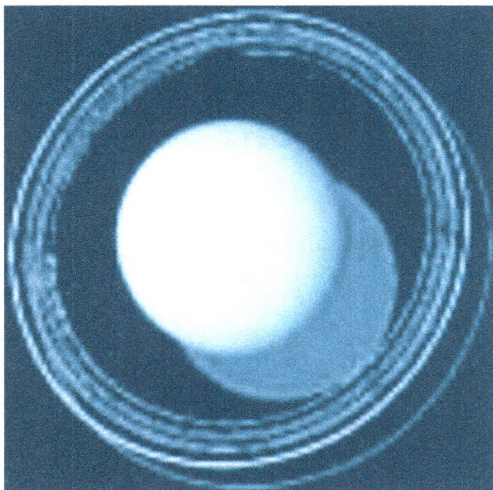

天王星与它的环带　**071**

文学家算出，在1977年3月10日夜，天王星将正好把其"后面"的一颗恒星挡住——这就是相当于日食、月食的"掩星"。掩星是天文学上很难得的机会，从中可以获得平时无法得到的宝贵资料。所以美国、中国、印度及澳大利亚等国的许多天文学家早早做好观测的准备，一起把望远镜指向这颗本来名不见经传的恒星SAO158697……

按理讲，天王星掩星的过程应很简单，记下天王星遮蔽（掩始）到离开（掩终）恒星的时间就可以了，然而这一次却奇怪得很，天王星还未开始遮蔽恒星时，星光先抖动了一阵，在掩星结束之后，又发生了一次小小的抖动，而且伴随有星光减弱的现象。

什么原因造成了这样奇特的事情？通过计算机的处理，几国天文学家不约而同得出了共同的结论："天王星有'光环'（现一般称'环带'）"。中国天文学家还成功地算出，其中一条环的宽度在50千米到100千米之间。

天王星环带的发现，又一次轰动了天文界。因为自1930年发现冥王星之后的近半个世纪中，除了空间探测得到的那些新发现外，太阳系似乎一直"门庭冷落车马稀"，这次重大发现，使人们大为振奋。因为这项发现不仅打破了只有土星有环带的垄断地位，并为后来发现木星环打下了基础。它还揭示了行星、卫星的演化规律……事实上，中国著名天文学家戴文赛正是从太阳系起源的理论出发，在此半年前就作出了"……天王星周围的气体盘足够快地冷却，凝聚出足够多的尘粒和小冰块来集聚成卫星和环带"的推论，现在则得到了证实。

1978年4月10日，天王星又一次遮蔽了另一颗恒星。进一步观测证实，它的环带有9条之多，总宽度为几千千米，但主要的一条E环不过100千米左右。根据分析知道，天王星环内都是小的岩块，所以在地球上即使用最大的望远镜也无法直接见到它。

还有些奇怪的事情没有弄清楚。我们不妨回到18世纪。威廉·赫歇尔对这颗使他跻身于天文界的天王星自然备感亲切，他不时地在观测它、欣赏它。1787年，他制成了一架新颖的反射望远镜，口径为60厘米（几乎是原来的4倍），焦距长6米。当他用这架威力提高16倍的仪器再次观测这颗行星时，立即发现了它的两颗卫星，即天卫三和天卫四，同时还声称发现了天王星的"光环"。

在赫歇尔时代，照相术尚未问世，按他使用的望远镜计算，要想见到天王星环，环的亮度应在16星等（肉眼可见的极限是6等星，6等星要比16等星亮10 000倍）以上，可是，现在甚至用5米口径大望远镜也难拍摄到环带，说明它的亮度至少在25等以下。难道短短的200多年间，它的光度减弱为原来的1/4 000？这是不可思议的事。

那么，是赫歇尔当时年老眼花了？可1787年他仅49岁（他活到84岁）。难道这位观测大师沽名钓誉？事实上他非常严谨，一生光明磊落。那究竟是什么使环带变暗了呢？这与它的侧向自转有没有联系呢？这些困惑人心的问题，还需将来的研究者来揭开谜底。

"旅行者" 2号勇探天王星

在1981年向土星告别之后，两艘"旅行者"号就开始分道扬镳各奔前程了，"旅行者"1号是向太阳系的边界直飞而去，"旅行者"2号则是朝天王星、海王星奔驰而来。经过4年多枯燥乏味的无声旅行，走过了几十亿千米的漫长旅程，终于在1985年底，"旅行者"2号来到了天王星的领域。11月4日，它上面的各种仪器已经"自动苏醒"开始对天王星进行瞄准观测了。1986年1月10日，所有仪器进入"一级战备"，开始实施对天王星的"远距离接近"的既定程序，观测工作从1月24日开始，直到2月25日结束。这次"历史性"的访问虽然只有短短30多天，但它向地球发回的各种极其清晰、分辨率很高的照片达7 000多张，所得到的资料比发现它以来204年的总和还多几十倍，因此大大加深了人们对天王星的认识。

"旅行者"2号探测器传回的资料表明，天王星上有几千千米厚的大气，其中80%为氢，氦则不到20%，其他还有氨和甲烷等。大气内的平均温度为-176℃。它似乎不受阳光的影响，因为当时，天王星的南极正对着太阳，但它那儿的温度反而比处于漫漫黑夜中的北极还低，其原因可能是高速的风暴起了某种搅动作用。天王星上的风最大速度可达400米/秒以上——超过了音速。如果我们也遇到这样大的风，则要等风疾驰过后，才能听到它鬼哭神嚎的呼啸声。

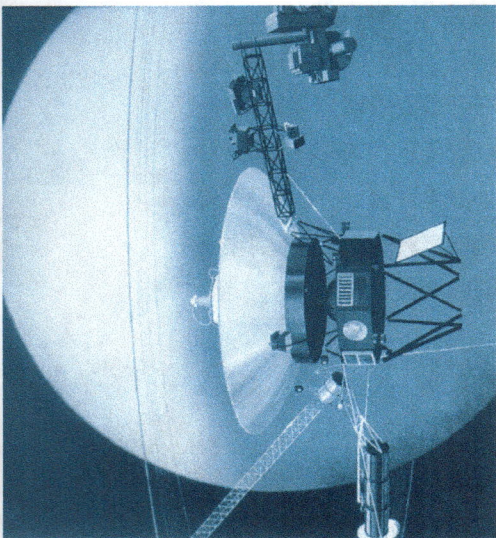

"旅行者"2号探访天王星

其实"旅行者"2号探测器接近天王星的时间不过短短十几分钟，但所得的资料足以表明，在天王星厚厚大气之下的也是一片汪洋大海。而且与木星、土星不同，组成天王星上这个海洋的是真正的水。不过毕竟与地球大海中的水很不一样，表面上看来它风平浪静，但温度高得骇人，比炼钢炉中的钢水温度还高1倍多，达三四千摄氏度。它之所以没有沸腾蒸干，完全是因为它的"身上"承受的大气压是地球表面的几千倍。据计算，天王星上的大海深达8 000千米，这比地球上最深的马里亚纳海沟（深约11千米）还要深700多倍。

若把火星投进去,它会全部沉没于这个海底。

天王星的自转周期过去众说纷纭。但这次从磁场中探得的周期为17小时15分,而从大气测得的数据是16小时58分;若以磁场(天王星的磁场很弱,只有地球磁场的1%)做参照,则应为17小时15分,从种种迹象来看,有人认为天王星可能是由许多彗星聚合而成。原先人们只知道它有5颗卫星,"旅行者"2号则使它增加了4倍多,现在已知的天王星卫星多达27颗。

"旅行者"2号还发现,天王星的环带不是9条而是有20条,而且不同的环有不同的色彩。有的偏红,有的却呈蓝色。在最亮的主环E环中,其中的物质明暗不一,大的如卡车,小的如芥末,参差不齐,都在环中运动,一起绕天王星运行不息,共同构成了一幅神奇的画面……

由 计算发现的行星

有位哲人说:"除了一支笔、一瓶墨水和一些纸外,不凭任何别的装备,就能预言一个未知的、极其遥远的星球,并能对一个观测天文学者说,把你的望远镜在某个时候瞄准某个方向,你将会看到一颗过去人们从不知道的新行星——这样的故事无论什么时候都是极其引人入胜的"。海王星的发现,的确有许许多多代代相传、脍炙人口的动人故事。

哥白尼与牛顿双赢

第8颗行星海王星的发现,不仅是牛顿万有引力定律的伟大胜利,也使哥白尼的"日心说"从假设成为真正的科学理论。

天王星被发现后,几乎所有的望远镜都瞄向了这位姗姗来迟的"兄弟"。因为欧洲航海事业的迅速发展,需要天文导航,要求天文学家能精确预报各行星每时每刻的准确位置。为此,法国经度局委托著名数学家、天文学家布瓦尔德编制火星、木星、土星及天王星的"星历表"。布瓦尔德在工作中发现,像火星、木星、土星这些人们熟识的"兄弟",一个个都是循规蹈矩,在自己的轨道上从不越雷池半步,可是这个神秘的"新兄弟"却老是会"出轨",实际的位置和计算的位置常常不一样。布瓦尔德根据1781年以前20多次观测资料所定出的轨道,与用1781年以后资料确定的轨道,竟是两个完全不同的椭圆。这使他陷入深深的苦恼之中。最后,他只得忍痛砍去了以前的资料。他曾对一个挚友说:"天哪,让将来的研究者去调和这两个椭圆吧!谁知道到底是勒蒙尼耶(1781年前记录)粗心,还是另外有什么力对天王星起作用呢！"可是，布瓦尔德根据1781～1821年40年间所得的资料定出的轨道仍拴不住天王星。到1803年时，实际观测到的天王星位置已偏离它原轨道位置20″。更糟的是，看来这个"误差"还有增无减。到1845年时，竟增大了6倍达到了2′。

2′的角度似乎微不足道，因为这仅相当于位于318米外一本32开书的张角。但对一向精准的天文学家来说，真是如芒在背，视为奇耻大辱。因为在200多年前，开普勒只是根据火星运动中观测与理论有8′的误差而穷追不舍，终于导致"开普勒三大定律"的诞生。开普勒本人后来荣获了"天空立法者"称号。如果他们现在对2′的误差束手无策，将来百年之后有何面目去见他们的先辈？！

计算反复校验，观测记录仔细核对，都无懈可击，这使有些人甚至对牛顿万有引力产生了怀疑，是否在遥远的星空出现了例外？不过，更多的天文学家却在推揣，可能在天王星外面还有一个前所未知的"兄弟"在"引诱"它。正像如果你来到某处地方，手中的罗盘指针突然指向了不该指的方向，那十有八九可能是附近就有一块磁铁。你甚至可以根据失灵的罗盘顺藤摸瓜，把这块影响它的磁铁找出来。

如果天王星确是受未知行星的吸引，那何不从天王星的偏离方向和偏离大小来找出这颗更远的行星呢？1834年，德国汉斯有一个教长就曾为此写信给英国皇家天文学会，建议他们追查这颗新行星。但事情太复杂了，要探求的未知因素实在太多，谁也不知道用什么方法。所以英国皇家天文学会会长艾里就对教长的建议一笑了之，认为这是异想天开。

寻找新行星的事就一直停留在"纸上谈星"的阶段。但世上总会有不怕虎的"初生牛犊"，当时法国一个技校中有位名叫勒威耶的天文助教，这位34岁的年轻人原来只是一个在化学实验室内跑腿打杂的小人物，由于1839年他发表了几篇有关行星轨道变化的论文而受到了巴黎天文台台长阿拉果的赏识。这次，独具慧眼的阿拉果想到了这

海王星的发现者之一法国的勒威耶

个年轻人，他建议由勒威耶来攻克这个难题。

勒威耶日以继夜地干了起来，很快他纠正了布瓦尔德星表上的几个差错。一年之后，他从一个包括33个方程的方程组得到了答案，并在1846年6月与8月出版的《法兰西数学学报》上发表了题为《论使天王星失常的行星，它的质量、轨道和现在位置的确定》的重要论文。可当时巴黎天文台并没有详细的星图，他决定写信给德国同仁，请求柏林天文台"将您们的望远镜指向黄道上黄经326°的宝瓶座，您将在此点周围约1°的区域内，发现一颗亮度相当于9等星的新行星。它的圆面依稀可辨，其视直径不小于3″，每天运行约69″。"

信在路上走了5天时间，在9月23日收到信的那天夜晚，柏林天文台的伽勒迫不及待地打开了圆顶，不到半个小时，果然就在距勒威耶所说位置约52′处，发现确实有一颗星图上没有记载的小星。而且，当使用的目镜放大倍率增大时，它即能呈现为小小的圆面。9月24日，他们又观测了一夜，发现它向西移动了大约70″。于是，一切疑云烟消云散。9月25日，伽勒再也按捺不住内心的喜悦，立即写信向勒威耶祝贺："亲爱的勒威耶先生，您给我们指出位置上的行星是真实存在的。"

后来人们发现，甚至在勒威耶之前，英国有个不凡的青年亚当斯，也事先算出了这颗未知行星，且二人算出的轨道有惊人的相似之处，所以后人把他们并列为海王星的发现者，也有人认为，不能忘记第一个见到它的观测者伽勒，荣誉应同属他们三人。

但后来人们从史料中发现，早在17世纪初，伽利略就与这颗行星打过交道。美国两位天文学家最近仔细研究了当年的伽利略的观测笔记，发现他在1612年2月8日与1613年1月28日都见到过它。他在笔记中写道："从固定的星（即SA0119234）向外，同一条直线上还有一颗星……我在前一夜也见到过这颗星，而且似乎他们相距得更远一些了。"现代计算表明，那时候这颗行星正在附近，这表明伽利略的记录是可靠的。只是我们不能忘记，在伽利略那个时代，人们根本不可能想到还有未知行星的问题。可见，要在科学上有所建树，不仅要有一丝不苟的态度，付出辛勤的劳动，更要有创新的精神，决不能让旧思想框住了头脑。

相逢一笑泯恩仇

英国与法国在历史上曾是冤家对头，除了政治上的原因外，在科学上，这两国的科学家意见也常是相左，从牛顿时代开始，这种"科学官司"一直绵延不绝。牛顿从万有引力推论出，地球应当是在赤道处稍微鼓起，两极处稍凹一些，他形容为"有些像橘子"，但是法国巴黎天文台台长乔·卡西尼却反其道提出，地球的形状是两极鼓起，赤道收缩，如用水果比喻，只能比作长圆形的甜瓜或柠檬。为此他们曾在法国本土上进行了几次实际的测量，结果更坚信自己的观点。直到100多年后的1835年，法国分别派出了三支测量队，分赴秘鲁（近赤道）、拉普兰（近北极）和本土，经10年辛勤工作，终于得到了明确的结论：正确的是牛顿，两极的半径比赤道半径短21千米！所以后来启蒙思想家、大文学家伏尔泰诙谐地写道："巴黎人以为地球像甜瓜，可是两头却被英国人削平了。"

1846年，海王星的发现本来是一段脍炙人口的佳话，却使两国科学家重开争端。因为这个发现不仅证明了牛顿万有引力真是普适于宇宙的每个角落，的确是"万有"的，也使哥白尼的"日心说"变为真正的科学理论，"地心说"再也没有容身之处。客观地说，是英国24岁的大学生亚当斯首先算出了新行星的轨道，1845年10月，他带着自己的论文去求见皇家天文学会会长、剑桥天文台台长艾里，却不料艾里根本不相信一个"乳臭未干"的大学生能解决如此重大的课题，所以虽然接待是彬彬有礼的，但却把他的论文只是粗粗浏览了一下就束之高阁……

海王星发现者之一——英国亚当斯

而在法国，年龄稍大的勒威耶虽然起步稍迟，可他遇到了"伯乐"。他发表了相应的论文又得到了德国伽勒的相助，在亚当斯被埋没后，勒威耶和伽勒的名字响遍了世界，法国举国欢腾，交口称赞勒威耶"为祖国争得了光辉，为子孙赢得了荣誉"。勒威耶的功绩是空前的。英国皇家学会给他颁发了"柯普莱"奖章，阿拉果则建议把这颗新行星命名为"勒威耶星"。但正像当年要把天王星命名为"赫歇尔星"遭到普遍反对一样，人们对阿拉果的建议十分冷淡，还是希望用传统的行星命名法。人们从它外表的淡蓝色想到了大海，因此一致同意把它命名为"涅普顿"，这是罗马神话中统治大海的海神。中译"海王星"。

到此时艾里才恍然大悟，再找出亚当斯的文章，上面也明明白白地写着："新行星应位于宝瓶座内，其亮度大约相当于一颗9等星……"

于是，英国人站了出来，如天王星发现者威廉·赫歇尔的传人约翰·赫歇尔（也是卓越的天文学家）发表了一封公开信，冷冷地说："勒威耶的工作只是重复了亚当斯早已完成的计算而已。"为了争夺海王星的"发现权"，两国的论争又高潮迭起。

值得称道的是亚当斯本人，他对荣誉淡然以对，从不介入两国间的争论，甚至对于艾里的冷待，他也没有丝毫的怨言与责怪之意。正如他在日记中所

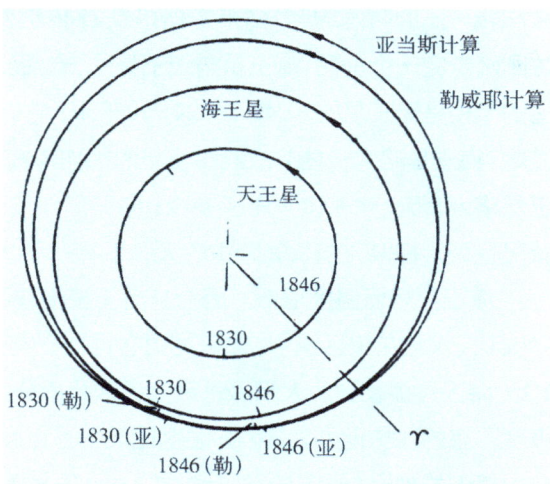

二人所算的海王星轨道与实际的轨道相差无几

言："对于他人的荣誉不应嫉妒，对于自己的成功不应骄傲。"1947年，英国女皇在参观剑桥大学时，曾让校长转告亚当斯，为了表彰亚当斯的贡献，她决定授予他爵位。亚当斯却谦逊地回答女皇："这是科学巨人牛顿曾经获得过的殊荣，而我与牛顿是根本无法相比的。"

同样勒威耶也很有自知之明，他拒绝了把新行星以他姓氏来命名的建议，坚持要以罗马神话中神灵命名的惯例。在两国的争论达到白热化的1847年，两个当事人在一次国际学术会议上相见了，他们相逢一笑，互相称道对方的工作与才智，对于那些无谓的争端都不屑一顾，充分展示了科学家的宽宏胸怀。

历史终究是公正的，现在人们一致公认，他们与伽勒3人应当共同享有这一荣誉。

海王星上的奇特风光

海王星的轨道半径长为30.13天文单位（相当于45亿千米）。它绕 **081**

太阳转一圈的时间约为165年。所以从1846年发现，到最近的2011年才刚刚走完一个全程。海王星与天王星是一对极为相似的"孪生兄弟"：它的半径是天王星的97.4%，为24 750千米；它们的质量也只有18%的差距（海王星略大一些），故而海王星的平均密度为1.66克/厘米^3，比天王星略大，但比水密度大不了多少；海王星和天王星的大气、内部结构状况也极为相似，在氢、氦为主的大气下有一层冰外壳……

海王星表面温度很低。因为从海王星上看，太阳只是一个刺眼的"光点"，仅是在望远镜中，才可见到它也有一个小小的圆面（视直径约1′）。海王星接收到的太阳能量只有地球的千分之一左右，所以那儿是极度严寒的冰冻世界。其表面温度比天王星更胜一筹，在−210℃以下。它大气下的冰层（或海洋）估计也有8 000千米厚，比地球的半径还大。

当然，在海王星的天空中，太阳仍是独一无二的主宰。它的光辉虽然不能与地球上的骄阳相比，但仍足以与630个中秋明月相匹敌，或者说，那儿阳光的强度相当于一盏0.8米外的百瓦电灯。

海王星给人最突出的印象是，它是一个狂风呼啸、乱云飞渡、充满活力的世界，与3年前见到平静的天王星形成了鲜明的对照。在海王星厚厚的大气（主要成分为氢、氦、甲烷、乙烷等）内，狂风裹挟着白云（冰冻的甲烷云为主）飞速运动，时速可达650千米（相当于180米/秒）。此外，大气中还有众多湍急凌乱的气旋在翻滚……在海王星的南半球上有一个引人注目的卵形"大黑斑"。

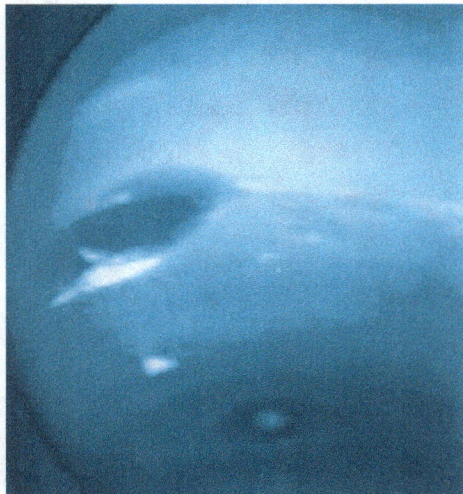

有趣的是，除了颜色之外，其形状、相对位置和比例大小竟与木星上的大红斑如出一辙。测定表面实际大小为12 000千米 × 8 000千米，其实际大小与整个地球相仿，它按逆时针方向每18小时转一圈，所以实际的转动速度很大。一般认为它也是个大气旋，不同于木星大红斑的是，大黑斑似乎有"自我繁衍"的能力，在沿经度方向它的"身后"就常有许多小黑斑尾随……在大黑斑之南有两个亮斑，但实际上它们位于黑斑的上空。

根据资料推测，在厚厚的大气下面，海王星的表面是一种半凝结状的物质层，它的主要成分是甲烷、氢和水冰，而海王星的内部有一个坚硬无比的固体核心。有人认为，在高温高压的作用下，甲烷会分解成碳和氢，而碳又会重新结晶为昂贵的金刚石！将来如果能把它开发出来，钻石将会因随手可得而变得比玻璃还不值钱……

天王星有20个环带，海王星上有没有这种"装饰品"呢？与传说赫歇尔当年见过天王环一样，科学史上也有类似的故事。当时英国剑桥大学天文教授沙里斯就有率先发现海王星的机会，当年他非常支持亚当斯的工作，也曾经为亚当斯提供了许多必要的资料。他本人从1846年7月29日开始，就与另一位天文学家拉塞尔一起，对天空进行了有目的地搜寻，而且他们也的确在8月4日与12日所拍摄的照相底片上把海王星"记录在案"了，可是他们二人手头上都没有详尽的星图可资对照，而拉塞尔又不合时宜地扭伤了脚，以致没能及时地处理这些底片，让成功女神从手上溜走了。拉塞尔出身于酿酒商人之家，他没有为坐失良机懊丧得影响工作，而是以百倍精神努力观测新行星，1846年10月初，他认为他见到了海王星的光环。光环的方向几乎与其赤道垂直。他当时使用的是口径60厘米的反射望远镜，目镜的最高放大率为567倍。拉塞尔发现海王星光环的消息当时传得相当广泛。1847年1月，沙利斯和他的助手用口径30厘米的折射望远镜进行了多次检验，结果认为：拉塞尔的推测是成立的，并详细地介绍了他所见到的海王星光环的情况：环平面对视线方向倾斜得厉害，环的亮度与行星本身相当……

对此，长期以来一直是众说纷纭。"旅行者"2号探测器发回的大量照片证实海王星确有光环，且有5条之多。里面3条环比较模糊，估计是由被粉碎了的小卫星的碎片构成的。最里面的一个环实际上是一个尘埃层。较外面的两条环明亮，分别称为"1989N1A"和"1989N2A"。稍里面的1989N2A比较完整，但最外面的环却只有几段弧特别明亮。仔细分析才知道，原来环中嵌着七八团大冰块（最大的直径有10～20千米），其余的则是很小的冰晶及碎石。

至于海王星卫星，以前认为只有两颗，其中海卫一还是卫星界响当当的"明星"，虽然它比月球半径小约300千米，但它几乎具有行星的所有特征：有磁场（这是卫星中独一无二的），还有一层800千米厚的"大气层"，天上不时会下起纷纷扬扬的大雪，"地上"则会有冰火山隆隆喷发……后来，在1981年的掩星观测中，人们发现了小小的海卫三，其半径大约50千米。现在，人们已知的海卫有13颗。

"发现第十大行星"的误区

2004年3月15日，美国国家航空航天局宣布，加利福尼亚理工学院的行星天文学副教授迈克尔·布朗与其同事，发现了太阳系中的"第十大行星"（那时冥王星还被认为是第九大行星）。消息传出，世界轰动。当时将这颗新发现的行星称为"赛德娜"——因纽特人传说中的"海洋女神"。他们还测出，赛德娜是一个由冰团和石块组成的天体，直径在1 280～1 760千米之间，其表面温度为−240℃，自转周期长达40天。离太阳最近时为128亿千米，而最远时则达1 340亿千米，绕太阳公转一圈的时间长达10 500年。

对于"赛德娜"是否是第十大行星，中国多数天文学家都不以为然。国家天文台研究员李竞教授指出，在冥王星外存在一个"柯伊伯带"，赛德娜只是这个带中的一个质量较大的天体，将其列为第十大行星的科学依据是不成立的。北京天文馆馆长朱进博士也认为，赛德娜应称"海王星外天体"（现在称之为"柯伊伯带天体"），因为它的体积比较小。朱进还指出，在海王星轨道以外仍能发现像冥王星、赛德娜那样大小的天体，但不能说发现这样的天体就等于发现了新的太阳系大行星。

可不知什么原因，在中国天文学界遭到冷遇的赛德娜，却遇到许多中国媒体的"知音"。2004年3月下旬，《农民天文学家与太阳系第十大行星"擦肩而过"》《针灸医生称17年前就已推断出存在第十大行星》《民间天文学家预言第十颗大行星》等醒目标题频频出现于河南多家报纸……后来，全国的许多报刊都陆续对此事进行了大量的报道，似乎为中国无端失却一次重大发现的机缘而无限惋惜。

事情果真如此吗？这个"农民天文学家"名叫职颖法，那么他是怎么"发现"的呢？据说他于1988年提出了一个《太阳系演化新说——循环日爆说》，认为太阳系内的九颗大行星都"来自太阳的爆炸"，而这些爆炸还能从地球的岩层中"找到证据"。如我们地球与月球是12.3亿年前太阳的第3次爆炸中形成的，而这"第十颗大行星"则是在4.4亿年前太阳的第14次爆炸中形成的，离太阳平均44.94天文单位，他还将它命名为"中国星"。报道说，可惜这位"农民天文学家"因为只是个农民，患病后无钱医治，最终含恨而逝……

对于职颖法个人的坎坷生活经历及探索精神，我们当然表示同情。但科学毕竟不能被感情左右。对于天文学稍有了解的人都明白，从19世纪初到20世纪中叶，各种太阳系起源说虽都曾轰动一时，但科学早已证明，大行星与太阳都是由同一团星云凝聚而成的，决不源自"爆炸"。

可是我们有些人就是对此津津乐道，似乎这是在"为国争光"，总 **085**

想证明在外国人发现之前，中国已有人"捷足先登"了。正如过去有人热衷于宣传"从月球上观看地球，只能见到中国的万里长城与荷兰的围海造田"、"在某次太空飞行中规定航天员只能说华语"……可能出发点无可指责，但实际上却让人贻笑大方，实在是一种新世纪的"阿Q"精神。

历史是一面最好的镜子，70多年前就曾出现过这样的闹剧：1940年，有个中国留法学生刘子华曾向巴黎大学提交了他的博士论文《八卦宇宙论与现代天文学——一颗新行星的预测》。文章中提到他通过"八卦"运算，推算出存在于冥王星外的"第十大行星"，他称其为"木王星"。据称，论文获得"全票通过"，刘子华也因此获得法国国家博士学位。1945年，刘子华曾在欧洲大肆宣传他已发现太阳系"第十大行星"。回国后，他更大言不惭地到处宣扬"我怎样发现了一颗新行星"，并特地邀请几个根本不懂科学和天文学的官僚、"名流"出来写文章捧场，一时间，在当时重庆等地的报纸上，聒噪声不绝于耳。

然而科学就是科学。重庆《新华日报》早于1945年11月26日发表署名"朴英"的文章《荒谬的"木王星"》予以批判："以八卦这样原始的工具居然可以发现一个新行星，这是违背天文常识的。任何一个在大学里学物理或是算学的学生，都会明白像八卦那样的东西——一个运动方程也没有——是绝不能用来发现什么新行星的。"作者还以愤怒的心情在文中提到"近年来在中国，真科学被丢在一边，伪科学却大摇大摆地被人奉为神明。天文物理学家在昆明摆地摊，没人管，文运会倒在捧'八卦式天文家'。"著名天文学家张钰哲也于1945年12月16日的重庆《大公报》上，针锋相对地发表了批评文章《你知道行星是如何发现的么？》，用大量的科学事实，驳斥了所谓已经发现了新行星的谬论。

令人惊讶的是，这样的历史垃圾却在20世纪80年代初，竟变本加厉地泛滥起来，特别是四川省出版的一些报刊，连篇累牍，比之40年前有过之无不及。很多报刊先后发表或者转载文章、报告文学和消息报道等,宣传"刘先生早已发现太阳系'第十大行星'。"还说早在40年前,就有一个中国学者用一种特殊的方法,推算出第十颗行星的存在。有的干脆毫不掩饰地说"太阳系的第十颗行星就这样首先被中国人发现了。"更有借用某位90岁高龄老教授的声望,说他读了刘先生的《八卦宇宙论与现代天文学——一颗新行星的预测》一文后,就笃信不疑,"从将信将疑到豁然开朗"。为此,张钰哲先生拍案而起,把当年这篇极具说服力的文章重新发表于《科普创作》1983年第5期。与此同时,著名天文科普作家卞德培先生(第6742号小行星被命名为"卞德培星")也曾撰文对此进行了无情的揭露与批判。

2006年8月,国际天文学联合会做出决定,把冥王星剔除出大行星的行列,划为矮行星。从此"九大行星"变为"八大行星"。新的规定也使得今后再也不会有新的行星出现了。

迷你型行星

除了有在膝下承欢的8个"子女"（行星）外，太阳还有数不胜数的"小字辈"——小行星。小行星除了"身材"无法与大行星比肩外，其他几乎没有什么根本的不同。它们都在符合"行星距离定则"的轨道位置上绕太阳运行不息；它们在星空中同样会表现出"顺行"（由西向东）、"逆行"（从东向西）及"留"（短时期内在星空中的位置不变）等复杂行为；也有"冲"、"方照"（地球上看来与太阳间距角为90°）等行星固有的特征。但据2006年国际天文学联合会的决议，绝大多数小行星都应属于太阳系中的第三层次"小天体"。实际上，小行星一直到19世纪才被人们发现，它们问世后又长期坐着"冷板凳"，似乎一直都不能登大雅之堂。不过，随着空间探测的发展，小行星在科学舞台上的作用将日益突出。

同是发现者，待遇天壤别

根据"行星距离定则"，人们推测在火星与木星间的广袤空间中，应当存在着一颗人们还不知晓的行星，天王星的发现更似打了一支强心针。所以在18世纪的最后几十年中，许多天文学家都在太空中苦苦寻觅。一时间，争当"赫歇尔第二"的热潮席卷了欧洲大陆。可十几年下来，所有的人都是空手而归。

"有心栽花花不发，无意插柳柳成荫"。"粉丝"们都一无所获，可它却闯进了原先对这个"兄弟"无动于衷的人的眼里：1801年1月1日，意大利巴勒莫皇家天文台台长皮亚齐在金牛座中突然发现了一个陌生的星点。皮亚齐当时正在编制一本新的星表，他对寻找火星与木星之间行星的事虽也有所闻，但不想去花时间探寻。可现在，陌生天体既然闯进了视野，他当机立断，立即追踪这个亮度只相当于8等星的不速之客。第二天，他又对准了前一夜观测的天区，这颗奇怪的天体的亮度几乎没什么变化，但却在星空中向西移了大约4′的距离。在常人的眼里4′的间隔简直是微不足道的，但这却显露了它的身份——太阳系天体。西西里岛的坏天气使皮亚齐只连续跟踪它41个夜晚，但他已目睹了它从"逆行"经过"留"变为"顺行"。这正是行星运动的显著特点。

皮亚齐发现新"彗星"（他不敢贸然直接说是行星）的消息传到德国，柏林天文台台长波得毫不怀疑地肯定，皮亚齐发现的正是他们多年来梦寐以求的、位于火星与木星之间的新天体。德国青年数学家高斯帮助皮亚齐算出了它的轨道。果然，其轨道半长径为2.77天文单位，按行星距离定则推算的2.8天文单位大约只有1%的差别，而绕太阳的公转周期与波得当年预言的4.5年也仅相差1个月。一切无疑了，它就是人们寻找已久的行星！皮亚齐最初想把它命名为"费迪南蒂娅"，但

无心发现谷神星的皮亚齐

089

这有献媚于西西里王费迪南三世之嫌，当然不会为科学家们所接受。后来皮亚齐灵机一动，改称其为"赛丽斯"，这是罗马神话中的"收获女神"，恰好又是西西里岛的保护神，而且她还是朱庇特（木星）的小妹妹，这是一个极其贴切而得体的名字，中国译为"谷神星"。

谷神星使55岁的皮亚齐变成了闻名世界的新闻人物，他被学术界一致推荐为那不勒斯皇家学会会员，以他的头像制成的各种装饰品、纪念品也风行一时，他的"粉丝"更是不计其数……

但是在一片颂扬声中，也有让人感到有美中不足之处，因为按照谷神星的亮度计算，它的直径只有几百千米，连月球都比它大3倍多，这能与地球"称兄道弟"吗？这个疑团使不少人认为，在火、木之间的真正的行星并不是已发现的谷神星，它目前尚未露面，有待人们继续寻找。1年之后终于有了收获，1802年3月28日，德国的一个医学教授奥伯斯在室女座附近的天区，果然"擒获"了一个新天体，它的亮度与7等星相当，初步计算的轨道半长径约是2.8天文单位。奥伯斯当仁不让，把它叫做"帕拉斯"，中国译为"智神星"。

不料天文学界对奥伯斯发现"智神星"的反应十分冷淡。这与1年前皮亚齐的殊荣形成鲜明的对照。为什么呢？因为当时人们认为火星与木星之间的"空隙"早已为谷神星填满，"卧榻之侧，岂容他人酣睡！"的观念使"智神星"在天文界竟成了"不受欢迎的人"。奥伯斯当时不仅没有得到什么荣誉，甚至还被人咒骂，惹人耻笑，说行医者来管天上的事纯粹是"狗逮耗子"……

芳名千奇百怪

1804年9月，在火星与木星之间又冒出了第3个新行星——婚神星。此时人们不禁恍然大悟：这种"小行星"或许有很多。果然，1807年奥伯斯又发现了第4颗——灶神星。到1868年，小行星的数目突破了100大关。1923年11月，小行星的数量达到四位数。现在每年发现的小行星就数以千计,有正式编号的成员竟超过了10万之众。

开始时,人们可以从罗马、希腊神话中信手拈来一个女神名字为它们命名,例如,朱诺(第3号)为婚姻保护女神；艾琳(第14号)为和平女神,甚至像长有怪眼的女妖墨杜莎、狮身人面像斯芬克斯也分别成为第149号、第896号小行星的芳名。

科学没有国界,天空更不是哪个民族的专利品。所以也出现了不同"国籍"的女神。例如,瓦拉(第131号)就是印第安神话中的一个掌管大山洞的女神,阿索(第161号)则是"出身"于埃及,她长着母牛的脑袋,有无上的权力,掌握着日轮的运行……

目前,在小行星的女神队伍中,出自中华民族(中国神话中,女神本身也少得可怜)的仅一颗,那就是女娲(第150号)。女娲在中国备受崇敬,她不仅创造了人,还把人类从水深火热的灾难中解救出来……不过,发现女娲这颗小行星的是美国的华生。华生于1874年是为观测金星凌日来中国的,他在中国备受优待,所以他把后来发现的第150号小行星命名为"女娲"。

用神来命名固然浪漫有趣但终有穷尽之日。随着发现的小行星越来越多,人们只得让神仙施展"分身术",这样,一个女神可以用来命名几颗小行星。如同一个智慧女神,除了帕拉斯(第2号)外,还有密纳发(罗马名,第93号)和雅典娜(第881号)。而那个长着双翅、手执银弓、金箭的小爱神,也分别命名了3颗小行星——爱洛斯(希腊名字,第433号)、丘比特(罗马名,第763号)和阿摩尔(拉丁名,第1221号)。

后来,分身也分不过来了,于是只得另找出路。1852年发现的第20号小行星被其发现者命名为马赛利亚(法国名城马赛女性化——当初规定小行星的名字一律要女性化)。接着,以洲名命名的有亚细亚(第67号)、欧罗巴(第52号)、阿非利加(第1193号)……以国家名命名的有奥地利(第136号)、匈牙利(第434号)、美利坚(第916号)、中华(第

1125号）……以城市名命名的则有芝加哥（第334号）、东京（第498号）、北京（第2045号）……

19世纪时，科学家们是坚决反对凡夫俗子上天的，可后来却首先被人"捧"上了天。在小行星的花名册上，我们可以找到许多一流的大科学家的名字，如牛顿（第662号）、爱因斯坦（第2001号）、伽利略（第697号）、开普勒（第1134号）、赫歇尔（第2000号）等。当小行星数超过1 000颗时，人们想到了那些发现小行星的先驱者，于是第1000号便叫"皮亚齐"，第1001号为"高斯"，第1002号为"奥伯斯"。以宇航员名字命名的小行星则有：加加林（第1772号），这是人类第一个闯入太空的英雄，另外有3颗小行星则是为了纪念苏联的3位宇航员多布洛伏尔斯基（第1789号）、伏尔科夫（第1790号）、巴扎耶夫（第1791号）。他们乘"联盟"11号于1971年6月30日返回地球途中，因座舱密封不严而窒息丧生。同样，1986年1月28日，美国航天飞机"挑战者"号失事，牺牲的7位宇航员的名字分别用来命名了7颗小行星。

在众多的科学家行列中，还有一位天文爱好者也跻身于此，他就是梅耶（第2863号），梅耶是美国的天文爱好者，他最先拍下了1975天鹅新星的照片。

第1772号小行星以世上第一位宇航员加加林的名字命名

还有一些小行星的名字更怪,例如,地理星(第1620号),其原因是为了感谢美国国家地理协会对于天文工作的资助和支持。还有一颗叫Ara(第849号)的小行星,则是美国救济管理局的英文缩写,这个机构为1922年俄国大饥荒提供了粮食援助,拯救了不少生命。

小行星取名好像可以随心所欲,其实不然,国际上有明文规定,政治家及军事家不得入席,其原因不言自明。

壮哉,中国小行星

虽然美国天文学家华生曾把他所发现的第139号与第150号分别命名为"九华"和"女娲",但真正的中国人自己发现的"国产货",还是张钰哲于1928年在美国攻读博士学位期间所发现的第1125号小行星,他立即为它起名为"中华"。从此,张钰哲与小行星结下了不解之缘。在他逝世前的20世纪80年代中期,紫金山天文台小行星研究室就已发现900多颗未见记录过的小行星,其中200多颗已为国际公认,获得正式国际编号的达130余颗,按相同期间发现新小行星数排名,位列世界第五。而当时他们所有的仪器却只有一架在世上根本排不上号的口径40厘米的"双筒望远镜"。

由于历史原因,"中华"后来"失踪"了,再也没有露过面。1957年10月30日紫金山天文台终于发现了一颗轨道与"中华"极为相似的新的小行星,并为很多国家的天文学家证实,所以国际小行星中心决定,把1957年发现的那颗小行星的轨道作为"中华"的数据。

紫金山天文台发现的最初一批小行星,大多以省、市自治区的名字命名,如北京(第2045号)、上海(第2197号)、江苏(第2077号)、山东(第2510号)……后来也使用了一些城市名:延安(第2693号)、苏州(第2719号)、哈尔滨(第2851号)、香港(第3543号)、澳门(第8423号)……

中国小行星还有不少是以科学家名字命名的。最早的是5位古代大科学家：张衡（第1802号）、祖冲之（第1888号）、一行（第1972号）、郭守敬（第2012号）及沈括（第2027号）。以当代的天文学家与物理学家命名的则有：王绶琯（第3171号）、叶叔华（第3241号）、戴文赛（第3405号）、周光召（第3462号）、曲钦岳（第3513号）、高士其（第3704号）……华裔物理学家、诺贝尔奖获得者杨振宁与李政道的大名分别命名了第3421号与第3443号。

当然，一些企业家、慈善家后来也跻身其中，如田家炳（第2886号）、邵逸夫（第2899号）、陈嘉庚（第2963号）、曾宪梓（第3388号）……现在甚至像金庸、周杰伦、林青霞、萧晖荣等都成为了小行星。

在发现小行星上，北京天文台（现属国家天文台）大有后来居上的气势。在陈建生院士的领导下，从1995年开始，由朱进主持CCD（电荷耦合器件）巡天观测，在短短四五年内就发现了1 000多颗新小行星，其中已有91颗获得了正式的国际编号。于是"北京大学"（第7072号）、"中国科学院"（第7800号）、"北师大"（第8050号）也就在太空中大放异彩。

斐然的成就自然会受到世人的尊重，国际天文学联合会也因此把9颗外国人所发现的小行星赠予了华夏儿女，最初的3颗是：第1881号"Shao"（邵）、第2051号"Zhang"（张）和第2240号"Tsai"（蔡）。众所周知，邵是美籍华裔天文学家邵正元，张即是张钰哲先生，而蔡则是中国台北天文台台长蔡章献。后5颗有：第3751号江涛（旅英天文学家）、第3797号余青松（紫金山天文台创建者）、第4760号张家祥（紫金山天文台小行星专家）、第6741号李元（著名天文科普作家）和第6742号卞德培（著名天文科普作家）。自1999年"神舟"号飞船上天后，中国宇航员也大踏步地进入太空。于是，紫金山天文台1981年发现的第8256号小行星也顺理成章地命为"神舟"星，而西班牙天文学家艾斯特于1991年6月6日在欧洲南方天文台发现的，国际永久编号为第

21064号小行星则用中国第一个"太空人"杨利伟的名字命名,成为第9件"礼品"。

"来而不往,非礼也。"我们也不会忘记朋友,所以紫金山天文台也特意把他们于1965年发现的第2790号小行星命名为"Needham"(英国科学家李约瑟)。

如今,100多颗"中国星"正不断地从星空中飞越,相信随着中华民族的振兴,这支"中国星"的队伍将会更加浩浩荡荡。

危险的"擦边球"

绝大多数小行星都安分守己,永远在火星与木星轨道间运行,与我们"老死不相往来"。但是也有一些喜欢与地球套近乎的"近地小行星",会不时闯到我们面前,把人吓一大跳。尽管它们的"个头"不大,但因为它们都在以巨大的"宇宙速度"飞行,所以一颗直径不到10米的小行星,如果撞上地球,破坏力绝不亚于5万吨TNT烈性炸药,而如果闯入的肇祸者的直径在100米左右,那就相当于同时引爆10颗百万

2012DA14号小行星与地球擦身而过

吨级的大氢弹！落在海洋中则可掀起200米高的滔天巨浪，荡涤沿海上千个城市。1994年7月所发生的"彗木大相撞"更让不少人的心头蒙上了这种阴影。

从理论上来说，人们的这种担忧并非杞人忧天，英国一位陨星专家说："近地小行星和地球相撞只是时间问题，而不是会不会的问题。"现在知道，这种"太空杀手"有几百颗之多，它们在地球周围游弋不止。1997年1月20日，中国北京天文台就发现了一颗极近地小行星"1997BR"，这颗直径一二千米的"恐怖分子"的运行轨道几乎与地球轨道相切，那夜它曾走到了离地球7.5万千米处。相当于月地距离的1/5，在天文学家眼里真是一个极其危险的"擦边球"。还有比它更近的，2013年2月16日凌晨3时许，一颗编号为"2012DA14"的小行星与地球"擦身而过"，与地面最近时只有2.7万千米，不到月地距离的1/14！2014年新年伊始，一颗编号为"2014AA"的小行星于1月2日直接闯进了地球大气层，幸得它直径只有4米左右，所以直接被大气焚毁，根本没有几个人知晓。

美国国家航空航天局宣称，2013年2月25日下午7点18分39秒，一颗直径约4千米的小行星"阿波菲斯"将有40%的概率与地球相撞。而英国《每日快报》报道，如果真和地球相撞，它所释放出的能量将比广岛原子弹爆炸时的大100万倍，数万平方千米的地区将被夷为平地，而释放到大气中的灰尘可能影响整个地球的生态。美国国家航空航天局的科学家进行轨道验算后发现，它可能冲破大气层和地球相撞！因此，一度把"阿波菲斯"列为"托里诺等级"的8级（10级意味着必然的全球毁灭性碰撞）。成为有史以来的最危险等级。

不过实际的情形是，2013年2月15日至16日夜，人们见到它与地球的间距已低于2.7万千米，但因它的直径还不到60米，所以闯入地球的大气层后，很快就被彻底焚毁了，没有惊动任何人。

阴影当然总是存在。1989年12月13日，中国新华社播发了一则从西方发出的恐怖消息：据美国有关专家透露，有颗直径约1千米的小行星现在离我们只有80万千米，有可能在近期撞上地球，其能量相当于770万颗广岛原子弹，地球上将有一半人罹难，现在科学家们正在设法避免这场灾难……尽管中国天文学家第二天就指出这条消息编译有误，并说明了事情的原委：那颗编号为"1989FC"的小行星直径为800米，以现有的轨道来看，它在近期内决无肇事的可能。但还是让人们感到极大的恐慌，以致当时全国各天文台的电话铃响个不停，询问详情的信件更是如雪片铺天盖地而来……后来此素材还被人写了一集"飞来的星星"，编入了正在热播的《编辑部的故事》连续剧中。2007年11月12日，国际学会小行星中心的天文学家也闹了笑话，把一个人类自己发射的"罗塞塔"探测器，误以为是可能撞向地球的小行星，并发出了警报。由此可见，这柄悬于人类头上的"达摩克利斯之剑"是何等地让人惴惴不安。

如何应对？各国科学家已提出了若干应对措施，世界各国天文学家于1993年4月相聚在意大利的埃里斯，60多位专家经过认真的讨论与切磋，取得了共识，决定制订一个全面的计划，在20年之内查清这些"危险人物"的来龙去脉，对其进行严密的监测，一旦发现哪颗有"蠢蠢欲动"的苗头，就可采取应对措施，发射一枚飞船到其身旁引爆一个小小的原子弹，让它偏离原先的行径，就可化险为夷……会后他们还发表了《埃里斯宣言》，宣言的结论是"减缓近地小行星碰撞地球的威胁的方案，目前还不需要予以考虑。"

从"爆炸说"谈起

现在知道，最大的几颗小行星，就是最早发现的那4颗。直径在200千米以上的小行星不过30颗，100～200千米的约200颗，10～30千米的约1 000颗。如果把仅有几米、几十米的算进去，则有几十万颗之多。尽管小行星的数目十分庞大，但其总质量估计仅及地球的万分

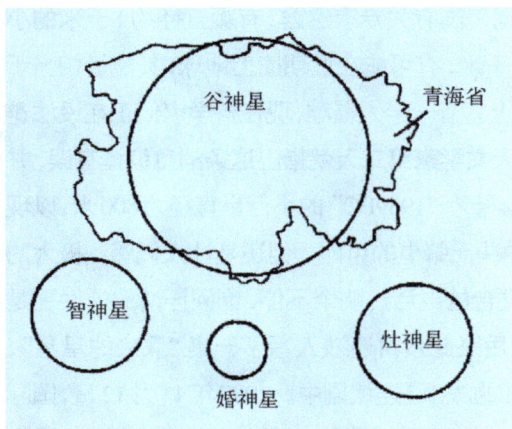

最早发现的4颗小行星与青海省比较

之四左右。

为什么在火星和木星之间没有一颗像模像样的行星？在发现婚神星后，奥伯斯就认为，上帝是公正的，太阳没有什么偏爱，那儿原来的确存在着一颗与地球或火星类似的行星，只是后来不知什么原因它爆炸了。

他还认为，当时发现的3颗小行星，正是爆炸后的3块较大的碎片。于是他预言，那儿一定还会有其他更多的小行星。有趣的是，他正是根据一个理论，于1807年找到了灶神星。现在知道，灶神星是所有小行星中最明亮的一颗，也是唯一有机会可以用肉眼见到的小行星。

天文界把奥伯斯的理论称为"爆炸说"，它一提出就引起了激烈的争论，许多人认为自然界绝不会有这样大的"神力"，可以把一颗行星炸裂，何况，若是爆炸，那碎片的形状应是极不规则的，可现在发现直径100千米以上的小行星，大多是规则的圆球状。但支持奥伯斯理论的也大有人在。

20世纪以苏联萨伐利斯基为首的一些天文学家大力支持"爆炸说"，他们还把这颗原始行星称为"法厄同"。法厄同是希腊神话中一个悲剧人物。他是太阳神赫里阿斯的儿子。法厄同长得英俊潇洒，但又十分任性、固执，爱慕虚荣。为了满足一时的好奇，他要驾驶父亲的太阳车，因无法控制桀骜不驯的神马，太阳车偏离了预定的轨道，造成了天庭的混乱和人间的灾难。宙斯为此勃然大怒，发出一个巨雷，把法厄同打得粉身碎骨……萨伐利斯基这样命名的用意是一目了然的，他认为这颗原始行星也是被什么东西毁灭了。他还作了模拟计算，认为当初"法厄同"的半径在3 000千米左右，质量是地球质量的1/15，与火星相仿。它的结构大致可分为5层，从里到外分别为镍铁组成的核芯、铁硅层、玻璃质橄榄石岩层、结晶状橄榄石岩层和最外面的玄武岩壳层。他认为，"法厄同"被击碎后，变成了众多

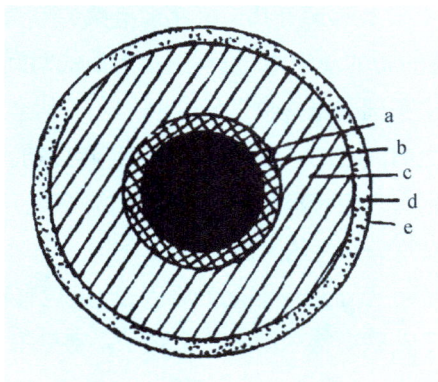

"法厄同"五层结构示意图
a. 镍铁组成的核芯　b. 铁硅层　c. 玻璃质橄榄石岩层　d. 结晶状橄榄石岩层　e. 玄武岩壳层

的小行星及各类流星、陨星，而这5层物质正可与各种不同的陨星及小行星一一对应……现在发现，那些很小（直径1千米以下）的小行星确实是形状各异。1983年10月11日，天文学家发现了一个飞快而过的天体1983TB，它很快地越过了天龙星座。当时测定它的星等为16等。现在人们已把这颗特殊的小行星正式编号为3200，命名为"法厄同"。

法厄同的近日距只有2 080万千米，也是400多个危险分子之一，有可能在250年后再次与地球轨道相交，对我们造成威胁。

4亿年前的"核大战"

法厄同的神话尽管很浪漫，引人入胜，且一度获得不少支持者，但真要找出科学的论据，却让人绞尽了脑汁。毕竟宙斯的霹雳只能作为茶余饭后聊天的素材，决不能当作严肃的科学论据。

于是，一些科学家把目光转到了陨星身上。陨星是"天外来客"，也是唯一人们可以直接对其进行研究分析的"天体"。其中的同位素分析，让人可以获得许多史前的信息，所以陨星被称作太阳系的"化

石"，成为解开几十亿年前沧桑的珍贵钥匙。从陨落物同位素氦-4和氩-40的测定中，发现陨星形成的时间都在5 000万到5亿年之间。后来美国费米核物理研究所的几个科学家，进一步把时间确定为4亿年之前。就是说，陨星形成于4亿年以前。这当然不是法厄同的实际年龄，因为一般行星都已有46亿岁的高龄。这表示法厄同在4亿年前发生了一次毁灭性的大爆炸。

至于这场浩劫的原因，自然也有不少假设，但其中最有趣的莫过于苏联赛格尔博士的主张了。赛格尔是一位极富想象力的天文学家，他认为，造成法厄同灭顶之灾的原因不是"天灾"，而是"人祸"。这位博士认为，在地球上还只有爬行类动物的4亿多年前，在法厄同行星上已经产生了高度的文明，"法厄同人"的科学技术已进化到比我们今天还先进的程度。他们已掌握了核技术，制造了大批威力可怕的核武器。而在一次偶尔引起的"国际纠纷"中，由于处理不当，升级为全球性的"世界大战"。残酷的战争使"法厄同人"红了眼，最终打开了核武库。大批核武器猛烈爆炸，引起了无法控制的链锁反应，最后使得法厄同海洋中的氢也被点燃起来。于是在反复不断的大规模核爆炸中，法厄同终于碎裂成无数大小碎片，飞向四面八方，再也不复存在……

赛格尔认为，这种观点可以用来解释陨星的不同成分——那些含微小碳球粒的陨星，其中的水分及其氨基酸等，正是法厄同生命的遗迹，而爆炸时的高温和巨大压力，则是某些陨石中存在金刚石的最好解释。

一时间赛格尔也得到了不少支持，一些人建议发射一些专门的宇宙飞船，到月球、火星上去搜索法厄同的碎片。1961年，苏联还有人专门会见访苏的丹麦著名的核物理学家玻尔，问他"如果在海洋深处爆炸一颗氢弹，会不会失去控制而使整个海洋大爆炸？"还有一个法国科学家在非洲加蓬共和国的沃洛克矿山中，发现了大量的4种稀有元素：钕、钐、铈、锑。他认为，那是铀-235裂变反应后才有的产物，所以他猜测，此矿在史前发生过"核事故"。他据此发表了支持赛格尔观点的论文。他认为，幸亏地球上的铀不多，才使得这场自发的失控反应仅局限在非洲的某些地区，否则地球可能也会重蹈法厄同的覆辙。

果真如此吗？细心的读者不难发现赛格尔博士的众多破绽。他的整个故事，不正是当年美、苏两个超级大国互相虎视眈眈的某种写照吗？那些描写核战争毁灭世界的幻想小说，世界末日的灾难片，我们难道见得还少吗？

虽然我们认为，存在地外生命的假设是有科学依据的。地球决不是唯一的生命绿洲。只要具备一定条件，生命可以在宇宙的任何角落中产生、发展并进入高级文明阶段。例如，美国天文学家萨根曾作过推算，仅仅在银河系内，已具备文明的星球可能在100万颗左右。

别以为100万是个巨大的数字，它只占银河系星球的百万分之六。而更重要的则是条件。法厄同离太阳2.8天文单位，同样的面积上收到的太阳能量只是地球的12%，因此即使在阳光下，它的表面温度也只有零下七八十摄氏度左右，夜晚则更低得多。它的半径比火星还小，这就注定其表面上的大气会很稀薄，也很难保住液态水。这样严酷的自然条件，生命能否存在尚属疑问，要在4亿年前就进入高级文明，岂非是"天方夜谭"？

前途无量的小天体

小行星其貌不扬，很少能吸引人们的眼球，所以长期以来，一直是在坐冷板凳。但实际上它在天文学中却是不可或缺的重要角色。

早在1870年，人们就利用第29号小行星测出木星的质量是太阳的1/1 047；而金星、水星因为没有卫星相随，其质量更得仰仗小行星帮忙；1930年，爱神星（第433号）又为精确测定"天文单位"立下汗马功劳，而天文单位是太阳系中一个重要的基本长度单位。

小行星常常吃"个子矮小"的亏，但有弊必有利，这就是辩证法。正因其小到在望远镜中见到的只是个"光点"，使它成为星空的标志点，天上的黄道、赤道、春分点等，都是靠它们来确定。

太阳系中的大多数天体（行星、卫星、小行星等）都是在46亿年前形成的，而人类居住的地球，由于历经沧海桑田，早已面目全非，哪里还能找到亿万年前的信息？即使是其他行星甚至包括它们的众多卫星，也被时光拭去了当年的痕迹。唯有这些小行星，因为小，一直保持着46亿年前刚形成时的原始状态，在它们身上很容易找到诸如温度、压力、化学组成等各种原始数据。可以说，它们就是太阳系中最珍贵的"化石"。这一点亦越来越被众多天文学家接受，如诺贝尔奖获得者、瑞典天文学家阿尔文明确指出："在人类已实现了登月之后，载人宇宙飞行的下一个目标，无疑应当是飞向小行星。从科学的观点看，这是更有意义的事情。"

"人类不能永远生活在地球这个摇篮里"。将来总是要飞向宇宙的，我们可以利用那些已知轨道的小行星，把它们当作宇宙飞行的"码头"，在经过几个月或者几年的太空旅行后，宇航员可以把飞船降落于其上面，以解除单调的寂寞感，在这个神奇的小天地上享受异域风光，而且由于它上面的引力极小，在要离开它时几乎不要耗费什么燃料。

对于那些危险的近地小行星，我们也可以加以利用，如当它接近地球时，我们可以乘机登上其表面，让它免费把宇航员送到预定的星球附近，这是多么惬意的事啊！

再说，许多小行星本身就是一座巨大的宝藏，因为有一类金属小行星，如上述的"擦边球"2012DA14外，灵神星（第16号）更吸引人，因它90%由铁、镍组成，如果把它运回到地球上来，既不要开挖，也不用冶炼就可直接利用。以它直径250千米计，它就可为人们提供5亿亿吨铁、5千万亿吨镍及其他一些金属！这可以让人大手大脚地用上千万年！现在发现一些近地小行星也是金属型的，那么，或许将来的某一天，人们利用它接近地球之际，设法把它"拖"到地面上来……

相信随着科学技术的发展，对于这些"小兄弟"的开发与利用也会提到议事日程上来。

地球的"表兄弟"

美国名著《根》的作者亚里克斯说得好："所有的人都有一个发自骨髓的呼唤,想知道自己的民族传统,想知道我们是谁? 人们是从哪里来的? 没有这个根基,我们就如同水上的浮萍,天涯的游子,无论成就何等伟业,无法摆脱的孤独将一直伴随着我们。"所以,在宇宙中寻找人类的"知音",是千百年来人们共同的心结。虽然至今没有人真正知道"宇宙人"究竟在哪里,但可以肯定的是,它们一定栖息在某个行星上面。所以,人们就要千方百计地寻找太阳系之外的行星——天文学家称为"系外行星"(也称"地外行星"),人们总喜欢把太阳系中的8大行星与地球"称兄道弟",按此逻辑,那么这些"系外行星"自然应是地球的"表兄弟"或"堂兄弟"了。如果我们连"表兄弟"或"堂兄弟"也找不到,那寻找"宇宙人"岂不是一句空话?

"世外桃源"有"表亲"

自古以来,一些有识之士都认为,世上到处有"芳草",古希腊一位哲学家就说过:"如果以为,只有我们地球上才有生命,这就像在农田中撒下了种子,却只长出了一根苗那样令人不可思议。"16世纪的伟大思想家布鲁诺曾大声宣告:"宇宙中存在着无数太阳和围绕太阳的无数行星,而这些世界上都存在着生物。""我们终有一天,会找到其他星球上的兄弟姐妹,我们有一个值得羡慕的家族。"尽管他为此受到了宗教法庭的迫害,并为此付出了宝贵的生命,但他光辉的思想却一直鼓舞着后人。

20世纪四五十年代,国际天文学联合会主席、英国著名天文学家爱丁顿也相信:"在宇宙的某些地方,可能存在着别的比天使稍次一些的生物,在我们的眼里看来,他们或者是和自己同等的,或者比自己还要更高级些。"

当然，要证明这些宇宙生命，必须先要找到我们的这些"表兄弟"或"堂兄弟"。然而因为行星自身不会发光，它们在恒星身旁绕着恒星公转，就像是在探照灯四周飞舞的一只"小小飞蛾"，在"探照灯"那耀眼夺目的一片强光中，谁还能见到遥远的恒星旁边的那只"小飞蛾"，这也是寻找它们最大的困难所在。

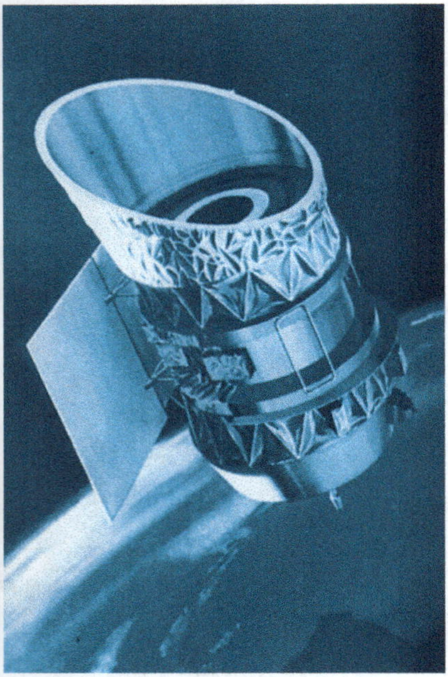

早在1855年，在东印度公司马德拉斯天文台工作的雅各宣布，他已发现了蛇夫座70这个双星系统的轨道有些异常，他怀疑，这种异常可能就是当中有"类似行星的物体"造成的。19世纪90年代，美国芝加哥大学及海军天文台的汤玛斯·杰克逊·希也曾声称，他从恒星的轨道异常入手，已证明该系统当中有一个公转周期为36年的"黑暗物体"——行星。不过没有多久另一个天文学家福雷斯特·莫尔顿就对此提出了质疑，他指出，杰克逊·希所认定的那个恒星系统极不稳定。这个"黑暗物体"还有待进一步论证。

在20世纪50至60年代，斯沃斯莫尔学院的彼德·范德又声称发现了围绕巴纳德星公转的行星。到70年代后期，美国基特峰国家天文台的天文学家曾用口径1.2米的大望远镜进行了长期的艰苦探寻，他们发表的研究报告说，在他们观测的42颗O、B、A型的早型星中，有7颗可能会拥有自己的行星；而在123颗F、

专门寻找"表亲"的IRAS

G型中型星中,可能存在"质量很小的暗伴星"的也有14颗,而他们认为,这种"暗伴星"不能排除是系外行星的可能。稍后亚利桑那大学的研究人员用红外望远镜观测也得到了与他们类似的结果,即有行星相伴的恒星约占整个恒星的10%左右。

直到我们进入了太空时代后,才让人们见到了一丝曙光。

1983年1月25日。美、英、荷三国共同研制的"天文红外卫星"(IRAS)终于升上太空,它上面的那架口径60厘米的红外望远镜不久就发回了好消息,在织女星旁边有一个"红外源"。经分析表明,它可能就是一个较大的行星系统,其总质量与太阳系不相上下,范围达80天文单位……此事曾轰动一时,并且引发了"连锁反应",各国相继都取得了突破:1990年法国人找到了位于船尾座的行星HD44594b;1991年英国天文学家在一颗中子星PSR1829-10旁也发现了行星;1994年美国宣布在离人们1 500光年处的一个中子星也有系外行星在绕它转动……

当然,现在很多人都对上述的这些发现不以为然,都是把瑞士两位天文学家米歇尔·麦耶与迪特尔·金洛于1995年10月发现的"飞马51b"当成了"第一颗"。但是2005年初,美国亚利桑那大学与喷射推进实验室的科学家,在利用"斯必泽"太空望远镜重新对织女星进行了观测后,曾清晰地拍摄到了织女四周的星盘的面貌。科学家惊艳于织女星盘的壮观,它的半径至少在800天文单位以上,而这种气体尘埃所组成的星云状星盘正是孕育行星的最好温床。

寻亲的方法

系外行星远在天涯,绝大多数无法直接观测到,现在人们所用的基本上都是"间接"的方法,但它们也相当有效。在上世纪末,差不多要隔半年才能有所发现,现在却常常一个月就能收获2、3颗!所以到2007年底,系外行星的名单上已有250个成员。而寻找系外行星的方法也有六七种了。

（1）精确测位法：这也是搜寻系外行星最早期的方法之一。它是用精确测量恒星在星空中的坐标位置并观测位置如何随时间变动而变化来寻找蛛丝马迹。在20世纪50至60年代，有人声称用这种精确测量法找到的系外行星超过了10颗，但因当时的观测手段实际上并未能达到应有的精度，所以那些结果一般都未得到承认。直到现在，人们已经能测出0.001角秒的极其微小角度，于是，这种方法也就东山再起了。

（2）红外探测法：人们无法见到系外行星的光，但是它们都会发出红外辐射，所以在恒星身边的那些红外源就是希望所在。织女星周围的"星盘"、"哈勃"、"斯必泽"行星都是以红外探测发现的。

（3）多普勒法：也称"视向速度法"，是发现系外行星最有效的方法之一，它适用于160光年（1光年约为10万亿千米）以内相对离地球较近的恒星。而对于那些质量大、轨道小的行星尤为有效。而对那些大轨道的行星则需要连续观测很多年。轨道和地球视向垂直的行星只会造成恒星很小的视向摆动，所以此法很难奏效。

（4）脉冲星计时法：脉冲星极有规律的电磁波脉冲，亦会受其周围行星的影响而有所变化，故计算其脉冲的变动，便可估计其行星的性质。1992年波兰天文学家沃尔兹森便是利用了这个方法发现了psr1257+12的行星，而且被迅速确认，成为首个被确认的系外行星。

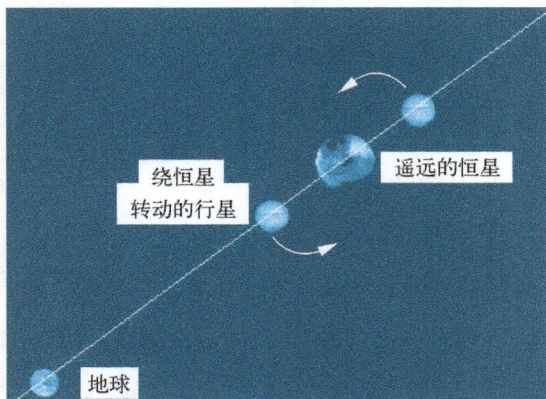

系外行星凌恒星原理图

（5）凌星法：如同金星凌日那样，系外行星也会从恒星的星面上经过,当行星凌恒星时,恒星的光度便会稍稍减弱。光度下降的程度与恒星及行星的大小都有关,所以这种方法发现的系外行星还可同时得到"表亲"的直径值及其大气的有关信息,甚至能侦测到行星上空的云的形成。1999年美国加利福尼亚大学的天文学家曾借助"凌恒星"的罕见天象,"见到了"在HD209458恒星表面上缓缓而过的一颗系外行星,当然见到的也只是行星的"背影"而已。2005年3月,哈佛史密松天文物理中心和戈达德太空飞行中心两组科学家就用此法测出"tres-1"的表面温度为790℃,而"HD209458b"则为860℃。

（6）微引力透镜法:"引力透镜"是星体引力场导致更远处另一星体的光线路径改变而造成类似透镜的放大效应,因为地球和星体的相对位置不断改变,这种透镜事件只会维持数天至数周。在过去十年,已观测到超过1 000次重力微透镜现象。假若作为"透镜"的恒星本身拥有行星,则行星的引力场亦会对透镜现象造成可测量的影响。2002年,帕琴斯基和安杰依·乌戴斯基,在一个月内以此发现了数个疑似的行星。至2006年,已正式确认的系外行星有4颗,典型的例子是ogle-2005-blg-390lb。这也是目前唯一可以探测到围绕主序星公转而质量和地球相当的行星的方法。

（7）直接摄影法:在行星体积特别大,又非常年轻,又与恒星相距较远时,现代的大望远镜亦可以直接得到系外行星的影像。2004年7月,天文学家们利用欧洲南天文台的甚大望远镜阵列,在智利拍摄到棕矮星2m1207及其行星2m1207b。这颗系外行星质量比木星大几倍,而且轨道半径大于40天文单位。直至2006年9月为止,这是唯一被直接拍摄到而且被确认的系外行星。

系外行星形态各异

如何为系外行星命名？现在通常是在其所绕转的恒星名字后加 **107**

上一个自"a"以后的小写英文字母。即在一个行星系统内,首个发现的行星将加上"b",如"飞马51b",而此后再发现的,则依次序称为"飞马51c","飞马51d"等。所以不使用"a"的原因是因为它可被解释为恒星本身。字母的排列只按发现先后决定,因此在"格里斯876"系统内最新发现的"格里斯876d"就是系统内已知轨道最小的一颗行星。在飞马51b于1995年被发现前,系外行星有不同的命名方法。如最早被发现的psr1257+12行星以大写字母命名,分别为psr1257+12B及psr1257+12C。随后发现了一个更为接近母恒星的行星时,却命名为1257+12A而不是D。

还有一些系外行星也有非正式的外号,例如,HD209458b又称"奥西里斯"。而中国天文学家葛健则以他发明的探测器"ET"后加上发现的次序1、2、3……来命名他的"猎物"。

真是"龙生九子,各不相同"。在已确证的200多颗系外行星中,也各具不同的神态风韵,各有各的"强项":

最早让人见到的系外行星:1999年11月5日,美国天文学家意外地发现,飞马座中正有一颗行星在凌恒星HD209458,让人第一次见到了那黑黑的行星小点。后来人们把它专称为"奥西里斯"。这颗直径达11万千米的行星离地球153光年,而离那母恒星却只有760万千米,只相当于水星到太阳距离的1/8,所以它的"一年"仅3.5天,进一步研究表明,它有大气层,其中至少有氧、

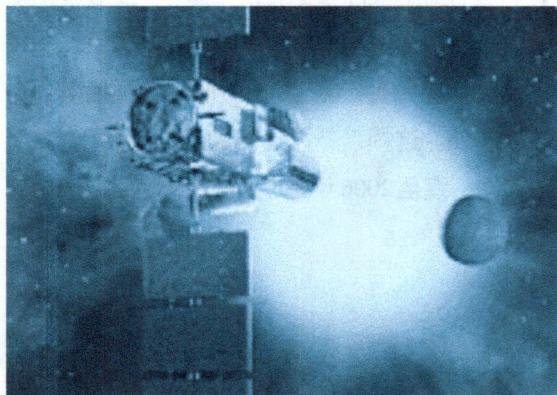

最早被人"见到"的系外行星

碳、水等成分——所以是第一个被确证存在水的行星。

第一个由"微引力透镜"发现的行星：2004年4月15日，人们用此法确证了离地球1.7万光年的行星，它离恒星3天文单位，质量是木星的1.5倍。

最热的记录：2007年5月，美国在武仙座内发现的HD119026b，它离地球279光年，但因为它在作"同步自转"，所以在始终对向母恒星的那一面上，其温度高达2 040℃，成为最高温记录。一位研究人员形容说："它是一个黑色的球，其中有一个点正对着恒星……简直就像是恶魔的眼睛。"

温差最大的行星：据测，在室女座内的一颗系外行星，它的向母恒星的那一面与背对母星的那一面，温度竟相差1 400℃，让昼夜温差300多摄氏度的月面望尘莫及。

表面上是热冰的行星：2007年发现的GJ1436b，其直径与海王星相当，约5万千米，质量是地球的22倍，从平均密度为2克/厘米^{3}推论出，它有固态表面，又因有很高的大气压，所以上面布满了能把人烫死的、热到300℃的"热冰"。真是大千世界，无奇不有啊！

像"桑拿浴室"的星：除了上述的HD209458b外，2007年7月欧洲天文学家证实，5年前发现的位于狐狸座的HD189733身旁的那颗"热木星"上也确有水存在，但由于HD189733b离恒星太近，其表面温度高达700℃，所以那儿一定是"高压蒸汽"，想必没有人享受得了这样的"桑拿"。更令人畏惧的是它表面始终刮着无法想象的狂风，风速竟达2.7千米/秒！——音速的8倍！

密度比软木塞还小的行星：2001年发现的"HAT-P-1"是迄今所知体积最大、密度最小的行星。据算，它的平均密度只有0.2克/厘米^3，与此类似的还有武仙座内的TrES-4，其质量是木星的0.84倍，体积却是木星的5倍，所以算下来的密度也只有0.22克/厘米^3，与前者处于伯仲之间。

"一年"时间最短的星： 2004年所发现的"SWEEPS-10"绕恒星转一圈的时间竟只有区区10个小时！可见它离恒星是多么的近，表面温度高达1 600℃也就不奇怪了。研究表明，如果它所绕转的那颗母恒星的表面温度比此高，则行星就会被气化，既然现在它安然无恙，可见那是一颗温度低得出奇的恒星。

成为行星系统的行星： 最早确证拥有不止一颗行星、而是形成行星系统的是2007年4月发现的"格里斯581"，它由3颗行星组成。而7个月后，人们又发现带有5颗行星的"巨蟹155"，其中的格里斯581c和巨蟹155f都是佼佼者，人们甚至说它们是"可居住的世界"。另外，格里斯876和HD69830也是有3颗行星的系外行星系。

离我们最近的记录： 位于宝瓶座内的格里斯876是目前所知离地球最近的系外行星，距离为15光年。比牛郎星还稍近些。

没有母恒星的行星： 2006年一个国际小组发现了有几个由气体尘埃组成的奇特的"行星"，它们的质量是木星的几倍，其中有2个位于450光年处，它们自己绕着公共的质心互相绕转，质量分别是木星的7与14倍。它们附近根本没有任何恒星，对于这种"无拘无束"的"自由"天体，也有称其为"planemos"，有人说它们是介于恒星与行星之间的天体，但这对"双行星"存在的本身，无疑是对现在的行星形成理论的一种挑战。

华人的贡献多多

在探寻系外行星的行列中，人们不能不提及华人科学家葛健。葛健于1989年从中国科学技术大学近代物理系毕业，后赴美国留学，于1998年获美国亚里桑那大学博士学位，现任美国佛罗里达大学天文学教授。2006年，葛健领导的研究小组在距离地球约100光年的室女座附近，"轻松愉快"地发现了一颗系外行星，他就以新仪器将它命名为

"ET-1",而它所绕转的母恒星是一颗"年龄"仅6亿岁的恒星,与已50亿岁的多数恒星及太阳相比,它当然只能说是颗"幼年星"了。葛健表示:"这是迄今为止拥有行星的最年轻的恒星之一,而'幼年得子'是非常难得的。"这颗"ET-1"至少有半个木星大小,公转周期为4.1天,说明它离恒星很近,表面温度很高,所以上面不可能存在生命。

在葛健发现"ET-1"之前,在这个重要领域中。还没有中国人的影子。在当时人们所知的160多颗系外行星中,90%都由美国加州大学伯克利分校和瑞士日内瓦的两个小组包揽了。葛健介绍说:"通常行星探测技术的关键设备是光谱仪,但光谱仪本身也存在缺陷。因为光谱仪的主要缺陷在于它们只能收集光源中的一小部分光子,这意味着只有把这种设备安装在大望远镜上才能用于寻找远距离行星。"

而葛健他们最近研制成功了一种全新的天文探测设备——"太阳系外行星追踪者"(或称"ET"),而"ET"正好就是"外星人"的英文简称,这儿也可看出其寓意所在。ET是用干涉仪取代了光谱仪,这可以更精确地测量恒星的视向速度。试验表明,干涉仪可以收集20%的光子,这使它比光谱仪功能更强大,也就可以在较小口径望远镜上观测远距离行星。更让人心动的是ET远比光谱仪便宜,而且尺寸更小、质量更轻,大约1米长,50厘米宽,质量约70

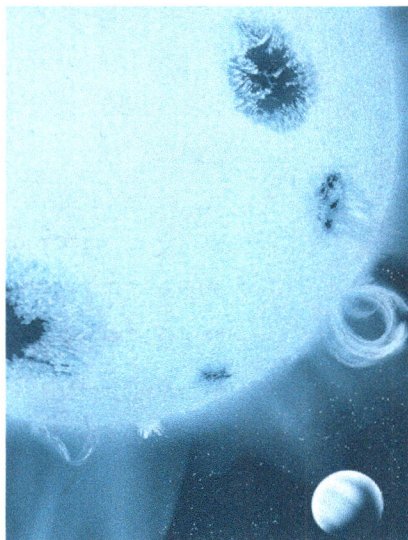

葛健发现的"ET-1"

千克。在经过改良后，ET已被安装在美国基特峰国家天文台的2.1米望远镜特殊的0.9米折轴馈源系统上，它已可以同时观察100颗恒星。葛健还说："在过去的20多年里，为了寻找系外行星，天文学家搜索了3 000多颗恒星，我们研制的这种新设备，使将来寻找行星的速度会更快，花费也会更低——或许在未来的20年里可以搜索几十万颗恒星。"美国基特峰国家天文台执行台长也表示，从2006年秋开始，全世界的天文学家都可以利用这种技术开展他们的科研项目。

第二位值得称道的就是组织了上述重新勘测织女星的华裔女科学家苏玉玲。苏玉玲早年就读于台湾"中央大学"，是大学天文研究所的第二届硕士班毕业校友，她目前正在亚利桑那大学担任博士后研究员。苏玉玲还很重视天文科普工作，亲自撰写了许多文字优美、通俗易懂的文章，如在1994年就发表了《站在地球外看彗星撞木星事件》，最近她又写了《史匹哲（大陆多译成"斯必泽"）望远镜得到了第一张高空间分辨率的织女星盘红外线影像》。

相信随着中国科学的不断发展，将来一定会有更多的华人和华裔科学家在寻找、发现系外行星中大显身手。

传说中的不祥之星

和谐的宇宙是那么宁静、美丽,神奇的星空是如此灿烂、玄妙,红日天天东升西落,明月常常阴晴圆缺,银汉隐显,斗转星移,它们秩序井然,"纪律"严明,谁也不会"越位"或托故"告假"。可是,天空中也有一些不听话的"顽童"——彗星。它们来无影,去无踪,身影变化之大、之快,常叫人大吃一惊。它们的"恶作剧",有时竟使天文学家窘迫不已。捷克天文学家科胡特克于1973年3月7日发现了一颗彗星(后命名为"科胡特克彗星"),并预言它于当年年底前经过近日点。那时它将拖着长长的尾巴,亮度可达−10等。于是很多人与他一起登上了豪华游轮,期望在船上观赏这冬夜星空中最壮观的景象。可是,到预定时间时却是夜空如旧,什么也没见到,"圣诞大餐"成了空心汤圆。游客的质询让科胡特克几乎无地自容……

披头散发的不速客

彗星在中国民间俗称"扫帚星",与点点繁星在形态上几乎没有共同之处。起初,它像一团边缘模糊的棉絮球,随着与太阳、地球不断靠近而渐渐长出又长又大的"尾巴"。在古代,它那怪异的形态,来去不定的行踪,常使人感到莫大的恐惧。

史载公元837年,哈雷彗星出现于天空时,一个法国天文学家写道:"在复活节的圣日里,一个时常是大祸预兆的现象出现了。路易一世皇帝一见到这颗彗星,一下便失去了平静……尽管他依照大主教的吩咐,虔诚地祈祷上苍,大修教堂,可3年后,他还是死了。"

1680年,"……一颗从未见过的大彗星!科学院的学者们日夜操心,城里的人都很害怕,以为又是一次洪水的预兆……胆小的人则以为是世界末日降临了，他们急忙写下遗嘱，把他们的财产捐给修道院及僧侣。"当然，那些自称是上帝的"仆人"的人总是来者不拒，照单全收。他们是有充分的退路的。因为偌大一个世界，总可找到一些不幸的事件，如君王的驾崩，某地的自然灾害（旱涝、风暴、火山、地震），或者邻国的一场战争。都可以作为彗星的"应验"。如果连这些灾难也未发生，一切都安然无恙（这是很少见的），他们也有很好的遁辞：因为万众悔罪的泪水，加上丰富的供物，平息了神灵的盛怒，他们已成功地劝说主把剑插入了鞘内。

直到1910年，新西兰的毛利人还以为，英王爱德华七世之死是由哈雷彗星引起的。他们向这位君王致哀时说："去吧，我们的君王……回到您那祖先所在的天堂去吧……哈雷彗星是熠熠生辉的天梯，沿着它，您可登上高高的第十重天。"

在几千年的历史长河中，当然也不乏有识之士。例如，古迦勒底人就已正确地认识到，彗星是每隔一定时间会重复出现的天体。而中国早在4 000年前就有人在研究它了。著名的马王堆古墓的出土文物中，就画有一幅极其珍贵的古彗星图。到晋代时，中国天文学家就已知道彗星发光、彗尾指向的奥秘。《晋书·天文志》正确地写道"彗体无光，傅日而为光，故夕见则东指，晨见则西指。在日南北，皆随日光而指"。

也有不怕彗星"惩罚"的君王。1944年，当一颗彗星在星空中蹒

马王堆出土的彗星图（部分）

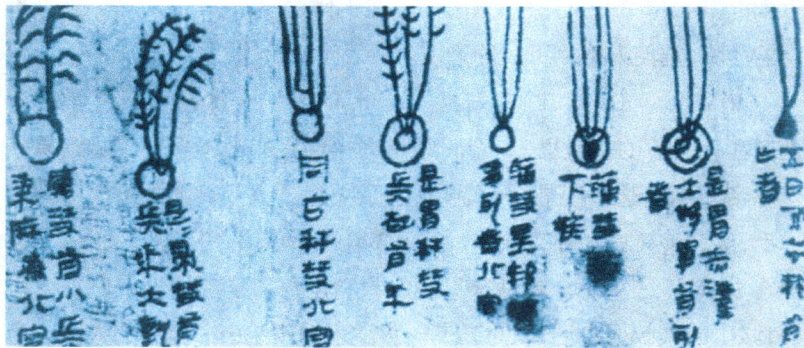

1811年的大彗星使巴黎人惶恐不已

蹒跚而行时,葡萄牙国王阿尔方斯六世怒气冲天,跑到阳台上,拔出手枪,一边百般咒骂这颗扰乱了民众安宁的怪星,一边向那位不速之客频频射击不止。

1456年,贝尔格莱德城的教皇卡里克斯特三世,在强大的土耳其兵临城下、危在旦夕之时,巧妙地利用突然出现在天空的哈雷彗星,号召一切基督教徒增强必胜的信念。他指着天上那颗"银光闪闪、长尾如龙"的大彗星,慷慨激昂地说道:"大彗星的彗尾犹如一把长剑,现在刺向了月亮,并使月亮黯然失色,这是上苍暗示信奉清真教的侵略者已经大祸临头了。"果然,围城者见到彗星后惶恐不安,所向披靡的土耳其大军竟然不战自乱,仓皇离去……真是一颗彗星胜过十万精兵。

1811年出现了一颗极其壮观的大彗星,引起巴黎人的极大恐慌,但拿破仑见到后却兴致勃勃地向他的部下说:"它将是我们征服俄罗斯的预兆。"当然,这同样是无稽之谈。1812年拿破仑攻占了莫斯科,可最终还是丢盔弃甲、溃不成军,差点做了俄国人的俘虏,彗星没有为虎作伥帮助侵略者。同是这颗大彗星,却让葡萄牙的一些酿酒商交了好运。他们把那年酿制出来的一种葡萄酒称作"彗星酒",并且为此大作广告,声称这种酒得益于彗星的"灵气",味道尤其香醇鲜美。一时间人们争相购买,使这些商人发了财。

星空中的"空城计"

在过去几个世纪中,彗星发出的"警报"曾不绝于耳,有些天文学家也把这种星空怪客比作"达摩克利斯之剑"。英国戏剧大师莎士比亚也说过:"彗星来去,人命归天。"可说也奇怪,地球却一次次地"逃过"了那些科学家预测的灾难。有人会问,人类为何会那么幸运?

彗星会不会碰撞地球?从理论上说完全可能。事实上,在过去的几十亿年中,我们地球也确实经历过这种劫难,远的不说,20世纪初发生在俄罗斯通古斯地区的一次大爆炸,其"肇事者"虽然至今尚无定论,但是多数天文学家认为就是一颗彗星。彗星撞上地球的几率为平均8 000万年一次,以人类的眼光看当然是很稀少的事。

再说,彗星并不像小行星,它只是"色厉内荏"的庞然大物,其实是腹中空空,根据多种方法测定,彗星的质量小得可怜,那些令人恐惧不已的大彗星,其质量只不过在几千亿吨左右,很少有超过几十亿亿吨。这仅是地球质量的几百亿分之一到几十万分之一,如把地球比做5吨重的大象,那么大彗星就像是一只50克的鸡蛋而已,而多数彗星甚至只能比作一只只小小的蚂蚁。谁看见过一只蚂蚁把大象撞翻了呢?

彗星的主要部分在于它小小的彗核。当它们接近太阳时,彗核内的冻结物由于太阳的光和热而开始汽化、蒸发,并且发出光来,在彗核周围形成了一个雾状结构，这就是彗发。彗核和彗发组成了彗头。彗核通常只有几百米到几千米的范围，很少超过100千米的，但是彗核的质量却占整个彗星质量的99.9%以上。现在人们都相信彗核是一团含有尘埃碎块物质的冰冻气体团，通常喻之为"脏雪球"。

彗发的形状和大小，取决于彗核的质量和离太阳的距离。一些大彗星在接近太阳时，彗头的直径可达几十万千米，与太阳相当，有的甚至比太阳还大。而彗头后面长长的彗尾，可看作是被太阳驱赶出来的彗星物质。通常的彗星仅一条彗尾，但也有不少彗星同时有2条、3条彗尾。也有个别小彗星始终没有彗尾，如恩克彗星。这是一颗已至"晚年"的小彗星，它早已毛发脱尽，望远镜里的它始终只是一小团模糊的雾状斑点。

彗星的质量是如此之小，而体态又是那么庞大，可想而知，其体内一定是在唱"空城计"。它的平均密度只是空气的10亿分之一！即使在彗头内，它也比我们通常所说的"真空"还要"真空"得多。不妨打个比喻，如取一粒大米，把它碾成粉末，然后取出其中一百万分之一再进一步细磨（事实上已无法磨了）下去，并把它均匀撒在北京人民大会堂内，彗头的密度就与此差不多。天文学家还经常可以透过彗头见到它后面的星星，而且星光也未有任何减弱。

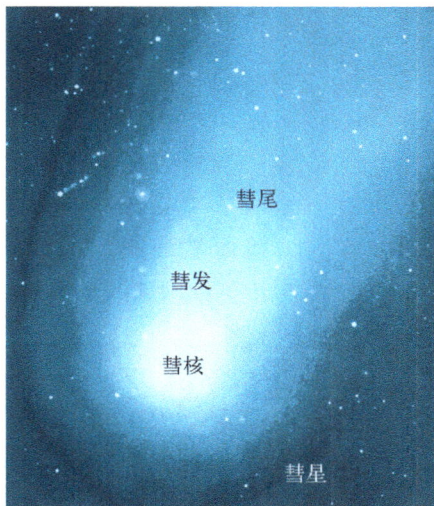

彗尾

彗发

彗核

彗星

彗星由彗头彗尾组成，透过彗尾可清楚看见后面的恒星

117

彗尾都很长,可达几千万千米甚至上亿千米。彗尾的密度,比彗头还要小几亿倍。有人测得每立方厘米内只有几个分子。按这样的密度,即使从太阳到地球建筑起一座长1.5亿千米的"长城",长城的厚和高均为10米,截面积为100平方米,那么,整座长城的质量只有百分之一克!稍短的尾巴可能会"密"一些,但这种彗尾组成的长城,大概也不过1克重。如有办法浓缩,把整个彗尾物质装在手提包内,一般人都可提着它轻松地行走。

人类密友哈雷彗星

在已知的1千多颗彗星中,哈雷彗星不愧是人类的密友。也是人们研究最多、了解最深的大彗星。它受人们垂青的一个重要原因是它回归的周期大约是76年,这与人的平均寿命相当。所以它简直可以当作一台以人生寿命为时间单位的"彗星钟",它每回归一次,就意味着一代人的兴亡。像中国天文学家张钰哲那样,能见到它两次的人委实太少了;相反,终身未见过它一面的人却大有人在。哈雷彗星与人生巧合的,莫过于美国著名作家马克·吐温了。这个充满幽默感的文学大师在临终前一年(1909年),曾在给朋友的信上写道:"1835年,我伴随哈雷彗星来到人世,明年它将再次归来。我深切地期望,能随它一起同时离开这个

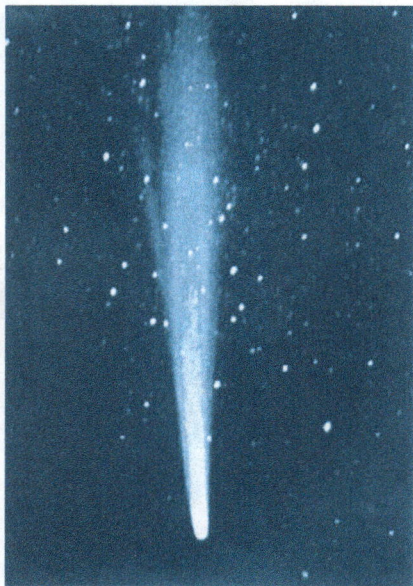

世界。否则，真是我这一生的不幸之中的最大不幸了！"后来的事情果然如他希望的那样，在哈雷彗星1910年归来时他逝世了。因而有人戏称他是"彗星带来的灵魂"。

现在，人们对哈雷彗星这个"老朋友"早已了如指掌，对它的轨道已测得十分精确。它的近日距只有8 800万千米，而最远时的距离却在53亿千米以上，两者相差60倍。它绕太阳运行的速度在近日点附近高达54千米/秒，而在远日点时只有0.91千米/秒。由此可见，在大约76年中，差不多有75年，它都过着离群索居的"隐士"生活，肉眼可见到它的时间不超过几个月。

人们已计算出，它每次回归"朝圣"太阳期间，就像"天女散花"那样，沿途抛掉了1～10亿吨物质，这相当于从半径几千米的彗核上刨掉了2米厚的一层。太阳对彗星的这种"雁过拔毛"式的掠夺，使彗星成为天体中的"短命鬼"。

1981年8月，在它回归前近五年，国际天文学联合会就已着手组织建立"国际哈雷彗星监测"（IHW）组织，来统一指挥、协调各国1985—1986年间的有关观测事宜。值得指出的是，在这次联测中，中国除了专业天文工作者外，广大青少年天文爱好者也十分活跃。他们专程赶到海南岛、广西等南方地区，进行了多项的观测研究，获得了令人可喜的成果。

在国外，不少国家也把哈雷彗星当作是"贵宾"来接待。例如，美国纽约市政府决定，把某一天定为"哈雷彗星之夜"。届时城市将出现节日时的欢乐气氛，在夜间的某一时刻，将熄灭所有的街灯，让万民瞻仰它的风采。在英国，航空公司创办了"上飞机，看彗星"的特别游览项目。因此，虽然哈雷彗星1985年底至1986年5月的回归是近千年中最黯然失色的一次，但还是赢得了大量观众的青睐。

IHW组织协调的这次规模空前的国际联测中，还有一支令人刮目的生力军——航天器。这次负有重要使命的共有4个空间探测器：

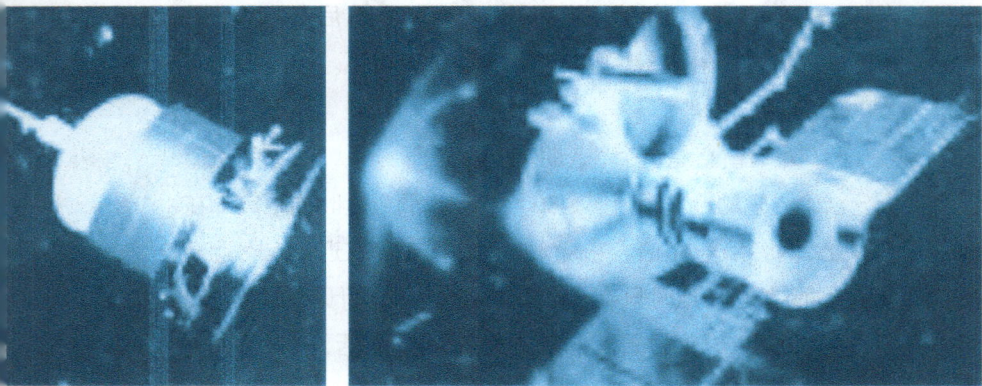

欧洲航天局的"乔托"号（左）和苏联的"维加—金星"号（右）

苏联的"维加—金星"号，日本的"彗星"号与"先驱"号，欧洲航天局的"乔托"号。它们先后在哈雷彗星旁边飞过，乔托还穿过了彗星的本体。探测器在穿过彗头时，速度高达68千米/秒的尘埃粒子，冲击它的频率为每秒120次，毁坏了它的保护装置，使一台摄影机的镜头失去了功能，它发回地球的通讯也曾中断了25分钟。

根据它们发回的资料，尤其是清晰的彗核近影，可以判明它真是一个"脏雪球"——但并非呈球形，而像一只烤糊了的马铃薯：长轴约为15千米，短轴为5千米。边缘极不规则，在空间还在缓慢地转动着，自转周期为53.5小时。它的表面比煤炭还黑，有人认为是"太阳系中最黑的天体之一"。有趣的是，在这个小小的天体上，居然还有天文学家熟悉的山脊、山谷及环形山之类的地形结构。还有几个奇特的亮斑活动区，从那儿不断喷出大量的气体尘埃物质（其中80%是水），一直可以喷到几千千米高。在阳光照耀下，这种"哈雷喷泉"五彩缤纷，确实是天下奇观。

彗星的脏雪球模型提出于20世纪50年代初，以前一直没有过硬的证据，这次却得到了证明。为此，模型的提出者——已是耄耋之年的美国天文学家惠普尔竟激动得夜不能寐！

哈雷彗星变成"哈雷将军"

探测器的近距探测表明，哈雷彗星是一颗中等大小的彗星，质量在100万亿千克左右，这仅是地球质量的100亿分之一。而它的核心部分像一只巨大的烧焦了的大土豆，大小不过15千米×5千米。然而在它运动到太阳和地球附近时，它会极度地膨胀起来，变成直径与太阳相仿（几十万千米）、吓人的庞然大物，尤其是1910年的那次回归，天文学家曾预报它的大彗尾最长时达数千万千米，且会在5月18日扫过地球。由于当时人们对彗星还不甚了解，所以吓人的谣言四起，有人宣称，彗尾中尽是那些氰化物、一氧化碳等剧毒物质，所以在它的扫荡下，地球上的一切生物都会被消灭，当时欧美一些国家一度充斥着"世界末日"的悲观氛围，许多人尽情挥霍，希望在自己死前享受个够，把所有的积蓄用完。在5月18日的那天，更有不少人烂醉街头，以免受被毒气熏死时的痛苦。还是商人精明，他们"及时"地"研究出"特效药——"反彗星丸"，声称这种新药能有效地解除彗星中的毒素；还有的则"发明"了"彗星口罩"，说只要戴上这种口罩，就可度过难关，而且一时间竟然也是生意兴隆，让他们赚了不少钱。

当时，在美国军营中也曾流传这样一则近乎是笑话的传说。在1910年的某一天，有个部队的命令经过几次传递，竟然会完全

探测器所见到的哈雷彗核　　**121**

走样：

营长对值班军官说："明晚大约8点钟左右，在这个地区将可能看到哈雷彗星，这种彗星约每隔76年才能看见一次。命令所有士兵着野战服在操场上集合，我将向他们解释这一罕见的现象。如果天下雨的话，就在礼堂集合，我为他们放一部有关彗星的影片。"这个命令十分清晰，表达也无懈可击，可传到下级时已稍稍走了样。

值班军官对连长是这样传达的："根据营长的命令，明晚8点哈雷彗星将在操场上空出现。如果下雨的话，就让士兵穿着野战服列队前往礼堂，这76年才得一见的现象将在那里出现。"可再传下去就变味了——彗星已是一个穿野战服的人了。

连长对排长就是这样说的："根据营长的命令，明晚8点，威严非凡的哈雷彗星将会身穿野战服在礼堂中出现。如果操场上下雨，营长将下达另一个命令，这种命令每隔76年才会出现一次。"

排长对班长说："明晚8点，营长将带着哈雷彗星在礼堂中出现，这是每隔76年才有的事。如果下雨的话，营长将命令彗星穿上野战服到操场上去。"

班长向士兵传达的时候已变得面目全非：在明晚8点下雨的时候，著名的76岁的哈雷将军将在营长的陪同下身著野战服，开着他那彗星牌汽车，经过操场前往礼堂。

明明是一颗彗星，经过几层传言竟变成了开着"彗星牌汽车"的76岁的哈雷将军，真是令人匪夷所思。

几颗中国彗星

1965年初，中国紫金山天文台连续发现了2颗彗星，改写了中国人发现彗星的空白记录，它们分别被命名为"紫金山"1号和"紫金山"2号彗星（1965 I、1965 II）。而第三颗"紫金山"彗星问世，已是"十

彗星发现者
葛永良（左）
与张大庆

年动乱"后的1977年9月了，与"紫金山"1号、2号不同的是，它是一颗非周期彗星，轨道是双曲线，所以从此一去不再回，"初相识"也是永诀。

很快10年过去了。由于南京地区的天文观测条件逐渐恶化，所以紫金山天文台的一些工作只能另寻地方进行。1988年，紫金山天文台的年轻天文学家葛永良、汪琦远赴北京天文台进行小行星定位观测，11月4日他们在工作中意外地发现一颗新彗星。经过计算，新彗星的周期为11.4年，正好与两人发现它的日期相吻合！真是有趣的巧合。11月19日这颗彗星得到了国际确认，于是就以发现者的姓氏命名为"葛－汪"彗星，这也是第一颗以中国人姓氏命名的彗星。

又过了10年，1997年6月4日凌晨，北京天文台的青年天文学家朱进博士等人在位于河北燕山深处的兴隆观测站也有了新的收获，他们在天秤座内发现了一颗星像蓬松、又在缓慢移动的星体，他们立即意识到这是一颗彗星，因而马上报告了国际天文学联合会彗星中心。随

123

后加拿大的天文学家也观测到了这颗新天体,于是国际天文学联合会彗星中心向世界通报了这次发现。起先朱进把它命名为"兴隆"彗星。但后来这颗彗星被国际天文学联合会正式编为"C/1997L1"——正名为"朱-巴拉姆"彗星。

第6颗与第7颗则是由中国留美学者李卫东分别于1998年12月和1999年3月在美国发现的"C/1998 YZ"与"C/1999EI",后来它们均被命名为"李"彗星。

第8颗以中国人姓氏命名的彗星则是中日合璧的"池谷-张"彗星。这也是第一颗带有中国天文爱好者姓氏的彗星。池谷全名池谷熏,是一位年逾花甲的日本天文爱好者,让他名扬天下的是1965年他与另一日本人同时发现的"池谷-关"彗星(1965f——1965年所发现的第7颗彗星),不久得到的正式命名是"1965 VⅢ——该年第8个经过近日点的彗星")。这也是20世纪著名的大彗星之一,它最亮时在白天也能看见,有"白昼彗星"、"神话般的大彗星"之称。"池谷-张"中的张是张大庆,1970年生于河南开封的工人家庭。他求知若渴,刻苦自学天文知识,自己动手磨制天文望远镜,自1991年8月30日开始进行系统的搜寻彗星天文观测。为避开城市灯光,他常孤身一人骑摩托车跑十几千米到郊外……

2002年2月1日19时15分,在他进行第518次彗星搜索观测时,676小时20分钟的努力终于有了回报,他在自己磨制组装的望远镜内,见到一团暗淡朦胧的云雾状的天体出现在鲸鱼座内。后来国际天文学联合会彗星中心在7813号通告中把它命名为"C/2002Cl池谷-张"彗星。初步计算表明,它是一颗长周期彗星。

罕见的"彗星列车"

124　　1994年最轰动世界的莫过于"苏梅克-列维"彗星与木星大碰撞

了，从7月17日20时15分（北京时间18日4时15分）到22日8时的一个星期内，这列拖有21节"车厢"的"彗星列车"，不断地对太阳系内最大的行星施行"轮番轰炸"，由于是彗核与行星直接猛烈相撞，所以释放的能量非同小可，相当于广岛原子弹爆炸所释放能量的40亿倍！

这颗奇特的彗星是由3个人共同发现的，其中之一是中学女教师卡罗琳·苏梅克，当时她已是蜚声世界的"彗星老太太"了。1992年3月，她发现的彗星已达27颗，从而刷新了以前"彗星猎手"26颗的世界纪录。仅在1991年，她就发现了9颗彗星，这本身也是一项"吉尼斯世界纪录"，如今她捕获的"猎物"已达32颗。另一发现者她的丈夫尤金·苏梅克则是地道的天文学家，不仅在彗星发现上有骄人的成绩，而且对于陨石坑的研究也有许多独到的见解，被人们认为是"无可置疑的行星科学的奠基人"。两人自1951年喜结连理后，一直感情笃深、相敬如宾。这对恩爱夫妻几乎每个月都要驱车800千米，从亚利桑那州的家中赶到帕洛玛山上的天文台，去做他们每月一次的、心旷神怡的"星海漫游"。

令人扼腕的是，1997年7月18日，一场车祸夺去了68岁的苏梅克先生的生命，卡罗琳也身受重伤。叫人稍感安慰的是，1998年

"彗星列车"撞木星

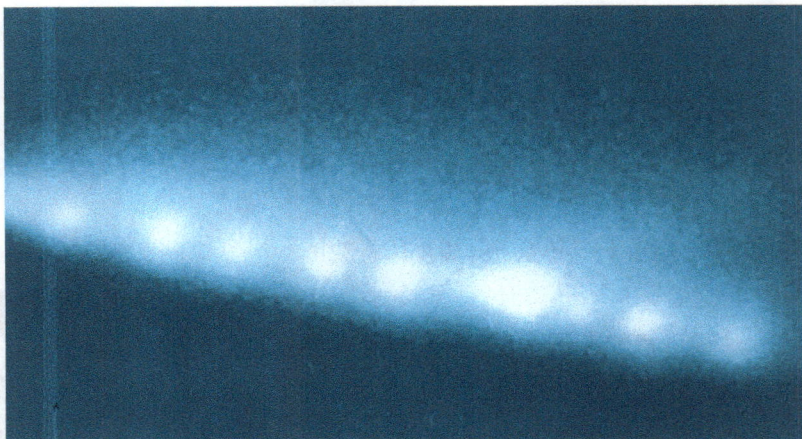

已经被撕裂的"苏梅克-列维彗星"就像一辆"彗星列车"

美国发射的"月球探测者"把他的1盎司(约28.3克)骨灰安葬于月面上,作为对他永久的纪念。

1993年3月23、24日的夜晚,苏梅克夫妇拍到了一张从未见过的奇特照片。卡罗琳后来回忆说:"那好像是一颗被压碎了的彗星"。这使3个猎彗老手讨论了半天也没法取得一致意见。消息很快传开,经其他天文学家证实,他们发现的确实是一颗彗星——只是已分裂成了20多个碎块,它们整齐地排成一列,前后相隔16万千米(在照相底片上,只相当于1′大小)。

他们继续跟踪追击,接着他们得出了更使世界大吃一惊的结论:这辆"彗星列车"已经改道,它已不再绕太阳"团团转",而变成绕木星运行!并且他们推算出,它将于1994年7月撞在木星表面上!无疑这是人类从未目睹过的世界奇观。

天文学家的计算真是分秒不差,它的第一节"车厢"A,按时撞在木星大红斑的东南方(南纬44°)地区,这块碎片并不太大,但速度高达60千米/秒,约是地球上火车速度的1 800倍!所以这一击产生了一个直径达1 900千米的大火球和冲上1 000千米高空的蘑菇云,相当于

1 000万颗广岛原子弹的巨大能量,当时产生了30 000℃(比太阳表面温度高4倍)的高温,后来在木星表面留下直径达10 000多千米的黑色疤痕,与地球大小相差无几。

最厉害的一击是7月18日G块的一"吻",其爆发的能量比A块撞击产生的大30倍,如此威力连天文学家也深感意外,它所发出的红外线之强竟让10米口径的凯克望远镜赶紧把2/3的镜面遮挡起来。虽然21次撞击大多发生在地球上见不到的木星的外侧半球上,要等几个小时后它转过身来才可见到余迹,只有不多几次正好面对地球,每次一击后的壮观场面都给天文学家留下了极为深刻的印象。

值得庆幸的是,早在太空中的哈勃望远镜和美国1989年发射的"伽利略"号探测器(当时它已驶离木星约1.5亿千米处),都获得了更为清晰和详尽的资料。

苏梅克-列维彗星是香消玉殒了,但它却给人留下了更多的思考,尤其为人类研究木星提供了极为难得的线索,深化了人们对木星的认识。

旷世以来第一炮

在经历了两次被迫延迟后,美国国家航空航天局终于在2005年1月12日,把那举世瞩目的一枚彗星探测器——"深度撞击"号发射上了太空。"深度撞击"号重650千克,大小像一辆中型面包车,它由"飞越舱"(即"深度撞击"号本体)与"撞击者"两部分组成,价值3.3亿美元。目标是古老的"坦普尔"1号彗星。

2005年美国独立日(7月4日),探测器与目标彗星相会,是时它们距离地球最近(约为1.5亿千米),1时52分,那枚重372千克的"撞击者"以10千米/秒的速度向彗核射去,这枚"炮弹"主要由铜(49%)与铝(24%)组成,它只有一张茶几那么大,但表面布满了铜钉。之所以选用铜,是因为彗星中基本不含铜,这样人们就很容易区别哪些才是彗星所释放出来的东西。这旷世以来的世上第一炮,其威力相当于4.5吨TNT炸药。因而人们看到了一场罕见的"太空焰火"。还值得注意的是,"撞击者"的舱内还携带了一张光盘,光盘上刻满全球56万天文爱好者(其中有上万名中国人)的名字。这张不同寻常的光盘有可能会随着铜炮弹穿进彗星的内部,永恒地留在彗星上,所以这些人也可能会在彗星上"流芳百世"。

为确保这一炮"弹不虚发",科学家对飞船的软、硬件系统进行了反复测试,此外,他们还专门挑选了6颗"替代彗星"随时待命,以便一旦错过"坦普尔"1号,还可以转向其他目标彗星补上这一炮。

这旷世以来第一炮至少已取得两项成果:一是显示出人类远程精确打击的能力,这对于将来避免彗星、小行星撞击地球有重大的意义,但这种导航控制技术也可能转换为"卫星杀手"(即把某卫星击落)等太空武器;第二项成果是对该彗星的彗核进行了空前的精细探测,并有重要发现。"坦普尔"1号彗星的彗核形状就像一个马铃薯,长约14千米,宽约4.8千米,与直径1万多千米的地球相比,这个小星球就像一个袖珍的世界,但它同样也有山脉、高原、平原、盆地。与地球不同的是,彗核表面散布着大大小小的环形山,有的直径超过1千米,估计是以前大约30层楼高的小行星猛烈撞击留下的坑。原来天文学家预测彗核表

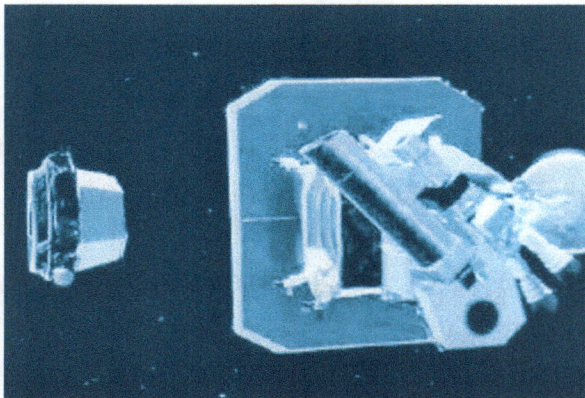

"深度撞击"号与发出的"撞击者"(左)

面颜色相当黑，但实际拍摄到它的彗核主要呈现深灰色和灰黑色。令人感到意外的是，在它的彗核表面还发现不少神秘的白色斑状物，长20～500米，宽10～100米，表面光滑，反光能力强。最令人吃惊的是，彗核表面的尘埃十分厚。当初天文学家预测彗核表层主要是冰物质（水冰及二氧化碳冰、甲烷冰等），是一个冰封的世界，但撞击后在抛射出的物质中并没有发现明显的水、二氧化碳、甲烷等物质，主要的抛射物质是比面粉还要细的尘埃物质，仿佛是炮弹击中了面粉仓库，看来彗核表面真是一个亘古至今的尘封世界。1969年人类登上月球时，发现月面上也有几厘米厚的尘埃，但"坦普尔"1号彗星彗核表面的尘埃的厚度估计可能超过5米，比月球表面尘埃还要厚得多。但我们并不清楚，这是"坦普尔"1号的"个性"还是所有的彗星的"共性"。

然而这样的科学壮举却引发出一件"官司"，让人哭笑不得。据俄罗斯《消息报》2005年7月5日报道，当全世界都为昨天人类首次成功撞击"坦普尔"1号彗星感到欢欣鼓舞时，俄罗斯一名为玛丽娜·拜伊的女占星家却"大感沮丧"。她期盼莫斯科一区级法庭尽快审理她起诉美国国家航空航天局一案，她要法院判处美国国家航空航天局撞击彗星试验扰乱了她的占星，侵犯了她"精神上的权利"，45岁的玛丽娜声称："我担心它可能对整个人类产生影响"。玛丽娜在诉状中声称："显而易见，这次太空大爆炸后，这颗彗星的运行轨道以及相关的性质都将发生变化。这将影响我的占星学，令我的占星变位"。她说，这侵犯了她的"生活和精神价值"，她要求美国国家航空航天局赔偿她3亿多美元的"道德"损失费。

当然，这场闹剧的结果，也只能是让这位女占星家出丑而已。

"星尘"号凯旋而归

为了进一步研究彗星的本质，美国国家航空航天局于1999年2月 **129**

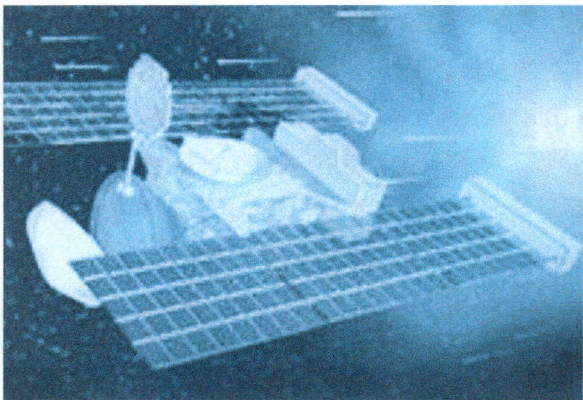

"星尘"号飞越"维尔特"2号彗星

7日发射了"星尘"号探测器。它自重约386千克,大小则与街头上的电话亭相仿,因为要接近彗星,并进行采样工作,所以它的外部装有特殊的防护罩。

"星尘"号的使命是去会见"维尔特"2号彗星,但在飞行途中,于2000年3—5月和2002年7—12月,也捕获到一些星际尘埃。于2002年11月2日它从离第5535号小行星3 300千米的位置为这颗小行星拍摄了近距离照片,当然这只是它的"额外"收获。

"维尔特"2号彗星是一颗较少见的、大致保持着"原汁原味"的古老彗星,它形成于太阳系的边缘区域,一直位于冥王星以外的地方,正因为它很少走到离太阳很近的地方,也就意味着它的表面温度一直处于很低的状态,在它的"冻土层"内,一定保留着46亿年前太阳系刚形成时的原始状态和原始物质,这对于揭开彗星的本质与它的起源、演化都有重要意义。而且极其幸运的是,"维尔特"2号彗星在1974年因受到木星的引力影响,轨道有所改变,可以运行到离我们不太远的地方,使得这次历史性的"会面"变得切实可行。

2004年1月2日,"星尘"号按时与彗星相遇,在它飞越彗星上空时,除了拍摄相应的照片图像外,它还及时打开了收集器,收集到彗核爆发时喷出的气体、尘埃物质,那些被捕获的粒子当时的速度为6 100米/秒,尽管捕获的粒子比砂粒还小得多,但是高速捕获也会改变他们的外形和化学结构或者完全被汽化。所以为了收集时不破坏它们,采取了许多特别的措施。

此后，"星尘"号探测器进行了"转向操作"，美国国家航空航天局考虑把"星尘"本体发射到另外的彗星或者小行星上。在与返回舱分离并完成转向后，返回舱上面还有20千克燃料。在当地时间1月15日凌晨，携带从彗星上取得的尘埃，降落在美国犹他州大盐湖沙漠中，当时返回舱的速度达到12.9千米/秒，也是迄今进入地球大气层最快的人造宇宙飞行器。

"星尘"号收集到的这些物质中含有太阳形成早期喷射到太阳系边缘的高温物质。人们通常认为彗星是在太阳系外围寒冷之处活动的星体，主要由冰、尘埃和气体组成，然而初步的研究结果却大出科学家们的意料。"星尘"号探测任务首席科学家布朗利称："有趣的是，我们从这些来自太阳系最冷的地方的材料中发现了这些高温物质，真是不可思议，我们发现了冰与火。"其中有一种物质叫"橄榄石"，橄榄石在宇宙中到处可见，夏威夷一些海滩的绿沙中也可以找到这种物质。科学家们希望能

撞上地球的彗星可能会把原始生命送上地球

131

够搞清楚这些物质的起源，研究的结果也将为解开彗星起源之谜提供线索。

值得一提的是，"星尘"探测计划是一位65岁的华裔科学家邹哲的杰作，他早在1981年就有这个设想，他提出的这个计划因构思巧妙、费用低廉而备受关注，他本人也成为此研究课题的首席科学家。

它真是"送子观音"吗

彗星是太阳系中数量众多、同时也是人们对其所知最少的天体之一。彗星一直运行在温度极低的宇宙空间，所以一般都是一团冻得严严实实的且看起来很脏的"雪球"。自46亿年前太阳系诞生以来，彗星几乎始终保持着形成当初时的状况。现在已经确认，彗星中除了有水外，还含有众多的含碳物质：一氧化碳、碳氢化合物、碳、氰化氢、甲基氰……

现在很多人猜测，地球上最原始的生命很可能不是自发产生的，而是来自于地球之外的其他地方。一种可能是来自于彗星。根据科学家的研究，生命的力量实际上非常顽强。彗星很容易给原始的生命提供一个庇护的场所。同时，彗星作为一颗运动的天体，也会有很多机会将这种原始的"生命种子"散布到整个宇宙当中。这便是一部分科学家推测彗星带来生命的重要原因之一。

当宇宙中产生了最初的生命物质的时候，它们很有可能藏匿于温暖（相对宇宙空间而言）并且含水丰富的彗核内，并且一直随着彗星在宇宙空间中漂移。当然，这其中，绝大多数也许永远只能够与彗星一起在太空中流浪，无法找到理想的"栖息场所"。但也有一部分彗星有可能与某一颗行星发生碰撞。在碰撞的过程中，有一些生命物质无法承受碰撞巨大的高温而就此消失，但也会有一部分生命物质可能保留下来；如果彗星只是近距离的掠过地球，彗核部分由于高温迅速蒸发，很可能将含有机分子（如氨基酸）的尘埃撒落到地球上，这样也有可能成为原始生命的起源。

现在,科学家们也逐渐找到了一些对此有利的证据。2001年7月29日,在美国举行的一次天文生物会议上,英国天文学家钱德拉·维克拉马辛教授宣称,他们利用高空气球上的冷冻取样器发现并收集到了"地外生命"存在的直接证据——在地球高层大气里的地外细菌。电子显微镜图像显示,它们是像珊瑚虫一样的物质,大小在5到15微米之间。他们认为,这种细菌不可能是来自地球,而是由地外的飞行物所带来的。因此,这些细菌将很有可能作为地外生命存在的一个重要证据。

另外,通过哈勃望远镜对"里尼尔"彗星的长年观测,该彗星在2002年夏天坠入太阳时,抛出了大量像山一样的石块使大量冰蒸发掉,这支持了"彗星曾向原始地球提供了为形成生命所需的水和有机化合物"的理论。据估计,这颗彗星含水33亿千克,如果浇洒在地球上,可形成一个很大的湖泊。据一些卫星资料,美国天文学家路易斯·弗兰克认为,每天就会有大约43 000多个直径10米左右的冰块坠入地球的大气层中,每年至少有2亿吨水,所以只需400万年,彗星送到地球上的水已足以形成今天的江河及两极的冰层了。

英国著名天文学家霍伊耳认为,正如原始地球上的海洋中充满着有机物质,为进行有机化合反应提供条件,彗星一样可以成为生物化学反应的地方。他还进一步推论,在40亿年前,就有这样一颗带着生命种子的彗星,冲进了原始地球的大气层,向着地球还未完美的表面直撞下去,地球上生命的故事,就由此展开了。

当然事物总是一分为二的,有利必有弊,所以彗星既能为地球带来生命,也能威胁地球上现存的生命。霍伊耳大胆假设,一些流行疾病,如感冒、伤风、天花,以及植物、牲畜感染的一些病症,正是由这些"彗星病毒"造成。更有甚者的是,两位英国天文学家认为,让人谈之色变的"艾滋病",也是因为彗星尾巴扫过地球时,与地球的高层大气发生了某种化学反应,再通过雨水把这种病毒带到了地球上……

可 以触摸的星

1768年，欧洲某地发现了三块陨石的消息不胫而走，许多人不惜长途跋涉去一睹风采。消息传到当时的科学中心——巴黎科学院，科学家们却大笑不已。因为不久前，他们刚刚打发走一个来献"天上石头"的农民，认为这不过是想来忽悠奖金的蹩脚骗子。为了制止这种流言蜚语，科学院特地派了几名科学家前往当地考察研究。几天以后，他们得出一致结论"石在地面，没入泥中，电击雷鸣，破土而出，决非天降！"1790年，历史又重演了一次。他们收到了一份包括市长在内的300多人签名的来信，说是在7月24日晚上9时，有一块大石头从天而降。科学院的先生们又嘲笑说"加斯可尼人生来就是吹牛大王，这市长像是个疯子"。他们还通过了一项决议，表示要与这种"迷信思想"作坚决的斗争。著名化学家拉瓦锡在1772年也说"陨石是不可能有的虚构之物，因为天上显然不会有石头"。

壮观的仙女之泪

在中国民间，素有"天上一颗星，地上一个丁"之说，认为世间每一个人都与天上的某颗星相对应。帝王是九五之尊，将相是极品之位，所以相应的都是灿灿大星，而平民百姓则是微弱的不起眼的小星星……

但实际上，我们所见到的从天而降的"星星"，来自天空中的流星，与星空中的恒星无关，同人类的生死更是风马牛不相及。

亚里士多德曾错误地认为，流星只是地球上的某种物质蒸发后形成的，不值得天文学家去研究。正因为受到这些传统观念的束缚，巴黎科学院才会干出这种贻笑大方的蠢事。

人们通常所见的流星是一些"散兵游勇"，它们突然而来，瞬息而逝，一般很难预料。但是，有时天空中却会出现雨点般的流星群。中国古籍《竹书纪年》中就有"帝癸十五年，五夜中星陨如雨"的记载。有人认为这次流星雨是发生在公元前17世纪的一次罕见天象，也是世界上最早的关于流星雨的史料。流星雨的规模有时可以达到令人目瞪口呆的程度。例如，1833年11月13日夜，在美国波士顿地区的居民见到了成千上万颗"星星"像漫天飞雪那样滚滚而来，叫人根本无法计数。据科学家们估计，那一夜落下的流星约有24万颗之多，最高潮时，每一秒钟内就有20多颗从狮子座迸发出来。以至到第二天夜晚，当地许多农民跑出户外，要看看经过昨夜的"星雨"后，天上还剩有几颗星星。

流星雨也曾叫人坐卧不安。11世纪中叶出现在日本上空的一次流星雨，吓坏了日本天皇。他为了平息上天的"盛怒"，慌不迭地颁布了大赦令。1533年俄国的一场流星雨，使莫斯科人看见"许多星星在天上像一条长带子从东方飞到西方"，就像"千百个天使怒射的一条条火箭，也像乌云中降下的倾盆大雨"。直到1933年，葡萄牙的一场流星雨还吓得市民纷纷拥向教堂去忏悔，教堂内一时人满为患。而几乎在同一时刻，苏丹的土著人，则举行了紧张的集会，他们把战鼓擂得震天响，指望以此来吓跑"要把星

西方书载的1833年狮子流星雨的壮观情景

135

2001年的狮子流星雨似乎是从狮子座迸发出来的

星从天上摘下来"的恶魔。

其实流星雨的出现是有规律可循的。每次流星雨几乎都有一个"辐射点",似乎所有流星都从那儿迸发出来,天文学家就以辐射点所在的星座名来命名,如狮子流星群,天龙流星群等。流星雨的规模一般都很小,一小时内出现五六颗或十来颗是最常见的。

流星雨是由流星群而来。流星群在宇宙空间内,本来是默默无闻地绕着太阳运行。只有那些与地球轨道相交的流星群,当它们闯入地球大气层时才可能出现流星雨。辐射点是因为透视的关系造成的。

太阳系内流星群很多。必须指出,流星群本身很是"轻飘",也就是说,尽管流星群内的物质数量是个天文数字,但因极其微小,所以总质量很小(一般只有地球质量的10万亿分之一),稍有"风吹草动",其轨道就会改变,所以它们出现的时间、数目和辐射点的位置都在缓慢地改变着,几百年前或若干年后,有的流星群就消失了(不再与地球轨道相交),如狮子流星群就在逐渐消亡中。而有的流星群则会粉墨登场(原来轨道不相交而变为相交),形成引人瞩目的流星雨。

三八节送来的大礼

1976年3月8日,是三八国际妇女节,下午3时01分,在吉林省吉林市西郊大地上耕作的农民，忽见东方晴朗无云的天空中出现了一个光耀夺目的大火球，伴随着低沉的闷雷轰鸣声向西疾驰而来。当它飞到金珠公社上空时，两声巨响之后，它爆裂成几个小火球，继续呼啸而去，随后又炸裂了

世界上最大的陨星——"吉林"1号陨星，重1 770千克

几次，最后化成万千金石，轰隆隆地撒向大地。据后来考察，落物的范围东西长约72千米，南北宽8.5千米，面积近500平方千米。耳闻目睹这个事件的群众达百万之多。这是迄今目睹者最多的一次陨星雨——吉林陨星雨。

陨星雨与流星雨最大的不同是，流星雨中的物质均在大气中焚化了，而陨星雨却有不少落地的"天外来客"。所以，前者像无声电影，后者则总是伴随着巨大的响声或可怕的雷声。

陨星在进入大气层之前的母体一般相当庞大，落到地面的只是它极小的一部分"残骸"。吉林陨星雨的母体可能是一颗直径上百千米的小行星，中国科学院这次收集到的陨石有100多块，总质量达2 700千克。这也是至今收到陨星最多的一次。其中落于金家岗子附近的"吉林"1号陨石重1 770千克，是世界陨星之冠。据目击者反映，它坠地时，造成了一次小小的"地震"，地面上升起了50米高的蘑菇云状烟柱，还砸出一个直径2米多的坑洞。人们费了九牛二虎之力，钻挖了6米深，才把它"请"上地面。

陨星在大气中陨落时，会因表面温度不均而发生爆裂，所以它

们一般都不大，质量超过1吨的世界上只有两块。除了冠军"吉林"1号陨星外，名列第二的是美国的诺顿－富尔内斯陨星，其质量是1 079千克。

更多的时候，陨星是单个的、孤零零地来到人间的。现在所知的陨星绝大多数都是事后发现的，能见到陨落过程的陨星极为罕见，能找到实物的更少。

到1976年为止，全世界的陨星记录约有3 000次，其中中国有700多次。收藏最多的是英国大不列颠自然历史博物馆（132次），其中有关中国的记录仅11次（现已增加到了50次）。

由于大多数陨星坠落于浩瀚的大海及荒无人烟的大漠之中。也有的是在光天化日落下而不为人注意，因而尤为珍贵。

现在人们发现的陨星数日益增多。2005年12月至2006年3月，中国第22次南极考察时，在格罗夫山地区发现的陨石竟达5 354块，其中还有一块铁质陨星（也称"陨铁"），而最大的质量为3.7千克，更让人欣喜的是，他们还找到了一块来自月亮的"月亮陨星"（目前全世界所知的月亮陨星只有22块），它的质量为0.8克，大小为1厘米×0.8厘米。目前，中国所拥有的陨星数已达9 834块，位列世界第三。

据统计，陨星中92%以上是石质陨星（简称"陨石"）。正因为这样，许多人干脆把陨星都称作陨石。陨石的主要成分是硅酸盐，也有少量的铁镍合金，其平均密度比普通岩石略大一些。由于在陨落过程中经过高温烈火的冶炼和冲击波的压力，因而刚落地的陨石表面常常有一层极薄的黑褐色熔壳层。由于落地后经过日晒雨淋、风刀霜剑的侵蚀，不消几年，就会失去这种独有的特征而难以识别。但是不少陨石表面上常留有许多气印，很像掐上了一个个指甲印。80%以上的陨石断层上，都有极其细微的闪闪发光的小球粒，大小在0.5～2.5毫米之间，其成分主要是橄榄石和辉石，也可能混有若干玻璃质。通过这些，天文学家可以了解到46亿年太阳系形成前星云内的许多状况,所以陨石有重大的科学研究价值。在空间探测以前,它也是人类唯一可以触摸并进行实物分析的天体。

来自大漠深处的"银骆驼"

在陨星中还有相当一部分是铁陨星——陨铁。陨铁常是天然的不锈钢,因为其中除了90%左右的铁外,还有镍(8%~9%)、钴(0.6%)等金属元素。它们的密度在7.5~8.0克/厘米^3,比纯铁略重一些。人们估计,陨铁占所有陨星的5%~6%。

早在4 000多年前,中国已有"帝禹夏氏八年六月,雨金于夏邑"的记载。据考证,这是一次降于今河南颍川县阳翟地区的铁陨星雨。而在河北藁城的一个商代古墓中,考古学家发现了一把铁刃铜钺的兵器,它的铁刃就是用陨铁做的。这表明,中国早在青铜器时代,就懂得利用"天赐"的陨铁了。

现在中国新疆乌鲁木齐市的自治区展览馆后院内,就陈列着一块巨型陨铁,它就是被当地少数民族称之为"银骆驼"的新疆大陨铁。这只从天而降的"银骆驼"究竟是何时来到尘世间的,至今尚未得到确证。但可肯定的是,它静静地躺在青河县银河沟的荒漠中,已有很多年了,因为早在19世纪末,当地就有了

已被妥善保护起来的"银骆驼"

关于它的传说，1917年开始有了文字记录。1965年，人们把它从600千米外的地方弄到乌鲁木齐市。1984年，它终于得到了切实的保护，结束了任人践踏、锯刻的命运。

这只"银骆驼"是一块很大的铁疙瘩，外形是一个不规则的圆锥体，长2.42米，宽1.85米，高约1.37米，总质量约30吨，陨铁中位列世界第三。在它下坠时的前端，有许多经过高温燃烧形成的特有的熔孔，周围有一些不规则的突起，被人锯凿过的地方则裸露出银灰色的光泽，似乎在向人们诉说着曾受到的不公正的待遇……

现知的世间最大的陨铁是在非洲纳米比亚大漠中的"霍巴大陨铁"。它的大小为2.5米×2.5米×2米，像一块规则的大方砖。因为它重60吨左右，又躺在人迹罕至的地方，所以自1920年发现至今还半埋在土中无法挪动。这块陨铁十分坚硬，人们不知磨损了多少刀刃、锯条，花了整整两天时间，才从它身上割下了一小块（2.5千克）进行化验，结果发现其中的镍含量竟高达16%！

陨铁中的亚军是格陵兰的"约角"1号陨铁，质量约33吨。最早知道它的是因纽特人。1897年由旅行家皮里运往美国纽约。皮里是在旅游时发现了这个埋于冰块中的天外来客，他割下了3.1吨，带给了纽约自然历史博物馆，从而得到了重视，后来整体被运到了美国。

1983年在沈阳东郊人烟稀少的森林中，人们发现了陨星中的"巨无霸"，它深埋于地下，只露出了10米高的部分，四周长130米，估计总质量达200万吨，降落时间为19亿年前，倘能得到证实，这无疑是世界的又一大奇观。

第三类陨星是介于陨石与陨铁之间的石铁陨星。从组成来看，这类陨星中硅酸盐和铁镍物质各占一半左右，平均密度在5.5～6克/厘米^{3}之间。石铁陨星比较少见，大约只占整个陨星的2%，收集到的标本更少。以前认为，最大的石铁陨星是阿根廷的埃斯克尔石铁陨星，重约1.5吨。但据中国科学家最近考证，在山东省莒南县坪上镇的大铁牛庙村广场上，耸立着一块罕见的巨型石铁陨星，当地人习惯地称之为"大铁牛"——该村的村名也由此而来。经测定，"大铁牛"长1.4米，最大宽度0.8米，平均高0.3～0.4米，最厚处达0.8米，质量约4吨。经鉴定，其中含铁量为70%，其次是橄榄石、辉石等硅酸盐，此外还含有十多种矿物，其中锥纹石、镍纹石、陨硫铁等是地球上很难找到的物质。科学家们还估计出它的陨落时间大约在1200多年前的唐代。

至今未解的"通古斯"之谜

通古斯爆炸发生于1908年，有人认为它是20世纪六大自然之谜之首，谜底至今仍未能揭开。那年6月30日清晨，一个巨大的火球从印度洋上空越过喜马拉雅山的群峰，以巨大速度向东北方疾驰而过。戈壁滩上的商队被这比太阳还亮的大火球的气势吓得俯伏于地，连连祈祷不已。7时15分，这位可怕的"天外来客"已到达俄国境内贝加尔湖西北约800千米的通古斯地区，随即就在该地区瓦纳瓦尔猎业站西北65千米的原始森林中猛烈爆炸开来。爆炸时间仅0.2秒，在这0.2秒内它居然还飞了将近18千米的路程。

大爆炸的时间虽短，可其威力非常巨大：冲天大火形成的巨大火柱直冲云霄，800千米之外都清晰可见，甚至在相隔万里正值子夜的伦

通古斯爆炸毁掉了大批森林　　**141**

敦，人们都似乎觉得提前破晓了，他们可以在室外的夜光中辨认出报纸上的字句。在坠落处方圆60千米的范围内，顷刻化成了一片焦土。巨大的冲击波几乎绕地球转了两整圈，使得2 000平方千米内的树木几乎全被刮倒，许多参天大树被连根拔起。60千米外的一位农民被击昏倒地，待他苏醒过来时，只觉得"整个世界都在轰隆隆的巨雷声中颤抖不已"。而240千米外的一匹正在犁地的壮马也被它所形成的狂风刮倒在地，木排上的几个工人被抛到河里，600千米范围内所有建筑的门窗都被一下卷走，附近一列火车几乎被颠出了轨道！车上的旅客全部被震颠离了座位，司机只得紧急刹车，以探听究竟发生了什么可怕的事情。

惊心动魄的巨响传到1 000千米之外，几乎全世界所有地震仪都描下了一段不寻常的曲线。幸而那儿是荒无人迹的森林沼泽区，因而没有听到有人伤亡，如果它再迟5个小时沿着同样的轨道砸下来，那么就会酿成有史以来最大的惨祸——整个圣彼得堡将被它从地图上抹去！

人们估计，它的母体至少应有10万吨，理应造成像月球上的环形山那样巨大的陨星坑。而且地球上的陨星坑的确也很多，只是由于长期的风化作用，许多坑已被剥蚀得面目全非难以辨认了。依靠人造卫星，现在发现了数百个大陨星坑，其中，位于苏联西伯利亚东部的波皮伽伊陨星坑，直径达100多千米，坑底现在还深达400米以上。1987年在中国内蒙古的多伦县境内，也发现了一个直径达70多千米的大陨星坑，这相当于从上海到苏州的（直线）距离，目前稳居"亚军"的地位，据研究，它形成于距今1.4亿年之前。而这次的通古斯爆炸事件不同，事后经3次艰苦的考察，在它的爆炸中心并未发现有任何深穴大坑。在距中心3千米的范围内，只找到200来个小洞，最大的直径只有50米。更令人纳闷的是，虽经反复搜寻挖掘，却从未找到过任何陨石或陨铁，甚至连一点残骸都没有见到。

80多年来，科学家们提出了种种假设和推测：有人认为是一个大陨星的碎片被高温汽化,本体则被埋在地底深层;也有的认为是宇宙深处的"反物质"组成的小天体,遇到地球上的正物质便发生"湮灭",同时迸发出惊人的能量;还有的设想是一个小黑洞穿过了地球。20世纪70年代,还有一些人甚至想到了"外星人",认为是"外星人"的飞船失事,船上的核燃料发生的大爆炸……最近人们倾向于通古斯爆炸的母体是彗星或彗核的分裂物。捷克的一位天文学家还作了轨道计算,发现它进入大气前的路径与恩克彗星十分相似。联系到近年来的一些"陨冰"事件,彗星说正在逐渐为人们所接受。

两件大悬案,一个嫌疑犯

1871年10月8日是星期天,美国芝加哥市一片繁华。夜幕降临,华灯齐放,晚上8时30分左右,市内东北角上的一幢房子突然起火了,接到火警的消防队员刚准备出发时,市中心附近的圣巴维尔教堂也发现了火情,接着几部电话铃声大作,报警的电话响个不停,弄得消防人员满头大汗,不知赶往哪儿是好。

两个小时之后,全城几乎已成为一片火海。惊慌失措的人们发疯似的四处乱奔,受惊的马匹横冲直撞,妇女们呼唤孩子,男人寻找妻子,哭叫声,怒骂声,大火燃烧的劈啪声混成一片,事后统计表明,在这场烧了30多个小时的大火中,有1 000多人丧生,还有125 000人无家可归,直接经济损失达2亿多美元。

人们强烈要求追查这场大火的纵火犯或者肇事者,可是谁也说不清火苗的来龙去脉。当时一直在现场扑救的消防队长说:"真怪,那天根本没有风,但在很短时间内大火就烧遍了全城,弄得到处是火。说是某处的母牛碰翻了煤油灯而引起的大火,这简直不可能!从某个房子蔓延开来的火灾决不会烧得那么快,那么大!"一些目击者说"当时整个天空好像都在燃烧,炽热的石头从天而降。"

143

进一步调查还发现了许多怪事：几百个本来已经冲出火海逃到城郊的人居然也没能躲过死神。人们发现几百具尸体倒在路旁，可他们身上并没有被火灼烧的痕迹，死得非常蹊跷。城内河边的一个金属造船台，被烧熔成一大块铁疙瘩，但其周围并没有什么可燃物。市中心的大理石像被烧得变了形，它近旁也没有什么建筑物。后来还发现，那夜的大火不仅在芝加哥肆虐，它周围的威斯康星州和密执安州的森林、草原，也出现过大小不同的火情，范围遍及5个州。这些都是一般火灾极难说明的。

几年之后，一位名叫切姆别林的美国科学家，对于一些大气现象与火灾的关系作了细致深入的研究，他的结论令人吃惊：芝加哥大火的纵火犯竟是天上的陨星！他认为，陨星在高速坠落时表面温度可达几千摄氏度，这么灼热的东西可以让一切可燃物顷刻燃烧起来。那天在芝加哥降落的是一场陨星雨，它们散落的面积很大，碎片所到之处会造成一片火海，即使是不能燃烧的金属、石块，也会被它的高温所毁坏。切姆别林还计算了陨星雨的轨道，他认为其路径与已分裂了的比拉彗星极为相似。

人们联想到1872年海上的"采列斯塔"号帆船之谜：1872年初冬在离葡萄牙1 000千米的大西洋上，漂荡着一条漂亮的、挂着美国星条旗的双桅帆船。《航海日志》摊在船长室的办公桌上，所记的最后那天是11月24日，记录说这天天气晴朗，风平浪静，他们行驶在东亚速尔群岛的海域……室内的箱子没有上锁，箱内珍宝和钱币很多，所有文件也无被翻动的迹象。水手的房间都很整齐，甚至绳上还挂着洗净的衣服；仓库中食品丰富，淡水充足，只是酒气熏人，因为1 400桶酒已经底朝了天。餐厅中桌椅排列齐整，刀叉摆放有序，就像有人马上要来进餐似的。彻底检查后人们发现，除了救生艇外，什么也没少，更无任何搏斗厮打的痕迹，整条船则如中了"邪"一般进入一个奇妙的童话世界。

船员们都到哪儿去了？几十人怎会一起神秘消失？真让人百思

不解。

还是天文学家找到了线索，原来可能也是陨星闯的大祸。而且很可能与芝加哥大火一样都是比拉彗星瓦解后的碎片所致。那年11月27日，欧洲曾出现过一场规模极大的流星雨，而在海上的"采列斯塔"号船长被那大流星雨吓坏了，他怕这些从天而降的火球会引爆充满酒精气味的仓库，急忙下令让水手弃船而逃，可不料救生艇行不多远就被一块大陨星击中……

陨星击中海船的事在1908年也发生过一次。美国一条三桅帆船在夏威夷附近就被从天而降的火球打断了桅杆，击碎了船头并造成了火灾，加上风浪滔天，该船终于沉没，不过这次有少数幸存者，他们获救后向人们诉说了他们亲身经历的可怕往事。

从时间上说，芝加哥大火与"采列斯塔"号帆船奇遇都是在地球经过比拉流星群轨道的期间，由此看来，两件大案可能就是它一手造成的。

2007年3月27日智利的一架客机似可为此作证。当时这架飞往新西兰的客机正在南太平洋万米上空，就在机前约9千米处，有不少燃烧物在急速地坠落，当时飞行员声音颤抖地报告："它所发出的隆隆巨响甚至超过了我们发动机的轰鸣声。"事后许多科学家都认为，罪魁祸首也是陨星雨。

轶闻趣事说不尽

1994年2月1日凌晨，美国国防部的值班官员唤醒了熟睡中的克林顿总统，极其紧张地向他报告在太平洋上空发生了一次神秘的大爆炸。而据美国的6颗间谍卫星的跟踪观测计算，这次爆炸所发出的光可与太阳相比，释放的能量则相当于引爆一颗10万吨级的原子弹，它将坠落于新西兰的托克劳群岛……显然他们生怕这是哪个国家发射的

145

一颗陨星
吵醒了美国
总统

导弹或其他什么新式秘密武器。后来经专门仪器进一步鉴定,才知这原来是一颗原始质量达千吨的陨星。而如若当初有人头脑发热,采取了一些过激措施,那后果也会相当严重。可见它也会成为不安定因素。

大千世界真是无奇不有,中国史籍上就曾记载,明成化十七年七月(1481年8月),山东宫城马长史的庭院中落下过一块"软陨星"。书上形容道:"初坠地时,其光煜煜,而星体腐软,特如粉浆。"还有一次在清道光元年(1821年):"苏属里镇有一星坠蒯惺伯少府家……家人以竿触之,软如绵,至晓光敛,坚凝如石矣。竿触处成一孔,可贯绳索。"

还有几例"臭陨星":公元314年降于山西临汾的一块陨星,史载:"视之则肉,臭闻于平阳。"1189年3月江苏宝应县降下一块"散如火,甚臭腥"的陨星。1856年5月贵州正安县也降下一块陨星,县志上说它"空中鸣如雷,落物如车轮,色如卵,腥不可近"。

有些陨星冲过大气时已经"精疲力竭",19世纪时,有一块陨星"轻轻地"落入一个洗衣盆内,使正在搓洗衣服的妇女吃了一惊。1927年的那次更有喜剧性:一块质量只有几克的小陨星竟落在一个日本女孩衣服的褶皱里! 它的"动作"是那么轻,以致她根本不知道它是什么时候钻进去的。2005年8月13日深夜,江苏镇江的一位严先生出门去上夜班,刚出门就看见天空划过一道明亮的弧线,还见到有东西落在不远处的路上,他急急赶去,在黑暗之中见到了一块烧得通红的石头,并已摔成两截,待稍冷后他捧在手中,发现它只有蚕豆般大小,外表漆黑,但内呈黄色,形状也不规则,看来他也成了少有的"摘星人"。

当然有几起陨星造成了"事故":1684年有一陨星曾砸在俄国一个教堂的圆顶上,但因质量很小,没有造成什么损失;18世纪曾有一德国教堂被陨星击毁的记录;1836年巴西有几只羊遭到了被陨星击毙的厄运;1919年陨星杀死了埃及奈哈拉地区的一条狗;1955年11月30日,美国阿拉巴马州一位中年妇女跑到医院,向医生诉说自己在街上行走时,腰部被天上落下的一个"可恶的东西"擦伤了……可是始终找不到目击者,也没能发现肇事的那颗陨星;1969年澳大利亚有颗陨星打穿了一家农户的屋顶,同时还把地板砸了一个大洞,把人吓了一大跳。

2006年6月7日凌晨2时许,一块巨大的陨星砸在挪威特罗姆斯县的一座山腰上,发出了惊天动地的一声巨响,附近的有关机构记录下了随后引发的地震波。事后算出,这次陨星爆

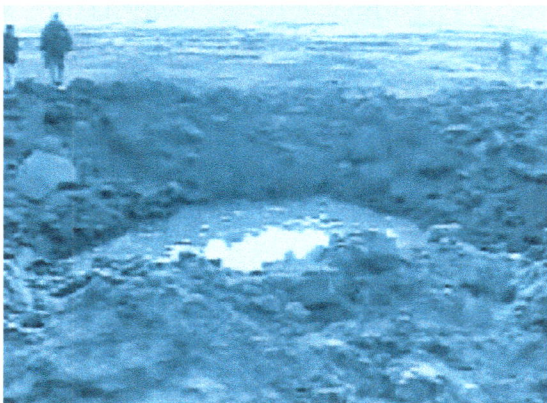

陨星落在秘鲁安第斯山形成的大坑　　**147**

炸所产生的能量堪与当年的广岛原子弹相比，是挪威之最。当地目击的居民说"那声音就像引爆了一个炸药库"。

2007年9月15日秘鲁安第斯山一个人烟稀少的高地上，村民们见到一个巨大的橙色火球坠落而下，随后又听到了爆炸的巨响声，村民们以为是飞机失事了，赶去一看却是一大块陨星，它形成了一个长30米、宽6米、深6米的大坑，其中的水还在沸腾着，坑边的泥土则如烧焦那样。奇特的是，当时村民闻到了一股"奇怪的臭味"，而在返家后，不少人出现了头疼、呕吐、消化不良及全身不适的症状。这是否是陨星所致，谁也说不清楚。

陨星的成分也很有意思，至今在它里面发现了106种矿物质，其中有24种是地球上所没有的"异宝"。有一些陨星中含有钻石。这从科学上说，似乎不值得大惊小怪，但20世纪70年代美国天文学家发现陨星中有大量有机物，就大大出乎人们意料。而且在这些有机物中已发现有氨基酸、卟啉、烷烃等60多种，有人还声称发现了左旋氨基酸。火星陨星中生命之争更使此变得家喻户晓，这一切都使那些主张地球生命来自天外的人十分兴奋。

陨星与生命的关系尚待进一步探索研究，但1952年在瑞典的一个采石场中，人们却发现了一块"陨星化石"：在几亿年前，一只蜗牛正在那儿优哉游哉地爬行，不想大祸从天而降，一块百来克的陨星击中了它，这只倒霉的蜗牛就与这块10厘米大的陨星一起成了世界上独一无二的珍奇的陨星化石。

有时也会"杀人放火"

陨星降落到地球时的速度惊人，具有很强的杀伤力，所以难免有时也会"杀人放火"。

2013年2月15日9时许，在俄罗斯的车里亚宾斯克州，一团非常

耀眼的亮光划过上空,地上汽车的防盗铃声此起彼伏,2分钟后,巨大的爆炸声响彻云霄。据美国国家航空航天局专家估计,这块陨星的直径为17米,重达1万吨!爆炸的威力相当于30颗广岛原子弹。导致3 000座建筑(其中学校和幼儿园300所),1 200多人受伤(重伤2人),直接经济损失为4亿卢布。

中国古代文献中也记载有陨星的一些"劣迹"。从史料看,它"首开杀戒"是在隋大业十一年(615年),当时有块硕大的陨星落入一个军营中,当场就压死了正在酣睡中的十几个兵丁。800多年后,在明弘治三年(1490年)4月4日,在甘肃庆阳地区发生的一次陨星雨,当场被陨星"击死人以万数"。

当然国外也不会幸免。1511年意大利米兰市有一路人走在街上,却被不期而来的一块陨星击中头颅当场毙命;1792年一个法国农民也成为陨星的牺牲品;印度也有两则记录:1825年及1827年,这种自天而降的灾难夺去了两条人命!

1647年,有艘意大利的商船正行驶在太平洋上,一颗并不大的陨星竟使甲板上的两名水手魂归黄泉；1908年2月，美国一条三桅货船"埃克里普斯"号在从澳大利亚的返途中，它夜航行至离夏威夷900千米的海域时，大风骤起，水手们正奋力与狂风搏斗时，一个大火球以迅雷不及掩耳之势袭来，打断了桅杆，不仅使货船起火，还直接击穿了它的船底，使整个船只很快沉没，只有少数几个幸存者在经历了千辛万苦后才回到故土，并向人们讲述了他们的悲惨经历；1930年，希腊的"萨吉塔里乌斯"号货船也遭到同样的不测，一块大陨星击沉了它，船员几乎全部罹难；在第二次世界大战前夕，荷兰的"海洋"号船上的许多水手亲眼目睹一块大陨星在离船只几米处落入大海，虽然船只侥幸，但其掀起的滔天巨浪差点让船只倾翻，而且令人窒息的气体也笼罩了全船，如果不是一阵大风很快驱散了这团有毒气体，真是后果难料。

陨星的高温会引发火灾，上述芝加哥大火就是一例。中国史书上所记的"天火烧"也是不胜枚举：南北朝时期的公元579年，有块"大如斗"的陨铁竟不偏不倚地直落在一个铁匠的熔铁炉中，它自身熔为铁水自不必细说，但由此溅起的大量铁水却烧伤了许多在场者，并使一大片工棚被随之而来的熊熊大火吞噬；明正德七年（1512年），山东峰县的一次陨星雨不但焚毁了"官舍民房逾千间"，还使城外的大片树木"遂成焦土"，第二年丰城发生的陨星雨使得2万多百姓"无家可归"。

同样，国外也有一些类似的记录：1889年，非洲的萨凡纳因陨星引发的一次大火灾，让大批难民居无住所，由此还引发了社会的动荡；1966年9月，美国北部地区的密歇根州、印第安纳州及加拿大的安大略省的许多居民同时看见一颗彗星在空中爆裂，化作万千陨星倾盆而下，并引发了一系列的火灾，幸得救火及时，未造成可怕的后果，事后人们在有关地区也找到了许多陨星的碎片，还认出了新出现的陨星所砸出来的大小坑穴。

不过，我们完全不必为此惊慌不安，毕竟这种"人在家中坐，祸从天上来"的灾难是极为罕见的，有人曾做过计算，其概率比买彩票中大奖的概率还小得多,在每平方千米的土地上,有一颗较大的陨星光顾大约需要8 000年。也正因为这是小概率事件,所以至今世人也从不把它排在"自然灾害"之列。相反,陨星对地球、对人类可谓是"功德无量",有人还认为,它与彗星一样,可能也是为地球送来"原始生命"的大功臣,所以偶尔出格"调皮"一下也无伤大雅。

当它变作商品时

来自太空的陨星具有非凡的科学价值,它是人们研究太阳系历史的"化石",对于地球生命的起源也能提供宝贵的线索,所以它理应受到保护。但让人痛心的是,近年来,中国经常会有一些人盗掘、哄抢陨星,牟取不义之财。例如,1991年,在广西南丹县里湖乡仁广村一个偏僻的山地里,科学家在方圆几十千米内找到了一个陨星群,估计总质量达10吨之多,但消息传出后引来众多不法之徒,当地的农民也私自藏匿,以18元每千克的低廉价格出售,后来经政府堵截、劝阻,才收回了一些成品(最大的一块约3.2吨),但原地的宝贝已被扫荡殆尽。1997年,山东菏泽鄄城降下一场陨星雨,当地居民把价格哄抬到8 000元每千克!一个青年村妇手中2块蚕豆大小的陨星,开口就向记者索要800元。所以尽管天文台已把奖励提高到100～400元每千克,但也没有多少竞争力,他们收到的样品总共不足1千克,只是那次落下陨星的1%～2%。事实上,也的确有人以此暴富,一个已"金盆洗手"者曾向记者夸耀:他曾在2年内捡到70多千克陨星,获利约400万!所以有人呼吁,应当设立"陨星保护法"加以保护。2014年3月9日,韩国也下了一场陨星雨,第二天就发现了一块重达20.9千克的大陨星,其价值估计达几亿韩元。当地已经规定,它不能带出韩国的国门。

不过在西方,人们却把陨星当作天上掉下的"馅饼"。发现者完全可以占为己有。当然也就可以当商品买卖。2004年6月,澳大利亚 **151**

澳大利亚拍卖的"毕耶"陨石

将公开拍卖一块罕见的"毕耶"陨星,它重达11千克,科学家们认为它本是一颗小行星。它的一块重38克的残片已被送到昆士兰博物馆收藏,剩下的部分被拿出来竞拍。其初步定价为10万澳元(当时约合67万人民币)。而且规定,如果买主不是澳大利亚人,则他还不能将此陨星带出澳大利亚国境。因为这颗陨星非常珍贵,被视为澳大利亚的国家财产。该陨星是25年前由一位不知名的农夫在耕田时发现的,由于其外形奇异,这位农夫便将它上交给澳大利亚国家科学与工业研究组织。专家们在经过实验室研究后确认,它是一块在地球上极其罕见的铁陨星,其主要成份是铁和大量的镍。

有趣的是,除了政府拍卖外,世界上还有专卖这种"馅饼"的商人,那就是美国的罗伯特·哈根,此人生于1955年,现在的他有着三重身份:一是加州大学洛杉矶分校的教授(他是靠自学成才的),二是权威的陨星收藏家,三是世界上唯一的陨星商人。在他9岁时,他父亲带他到加拿大旅游,有一天在海滩上哈根见到了一颗大流星,那美丽而神秘的光闪在他脑海中留下了极其深刻的印象,从此他与陨星结下了不解之缘,并开始收集陨星。现在他平均每工作100小时就能找到一颗陨星。加上他常不惜代价到世界各地去收购,终于使哈根成了世界上最大的私人陨星收藏家。最初哈根收集陨星只是出于兴趣,他说:"这些小天体能让我足不出户就可在宇宙间漫游,真是妙不可言。"但后来他发现陨星因为稀有而珍贵,也可以卖上个好价钱。现在专业的陨星市场上,贵的价格每克超过8美元,几乎和黄金价格一样。就算最一般的普通陨星,每千克也在30美元左右。如果是含有稀有金属的陨星,那么价格就难以计量了,如他最昂贵的一块陨星的标价达2.5万美元!目前,哈根的陨星收藏按市场价计算,已经超过3 000万美元,排在世界十大宝藏的第七位。哈根在这行特殊的买卖中既获得了不少天文知识,同时也鼓了腰包。

哈根收集陨星的经历充满惊险、刺激和传奇色彩。为了寻找从天而降的财富,他的足迹遍及地球上除南极以外的所有大陆。在智利、纳米比亚、澳大利亚、墨西哥和埃及,他都有在旷野中九死一生的经历。只要得知什么地方什么时候将会有流星雨出现,他都会及时赶到那里。除了自己寻找陨星,他还向当地人用现金收购。1992年,哈根在阿根廷以重金收购了一块重达37吨的陨星,那是他一生中看到的最大的陨星。但遗憾的是,当他准备把陨星运出海关时,阿根廷政府以"走私罪"的罪名将他逮捕,他们说,这块罕见的陨星归阿根廷国家所有。后来经过斡旋,虽然哈根被释放了,但那块大陨星却被永远留在了阿根廷。

孕育地球生命的星

　　太阳对于我们实在太重要了！如果没有太阳，就决不会有今天的地球，即使有，也是一个沉沦于永恒的黑暗和严寒中的"死球"。今天，如果太阳突然熄灭，那也必将是空前绝后的大劫难。地面上再也不会有和煦的春风，天空里再也没有绚丽的云彩，海洋中再也不会有汹涌的波涛，我们再也见不到昼夜交替、四季轮回。一切植物因没有阳光而枯萎，所有动物则因无果腹的食物而倒毙。放眼看，从风驰电掣的火车、汽车，运转不息的马达、机床，到摧枯拉朽的狂风暴雨，惊心动魄的电闪雷鸣，甚至瓜熟蒂落，莺歌燕舞，其能量也无不来源于太阳。连人们开采的煤炭、石油、天然气，也都是由古代的太阳能转化而来的。正因为如此，古今中外，没有哪个国家、哪个民族不把太阳当作神灵来祀奉的。相传古希腊一位哲学家曾因宣称"太阳只不过是一块燃烧着的大石头"竟被捕入狱，最后被驱逐流放，因为他犯了众怒……

不尽能量哪里来

　　太阳的表面温度约5 500℃，这比炼钢炉内沸腾着的钢水温度大约高3倍。其实太阳的威力，不仅是因为表面温度高，还在于它的体积硕大无朋。平时看起来，太阳和月球差不多大小，但实际上它们的直径相差近400倍。人们所见太阳的那部分称"光球"，其直径达140万千米，相当于从地球到月球打两个来回。以质量计，太阳的质量大约是2 000亿亿亿吨，是地球质量的33万倍，月球质量的2 680万倍。在整个太阳系中，太阳的质量绝对占了大头：99.865%。

　　自古以来，人们在感谢太阳的光和热时，总不免担心太阳会不会有朝一日像火炉那样熄灭？为了弄清这个问题，科学家们一定要设法揭开太阳发光发热的奥秘。

太阳为什么会发光发热？人们最先想到的是火炉，把太阳比作一座极大的火炉。火炉中只要加入燃料就会燃烧，燃烧时当然会放

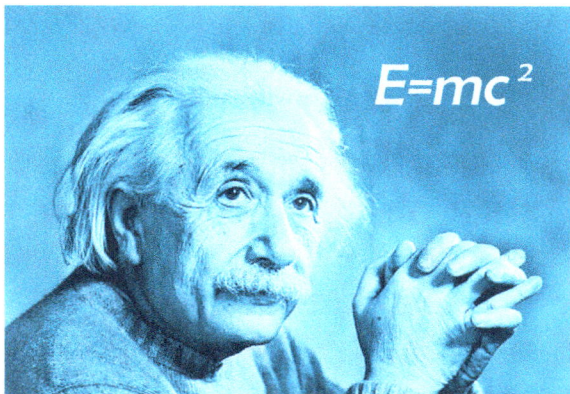

爱因斯坦提出的质能公式为解决太阳能源之谜带来了曙光

出光和热来，炉子越大越旺，热量越多。要发出如太阳那样的能量，每秒钟至少要烧掉几千亿亿吨优质煤。那么，即使太阳全部由这种优质煤组成，又保证有足够的氧让它完全燃烧，那它的寿命也是屈指可数的——最多不超过6 000年！人类诞生至今已有百万年历史了。

后来人们想到了流星。因为流星的速度巨大，动能很高。月面上的累累坑洞，直径几千米、几十千米的环形山，都是大小流星冲撞的结果。一颗质量仅1克（约绿豆般大小）的流星，在以40千米/秒的速度下落时，足以产生200千卡的热量，与燃烧250克优质煤发出的热量相当。可要达到规模如太阳的能量，每秒钟降落于日面的流星需达4.7万亿吨。但这样，太阳的质量约1 000万年就会增加1倍。何况太空中哪有这么多的流星？

还有一些科学家设想出了别的能量来源。例如，通过收缩发光、放射性元素蜕变放热等，可他们最终都过不了数字运算这一道关口。到20世纪30年代，似乎已经到了山穷水尽的地步。

是爱因斯坦的相对论及提出的"质能关系"为解决太阳能源之谜带来了曙光。爱因斯坦指出，质量和能量是可以相互转化的，如在反应中损失的质量为M，则必然得到MC^2的能量（其中C为光速）。1937— **155**

1938 年间，一些科学家提出了恒星（包括太阳）能量来源于氢聚变为氦的热核反应。其方程很复杂，但归根到底可简化为 $4H \rightarrow He$，即 4 个氢原子核（即质子）在高温、高压下会聚合成一个氦原子核。

我们常把这两种物质的相对原子质量分别取为 1 和 4，仔细研究后发现，氢原子核的相对质量不是 1，而是 1.007 3，氦原子核的相对质量也不是 4 而是 4.002 6，由此可知，反应前的相对质量约为 4.029 2，它比反应后的氦原子核相对质量大 0.026 6（更精确的计算值为 0.028 697）。这是一个小得几乎不能再小的值，但奥妙正在这里。正是这么一个极小的质量亏损，变成了巨大的能量。因为反应是大规模进行的，4.03 千克氢聚变后，生成了大约 4 千克氦，而其中有 0.71%（即 28 克）氢"不翼而飞"。根据"质能公式"可知，它们将化作 1 300 万亿焦的巨大能量。由计算可知，在太阳内部，每一秒钟内即有 6 亿吨氢聚合而成为 59 574 万吨氦，另外有大约 426 万吨物质转化成太阳所发出的巨大能量。每秒消耗 6 亿吨氢，当然非同小可，但考虑到太阳的质量是 2 000 亿亿亿吨，其中 90% 是氢，所以足够让它这样烧上 1 000 亿年。当然，由于核反应是在太阳最内部的深层进行的，外面的氢几乎"毫无用处"。但即便是按内部核心处的氢计算，也足以维持 100 亿年。现在太阳的年龄约 47 亿～50 亿岁，至少还可让我们高枕无忧地过上 50 亿年……

中微子去哪儿了

这个太阳能源理论是否十全十美呢？美国科学家决心用实验来证明。因为根据原子核物理的定律，4 个氢聚合成氦的同时，必然产生大量的正电子和中微子。正电子是带正电荷的电子，它与一般的电子碰在一起就会"湮灭"，在太阳表面四五十万千米之下的深层，是否湮灭无从知晓。可中微子就不同了，因为中微子是一种十分奇异又非常神秘的基本粒子，它与质子、电子不同，不带任何电荷，静止质量为零，但它又比光子"厉害"不知多少倍。一张薄薄的黑纸就能把光挡住，但中微子却可以轻而易举地穿越任何"铜墙铁壁"，即使是几光年厚的钢板，它也可以不费吹灰之力轻易穿越而过。中微子又特别"自闭"，几乎没有什么东西可与它"结交"。所以太阳内部区域产生的中微子，应当毫无困难地奔向宇宙各个角落，地球上应当可以捕获到太阳内部聚变反应所产生的中微子。

美国布鲁克海文国家实验室的物理学家戴维斯决心把这些中微子拿来"示众"，以证明太阳能源理论的正确性。在20世纪50年代时，戴维斯在南达科他州一个废金矿——黑山金矿中，安置了一个庞大的"中微子捕获器"。它在地表下1 700米的深处，这样可以排除其他东西的干扰。

"中微子捕获器"装在大罐子中，容积是39万升（起先只有3 900升，1968年后扩建增加了100倍。它相当于一个标准游泳池的1/3）。里面装的是四氯化二碳溶液。因为中微子遇到氯原子时，会合成一个

布鲁克海文国家实验室的"大池子"

157

氩原子,同时放出一个电子。

我们知道,氩-37是一种放射性元素,每过35天会衰变掉一半(称"半衰期")。虽然中微子是看不见,摸不着,但氩-37则可用仪器探测出来。只要数出捕获器内产生了多少个氩-37原子,也就知道了它已捕获了多少个中微子。

用"守株待兔"、"大海捞针"来形容此实验的困难并不为过。因为理论上可以算出,这么大的池子,平均需要81 818秒钟才可能捉到一个微不足道的中微子。一天是86 400秒,即平均要10昼夜才能捉大约11个。

戴维斯满怀希望,可是结果却大大出乎意料——几乎平均5天才能捉到一个中微子。1978年戴维斯公布了他的实验结果,说实际上他所捉到的中微子只有理论上的1/3,还有2/3却不知跑到哪儿去了。

实验深深震撼了科学界,引起了一场激烈的学术争论。物理学家责怪天文学家把太阳内部的情况搞错了,能源不会是氢变氦的核反应,至少不全部是这种反应,所以太阳能量来源的理论要推倒重来;天文学家则反唇相讥,可能是核物理的定律有误,这种核反应或许本身产生不了那么多中微子,也有的对实验本身提出质疑……

这种争论当然不会有什么有益的结果,1980年,科学家们发现自然界中确实有三类中微子:电子中微子、μ中微子和τ中微子,它们还可以互相变来变去,而戴维斯的大池子只能捕获电子中微子,所以数量上只有1/3。也有人提出,中微子的静止质量可能不是零,虽然它可能极小,但这个观点影响深远,因为中微子的静止质量一旦准确测出来,许多宇宙之谜即可迎刃而解。

云开雾散得大奖

为了追寻这些失踪了的中微子,很多国家都行动了起来,有的是建造更大的捕获器,有的则改进了装置,换用更加灵敏的媒介,如纯水、镓等。20世纪90年代初,苏联同美国合作,分别在北高加索和亚平宁山建站,前者用了60吨金属镓,后者把氯化镓溶液埋于2 900米的地下;而日本在1987年建立的神冈地下680吨纯水槽的基础上,1996年又投资100亿日元建造"超神冈捕获器",其直径达39.5米,高41.4米,蓄纯水5万吨! 这真是"八仙过海,各显神通"。

镓捕获中微子后会与其反应生成锗-71及电子,重水与中微子的反应比较复杂,氘与中微子碰撞后会变成2个质子并放出1个电子,而μ中微子和τ中微子却不会与中微子发生作用。

日本物理学家小柴昌俊就利用这5万吨纯水加上1万多个光电倍增管"守株待兔"了,由于这个仪器还可以辨认出所捕获的中微子来自何方,所以非常有效。1990年6月,日本曾公布了观测1 040天的结果,再次证明部分中微子不知去向。但这十来年的努力的确没有白费。他们证实,仪器所捕获的中微子确实是来自太阳,且数量的确是短缺了。

后来人们终于证明,中微子的质量确实不是零,所以太阳所发出的电子中微子在奔向地球的路途中,有可能会有相当部

获诺贝尔奖的美国科学家戴维斯

159

分"变脸",但当时这只是理论猜测。

2002年，国际上17个单位179位科学家组成的一个合作组SNO，他们利用在加拿大的巨型地下重水探测器，成功探测到了来自太阳的μ中微子和τ中微子，而且他们还测出二者的总量大体上是电子中微子的2倍。于是，这个困扰了人们半个多世纪的问题终于得到了完美的解决。

这个项目获得了2002年度的诺贝尔物理学奖（当然该年的物理学奖的另一半是奖给了发现宇宙X射线的贾科尼），不过奇怪的是，获奖的不是成功侦破失踪案的SNO小组，而是颁发给87岁已经患上阿尔茨海默症的戴维斯和日本的小柴昌俊二人。也就是说，奖励了"立案人"，忽视了"破案人"，其中原委我们就不得而知了。

再说，诺贝尔奖自1901年颁发以来，已经过了百年。虽然它只设物理学奖、化学奖、生理学或医学奖、经济学奖、文学奖及和平奖等六项，但天体物理学的巨大成就使它作为物理学部分而频繁地登上领奖台。迄今为止，天文学得奖的项目已多达15项21人。其中汤斯是星际分子的发现者与研究者，虽然他1964年得奖的项目是分子脉塞，不属天文学，但在遴选的过程中，发现星际分子创立分子天文学肯定也是一个重要砝码。

荣获诺贝尔物理学奖的天文学家

姓名	国籍	获奖项目	获奖年份	备注
赫斯	奥	发现宇宙射线	1936	2人分享
汤斯	美	分子脉塞	1964	3人分享
贝特	美（德裔）	提出恒星能源理论	1967	
阿尔文	瑞典	创立宇宙电动力学	1970	2人分享
赖尔	英	发明综合口径射电望远镜	1974	2人分享
休伊什		发现脉冲星		

（续表）

姓名	国籍	获奖项目	获奖年份	备注
彭齐亚斯	美（德裔）	发现宇宙微波背景辐射	1978	3人分享
威尔逊	美			
钱德拉塞卡	美（印度裔）	提出恒星内部结构理论	1983	2人分享
福勒	美	提出恒星内部元素合成理论		
泰勒	美	发现脉冲双星，证实引力波存在	1993	2人分享
赫尔斯				
莱因斯	美	证实中微子存在	1995	2人分享
戴维斯	美	探测宇宙中微子解决其失踪之谜	2002	3人分享
小柴昌俊	日			
贾科尼	美	发现宇宙X射线源		
马瑟	美	发现宇宙微波背景辐射的黑体形式和各向异性	2006	2人分享
斯穆特				
普尔玛特	美	通过观测遥远超新星发现宇宙加速膨胀	2011	得1/2
施密特	澳			得1/4
里斯	美			得1/4

太阳也有发怒时

和煦的阳光哺育了生命，给人类带来了温暖和光明，千百年来，人们对太阳无不敬若神明，总是对它顶礼膜拜，敬畏万分，至今还有不少民族盛行各种拜日之类的礼仪或节日。

然而，平时温和慈祥的太阳，有时也会发脾气，抖威风，一旦变脸，就会让人们大吃苦头。它会使全球的通信系统事故不断，让电讯局手忙脚乱，民众叫苦不迭；许多上天的卫星或者"高空失足"轨道骤然下降，或者是姿态失控，难以正常工作；气象卫星发送的云图传不回来，**161**

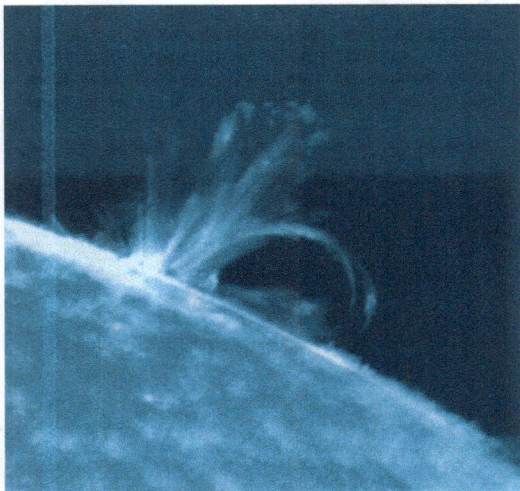

日面边缘上的一次大耀斑

届时发射的卫星则会被弄得"晕头转向"，无法进入预定的轨道；还有一些军用卫星也会一时没有了监视的目标……

如1989年3月，两周之内"太阳神"先后发了195次"脾气"。尤其是10日那天，它盛怒不止（日面上发生了较大的耀斑），但因太阳与地球间有1.5亿千米的距离间隔，因此对地球的影响则在3天后才显现出来，地球的高层大气发生了激烈的振荡，接着由此而生的"磁暴"使得加拿大魁北克的高压电网频频跳闸，美国新泽西州的一家核电厂的变压器严重受损。仅加拿大因此造成的全省性大规模停电就长达4小时，损失高达2万兆瓦，经济损失难以估量。

太阳的爆发天文学上称之为"耀斑"，耀斑的实际范围并不大，一般仅占日面面积的千分之几，持续的时间也不会太长，不过几百秒到几十分钟，可是它所释放出的能量却让人吃惊，一个小小的耀斑可与整个太阳在1秒钟内发出的全部能量相当！

当然因为平时太阳的光芒非常强烈，耀斑也难以用肉眼直接见到，只有个别的、特别厉害的"白光耀斑"或者是正好发生在边缘，人们才能察觉。

耀斑会发出的大量高能粒子，除了扰动地球磁场、影响供电和电讯外，还会使宇宙线的强度陡增好几倍甚至几十倍。在地面上因有大气层的庇护还影响不大,可对于在太空中的宇航员却是性命攸关,飞船或轨道站中的许多科学仪器会因此受损,有的甚至暂时无法正常工作,宇宙线本身对人体也会造成极大的伤害。

统计表明,耀斑有11年的变化周期,而且明显与太阳黑子同步。黑子大而多的"峰年",耀斑会明显增多,爆发的规模也较大;而在黑子少的"谷年",常常整年都没有耀斑出现。

太阳活动的强弱虽然不会对地球上的气候产生直接的影响,但越来越多的资料表明,它会影响全球性的气候变化。早在1801年时威廉·赫歇尔便指出,年降水量与黑子多少有关,后来又有人对几个地区作抽样调查研究,发现年降水量有22年的变化周期——这正是黑子磁极变化的周期。

还有人在古树研究中也发现了太阳活动造成的影响。一些古树剖面的年轮圈疏密明显不匀,而这种疏密分布也有11年的周期变化:在太阳活动的峰年,它们的年轮最稀;反之,在太阳活动的谷年,年轮很密。这表明树木在峰年长得快、谷年长得慢。

近年来,还有人在研究地震活动情况中发现,这两者之间也有复杂的关系。不仅如此,英国一个医疗机构通过对280年的资料分析,发现流行性感冒往往发生在黑子最多的年份。

与一般的想象相反,日面上的黑子多时,它所发出的光和热不仅不会降低,反而会变得更强烈,紫外辐射也会增强不少,再加上地磁的不规则变化,很可能会影响到人类的心血管功能。苏联一位学者指出,在太阳活动较强的日子里,对心血管疾病的患者可能会有致命的危险。中国也有人认为,中风猝发致死最多的年份往往就是太阳活动的峰年。

当然,这种"日地关系"的研究目前还处于"初级阶段",有许多机制人们尚不明了。但有一点是肯定的:太阳一旦发怒,我们还是处处小心为妙。

11年周期是真是假

别以为光芒万丈的太阳是完美无缺的，早在春秋时期中国就有文献记载"日中见斗"、"日中见沫"等记录。从汉朝到明代的近两千年中，确切的太阳黑子记录至少有100多次，这至少比西方早了上千年！现在世界公认的最早的太阳黑子记载是中国《汉书·五行志》中："河平元年（公元前28年）……三月乙未（应是己未之误，公历5月10日），日出黄，有黑气大如钱，居日中央。"

黑子在日面上虽呈暗黑色，但这只是相对于日面光球而言的，因为它温度有4 000℃左右，可见的黑子直径最小也有1 000千米，大的可达40万千米。

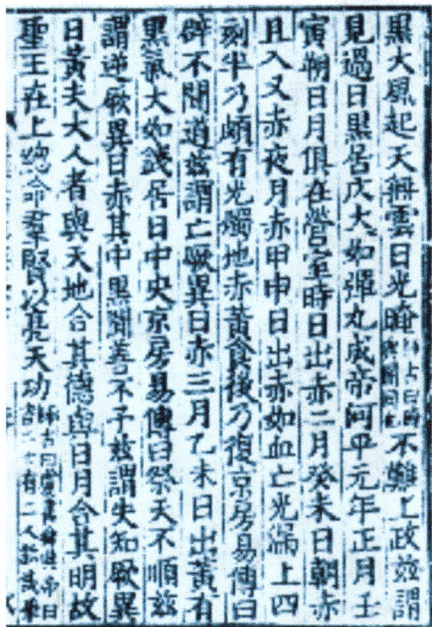

黑子的数目每年各不相同，平均周期约为11.2年，黑子多的年份是太阳活动"极大年"（也称"峰年"），最少的年份当然是"极小年"（也称"谷年"）。

从1610年伽利略用望远镜观测黑子以来，经过几百年无数科学家的反复研究，到19世纪中叶，人们已经确信上述的结论。

但岂料，在1976年美国一位年轻的天文学家埃迪却向这条"金科玉律"提出了挑战。他认为，现在我们所知的11年周期根本不是太阳活动的固有规律，而只是近二三百年才出现的特殊现象。而且早在19世纪，德国就有人发现在1645—1715的70年间，几乎就没有太阳黑子的记录；1894年英国天文学家蒙德旧事重提，认为这70年太阳一直处于活动极小期，蒙德指出，在这70年中，黑子最多时也比现在谷年的还少，有的干脆就全年没有出现黑子！所以蒙德称这70年为"延长极小期"。

现在埃迪则堂而皇之地提出，这70年就是"蒙德极小期"。当然他也列举了其他若干类似证据，如古代资料表明那70年内人们只见到77次极光，而18、19世纪的极光却有几千次；从中国、日本、朝鲜等国的史书中，他确认从公元前28年到1743年，有关黑子的记录为143次（当然那时这些国家还未用望远镜，故这应是那些肉眼所见的大黑子或特大黑子）但在其中的1639—1720年的81年间，却找不到有关的黑子记录，显然这正处于"蒙德极小期"。另外他还对树木生长的年轮、日食时观测到的日冕形状等做了进一步的论证。

埃迪认为，根据近几百年资料所得的太阳活动周期为11年的结论是错误的，天体的历史太长了，这正如你去非洲旅游时，如果在你逗留的几天内，某个原始部落正好在流行疟疾，大批人都是先发热后发冷，你不能由此得出结论说，那儿的土著居民，体温每天都有大幅度的冷热变化。

"蒙德极小期"是否存在？太阳活动的11年周期是近几百年的特例还是规律？至今仍让人扑朔迷离。

太阳的众兄弟

夜幕上闪闪发光的万千星星，因为它亘古不变——彼此的方位永不改变，本身发出的光强永不改变，所以被称为"恒星"，它们才是宇宙中的真正的"主角"。恒星是什么？它们为什么会发光？为什么星光会强弱不一，却又色彩斑斓？正是这些永不满足的好奇心，激发人们深入到恒星世界去，而对恒星的深入研究，推动了整个科学的大发展。正如德国著名哲学家黑格尔所说"一个民族有一些关注星空的人，他们才有希望；一个民族只关心脚下的事情，那是没有未来的。"

难以想象的距离

恒星离人们有多远？这是困扰了人们几千年的难题，也是一些人长期怀疑哥白尼日心说的根源。因为根据视差原理，地球既然在绕太阳运动，那半年以后地球到了轨道上的另一端，两端相距大约3亿千米，按理说，相隔3亿千米的两只"眼睛"看同一颗恒星，方向应当有所不同，即应存在一个夹角（通常把这角的一半简称为"恒星视差"）。为了证实哥白尼地球绕太阳转的理论，天文学家作了不懈的努力。然而几百年下来，人们一直无法测出恒星视差。

为什么3亿千米的基线还无法测出恒星视差呢？现在知道，其原因很简单——恒星离我们实在太遥远了，当时的仪器水平及观测方法对这么小的视差无能为力，但是一旦仪器或观测技术有了突破，问题也就迎刃而解了。

19世纪初，德国光学专家夫琅禾费发明了一种新仪器，使角度测量的精密度达到0.01″。于是，恒星视差的问题也就瓜熟蒂落——三个天文学家通过不同的方法，几乎是在同时，一起攻克了这一科学堡垒，1838年12月德国贝塞耳测得天鹅座61号星的视差为0.51″，1839年2月英国亨德森宣布南门二（半人马座 α 星）的视差为0.91″，1840年俄国斯特鲁维算出织女星的视差为0.26″。

天文学家们很聪明，只要配以适当的单位，恒星距离与视差的关系会变得十分简单：两者互为倒数，而这个单位即是"秒差距"。秒差距之大，

德国光学专家夫琅禾费发明的仪器测出了恒星视差

实在难以想象，打个比方，按通常的比例（1∶15 000 000）画的世界地图有18开书本那样大小，而按同样的比例画1秒差距就有20.6千米！

可能不少人更加偏爱"光年"这个距离单位，似乎它比秒差距更加直观、通俗、容易理解。因为光年就是光在一年时间内走过的距离。不难算得，1光年相当于 9.46×10^{12} 千米，可以粗略地认为是10万亿千米。秒差距便于运算，光年容易理解，所以在恒星世界里，二者并用不悖。其间的关系是：

$$1秒差距＝3.26光年 \qquad 1光年＝0.307秒差距$$

事实上，宇宙中还找不到离太阳（也就是离地球）距离小于1秒差距的恒星，所有的恒星视差都比1″小。如离太阳最近的比邻星，它的视差是0.722″，相当于1.39秒差距或4.22光年，即使乘上每秒30千米的宇宙飞船（这样的速度从南京到上海只要11秒钟），到这个"比邻"去做客，路上昼夜不停，也需要飞4.5万年！要知道在4.5万年前，人类还处于

167

"茹毛饮血"的阶段呢！但从另一个意义上讲，这位"比邻"却又是当之无愧的，因为多数的恒星要比它远千万倍！根据统计，如果以太阳为中心，半径为100秒差距（326光年）作一个大球，球内的恒星不过六七千颗，这仅仅是银河系恒星总数的十亿分之四十七。由此可见空空荡荡的宇宙中，星星十分稀疏，平均每10立方秒差距一颗恒星，或者说在一个长、宽、高都为6.6万亿千米的"大箱子"内，仅有孤零零的1颗恒星。

比太阳更亮50万倍

传说在古代尧帝时，曾有10个太阳同时出现于天空中的可怕情景。一切都在强光的照耀下，地面上再也找不到一个影子。炽烈的阳光使得河流干涸，土地龟裂，寸草不生，人民干渴难熬，衣食无着……天帝看到黎民的苦楚后，便派一个擅长弓箭的天神"后羿"下凡驱赶太阳，后羿决心帮人们脱离苦海，于是便一口气把9个太阳从天空中射了下来，使天庭重新恢复了和谐的秩序。但后羿因此受到天帝的严厉惩罚，再也回不了天庭……

在宇宙中，10倍太阳光算得了什么！在人们肉眼所见的恒星中，就有许许多多比太阳亮十倍百倍以上！幸得地球是在太阳旁边，如果是在绕另一颗更亮的恒星转动，可能至今还是生命的不毛之地呢！

几十千米外的探照灯，肯定没有书桌上的8瓦台灯亮。这就是"视亮度（视星等）"与"真亮度"（称"光度"）的区别。如视亮度只有2等的北极星，其实际的光度却比太阳强5 900倍！显然，恒星发出的能量大小，是由它们的光度（而不是视亮度）决定的。为了比较恒星间的真亮度，必然要求把它们"放"到同样远的距离上。几经斟酌，天文学家决定把标准距离定为10秒差距（32.6光年）。所以真亮度实际是把恒星搬到10秒差距远后所见到的视亮度，也称为"绝对星等"。自然，天文学家只是通过纸和笔来"搬运"恒星的。若视星等用 m 表示，绝对星

等用 M 代表，恒星距离的秒差距数以 r 表示，则它们之间的关系很简单：

$$M = m + 5 - 51g\ r$$

例如，叫人睁不开眼睛的太阳，绝对星等为 +4.87 等；这就是说把太阳搬到 10 秒差距远后，它就沦为一颗很不起眼的 5 等星了。统一运用绝对星等作标准，就可比较恒星光度的大小了。若某颗恒星的绝对星等是 −0.13 等，即比 +4.87 等亮 5 星等，则它发出的光是太阳的 100 倍。通常把绝对星等为 2 等左右的星称作"巨星"，如北斗七（又名"摇光"，即大熊 η），绝对星等为 −1.6。在 −4 等以上的叫"超巨星"，如北极星（−4.6 等），它们的光度都很大。反之，绝对星等的数字较大，光度较低的恒星称为"矮星"，如太阳、牛郎星、织女星等都属矮星之列。

在恒星世界中，最明亮、光度最大的恒星当属天蝎 ζ_1，它的视星等只是 +3.8 等，是颗不明亮的 4 等星，但那完全是因为它离太阳太远的缘故，它的绝对星等是 −9.4 等，所以可以算出光度为太阳的 49 万倍！即使我们的天穹上密密麻麻、一个挨一个地排

LHS2924 所发的光还比不上月亮

169

满了太阳(半个天空也只能放10万个太阳),它们的总光度还只是它的1/5! 1997年,"哈勃"发现在2.5万光年远的银河系中心区旁,有一颗更亮的"手枪星",其光度竟是太阳的千万倍! 其实,这是一颗正在收缩的星体,目前的直径有一二亿千米,它的名字也是因周围还有星云残存,而此星云的形状有些像一把手枪而得名。

恒星的光度天差地别,超巨星和巨星固然让太阳望尘莫及,但太阳在一些暗星面前又可趾高气扬起来。例如,在HD星表(又称"德雷伯星表")中,编号为180617的恒星,其绝对星等为10.31,它的光只有太阳的1/156。1984年人们发现了一颗绝对星等为+20等的LHS2924,它离我们28光年,并不太远,是目前人类所知最暗的恒星。如果我们太阳有朝一日变得如此昏暗的话,那白天将比中秋之夜还暗60%,而夜间的月亮则会暗得无法看见,届时地球上的生命势必无法生存了。

星空中的"大人国"与"小人国"

巨人和侏儒是人们最津津乐道的话题之一,不少民族都留下了一些美丽动听的故事。据基督教的传说,侍奉耶稣进餐,后来耶稣被钉在十字架上后又用以接盛他鲜血的"格拉尔神钵",就是由一个侏儒日夜守卫的。而英国作家斯威夫特的名著《格列佛游记》中大人国和小人国的故事,更是脍炙人口。类似的故事在中国古籍中也屡见不鲜,著名的《聊斋志异》中也

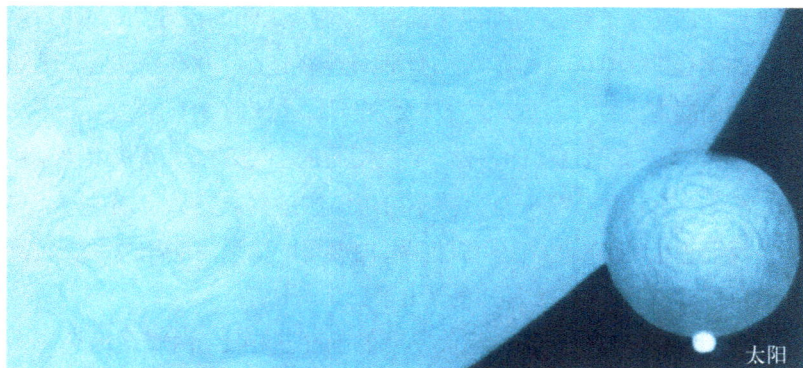

太阳

有一则"小官人"。当然这一切都是作者凭借丰富的艺术想象力来抨击当时社会的黑暗。不过在浩瀚的宇宙中，确确实实有魁梧无比的"巨人"及比侏儒还矮小的"小人"。

恒星中的巨人是明亮的巨星、超巨星。它们之所以比太阳明亮千百倍，主要也是因为它们庞大的"身躯"。恒星的大小最早是由美国天文学家皮斯于1920年首先测出的：猎户座 α 星、天蝎座 α 星的半径分别为太阳的460倍和160倍。巨星、超巨星的确是名不虚传的"大人国"公民，巨星的半径常是太阳的几十、几百倍，而超巨星则更大。例如，皮斯当年测定的天蝎座 α 星，后来证实其半径为太阳半径的600倍，相当于4.2亿千米。比此更大的还有HR237，它的半径为太阳半径的1 800倍，如果太阳也那么大，不要说地球，连木星也在它的大肚子里呢！这是否是"世界之最"尚很难说。因为在御夫座内有一颗 ε 星（中名"柱一"），它距我们约2 000光年，视星等只有3等，有人认为它是由两颗超巨星组成的，其中伴星比主星还大，半径为2 000～3 000太阳半径！当然，这个结果现在还有争议，如果以3 000太阳半径计算，那么它的半径是21亿千米，为地球到太阳距离的14倍！

恒星中的"小人国"是各类矮星（不包括如太阳、牛郎星那样的正常矮星）。最早知道的"小人国"公民即是温度很高的天狼伴星，它属

171

白矮星。白矮星的半径与类地行星相当,约为太阳的百分之几,如天狼伴星的半径即为0.007太阳半径,比地球半径还小1 000多千米。已知最小的白矮星大约只有地球的1/7大,连月球也比它大1倍呢!

白矮星还有很奇怪的特性,半径相同的白矮星质量严格相等,就像大机器生产出的钢球一样。更不可思议的是,白矮星的质量越大,其半径反而越小,所以理论上可以证明,白矮星的质量不能超过太阳质量的1.44倍,因这时它的半径只能为0了!

然而如果与20世纪60年代发现的脉冲星相比,白矮星仍是一个庞然大物,因为脉冲星的半径仅为10千米左右——与一个城市相当。恒星的大小相差如此悬殊,这反映了物质世界丰富多彩的特性。研究知道,恒星的身材不一,都是其"年龄"造成的。像太阳那类比较正常、匀称的是处于"黄金时代"的星,过了这段时间后,它就会"发胖",变成大腹便便的巨星或超巨星,再经过复杂的变化和漫长的岁月,最后变成白矮星或脉冲星。这种小得出奇的恒星,都是暮年的标志,是恒星一生中的最后一个环节。

哈雷的又一大发现

人们常说:"恒星是遥远的太阳,太阳是最近的恒星。"二者并无本质的区别。

哈雷是英国著名天文学家,也是牛顿的挚友,让他名垂史册的当然是他对彗星所做的开拓性研究,他发现和证实了哈雷彗星是绕太阳转动的天体。其实他还有一项重要贡献,就是他在圣赫勒拿岛(拿破仑最后的放逐与去世地)上的观测,编出了南天的星表,获得了"南天第谷"的美誉。

经过几年的悉心研究,哈雷又做出了伟大的发现: 恒星不恒!

它们都在浩瀚的宇宙中快速地运动着,方向也各不相同。他发现，年代越是久远，恒星的位置变化越大，显然这是一种与视线相垂直的"横向运动"（切向）造成的结果，他把它取名为"自行"。自行的大小由两个因素决定：一是它们的切向运动本身的速度大小；二是它与我们的距离远近。一架在高空飞行的飞机，飞机的速度可达每小时几百、上千千米，但在人的眼中，它有时还不及近处小鸟移动的快。前者是正比关系，而后者却是反比关系，也就是说，恒星切向运动的速度越快，它离我们越近，它的自行也就越大。但因为恒星都极为遥远，所以它的自行一般都很微小——通常都小于0.1″/年。没有精确的测量，一般是极难发现得了的。

当然测定恒星的自行委实不易，常常要把照相底片与100年（至少50年）前的同样星区的照片进行仔细地核对，而百年前的照片是不多的，因为照相术用于天文观测只有160多年的历史。所以虽然十分努力，天文学家现在手头上也只有40多万颗恒星的照片资料。与浩瀚宇宙中的几千亿颗星相比，这真只能说是"九牛一毛"了。但这似乎也是到了极限，因为未测到的恒星都是极其遥远的星，自行之小已超出了仪器的能力范围。

在已知自行的40万恒星中，仅有400颗的自行在1″/年左右，即占0.1%。当然也有凤毛麟角者，如位于蛇夫座中的巴纳德星，它的自行值竟达到了10.31″/年！这也是一颗离我们第4近

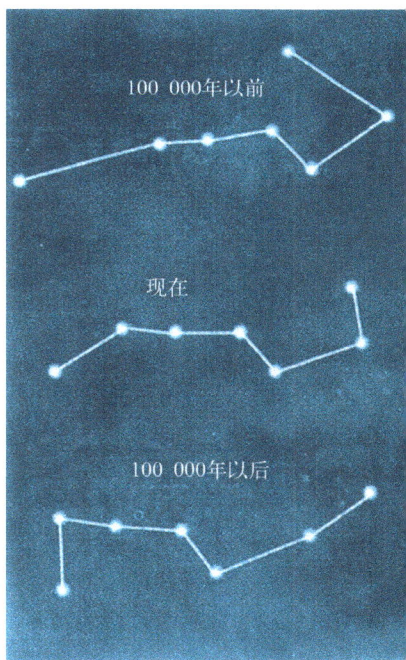

100 000年以前

现在

100 000年以后

10万年前（上）与10万年后（下）与今天所见（中）的北斗七星形状大为不同

的恒星（不到6光年），正是因为它"近水楼台"，所以才能使它鹤立鸡群。南天绘架座内的卡普坦星，其自行是8.8″/年，仅次于巴纳德星，而它离我们只有12.7光年。

人生苦短，几十年中恒星的自行一般可不予考虑，所以恒星还是恒星，但日积月累，以天体寿命计，这种影响非同小可。以我们熟悉的北斗七星为例，它在10万年之前及10万年以后，那就"判若二人"了。由此可知，我们所见的星座实际上是人为的"拉郎配"，同一星座中的恒星大多彼此并无关联，且常常"各奔前程"。

让民警啼笑皆非的玩笑

相传在上世纪50年代，苏联物理学家乌德，有次为了急于赶去参加一个重要的学术会议，把车子开得飞快……突然前面出现了红灯。乌德赶快刹车，可已超越了停车线。于是一位交通民警走了过来，准备课以罚款。乌德也是个幽默大师，忽然灵机一动，他向民警讲解了一种物理现象——多普勒效应。根据这个效应的原理可以知道：在汽车开得很快时，红灯在司机眼里并不是红灯，而是绿灯。他还要民警同志"尊重科学"……科学家滔滔不绝的雄辩，把这个青年民警弄得啼笑皆非。

奥地利物理学家发现的多普勒效应是一种司空见惯的现象。你一定会有这样的体会，疾驰而来的火车或汽车，它的叫声十分尖锐刺耳（频率高），而一旦驶过身旁，马上"降八度"，高音变为低音，而且车子速度越快，这种变化越为明显。当声源与观测者相对不动时，每秒钟到达观测者耳朵中的声波个数就是声源声音的频率；但在声源（如火车）接近观测者时，则传来的声波速度是正常声速加车速。因此，同样一秒钟内，他听到的声波个数比声源声音的频率高（或者说波长变短）；反之，声源离去时，声波速度是正常声速减车速，所以听起来频率变低。

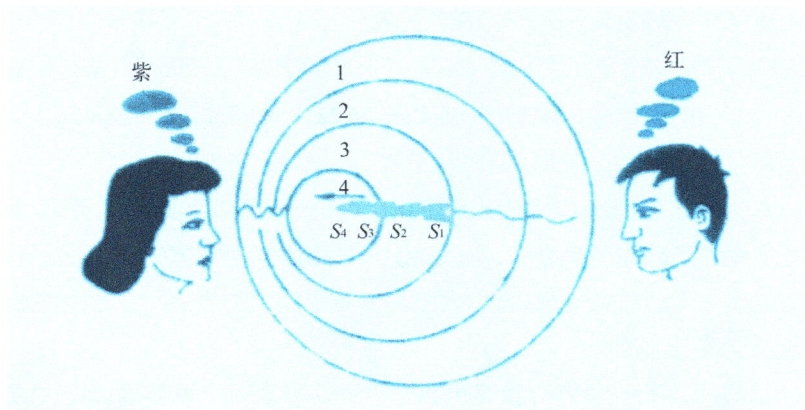

物体接近时
波长变短
（左），离开
时波长变长
（右）

光也是一种波，乌德抓住这一点大做文章纯粹是开玩笑。实际上，如果那个民警懂得科学，他可以算出真要使红灯看成绿灯，那他的车速应快到37 500千米/秒，远远超过了宇宙速度，车早就飞出地球了。但天文学家却用这一原理测定了1万多颗恒星的视向速度。恒星在空间的运动（称为"本动"）完全是"随心所欲"的，速度大小与方向都是随机的。但是为了研究方便，天文学家总把它分成两部分：一个分量是垂直于视线方向的切向速度，表现为恒星的"自行"；另一个分量是同视线并行的、即会引起多普勒效应的视向速度。并约定，凡在向太阳靠近，视向速度取为负值，它会引起光谱蓝移（或称"紫移"，谱线波长变短），而那些离开太阳的恒星，视向速度取为正值，它表现为光谱红移（谱线波长变长）。有趣的是，现知红移的恒星与蓝移的恒星几乎旗鼓相当，各占50%。

实测资料表明，绝大多数恒星的视向速度在每秒正负几千米到正负几十千米之间，例如，牛郎星的视向速度是−26千米/秒，就是说，它正以26千米/秒的速度向太阳靠拢，而南天亮星老人星则是+21千米/秒，即以21千米/秒的速度飞离太阳。但也有不少星的速度在100千米/秒以上的，例如，自行最大的巴纳德星，现在正以108千米/秒的巨

175

大速度向太阳驶来，一千多万年后，它将变为新的"比邻星"。向太阳靠近得最快的恒星是武仙座VX星，它的视向速度为−405千米/秒。在离开太阳的恒星中，速度冠军是CD−29°2277星，它的视向速度达543千米/秒，比一般的飞机还要快几千倍！

但不要忘记，运动都是相对的，自行也好，视向速度也好，都是相对于太阳而言的运动速度，也就是说是把太阳当作宇宙中一个静止不动的基准而测出来的。然而，太阳是恒星中的"普通一兵"，它也在浩瀚的宇宙中运动着。

因此，问题很棘手，恒星的真正运动速度要从观测到的速度去减掉太阳的运动。但太阳的运动速度却又有赖于找到实际速度最小的恒星（因为没有不动的恒星），这成了一个恶性循环，几乎有些类似于"先有鸡还是先有蛋"那样的问题了。

"天无绝人之路"，天文学家们还是千方百计测出了太阳的本动为19.5千米/秒，方向大致是朝着武仙座与天琴座的毗邻处。太阳除了本动外，还在绕银河系中心转动，这个速度达250千米/秒。因此，那些测出速度很大的恒星或许实际速度并不快，而那些速度看来平常的星或许正与太阳"同步"，是宇宙中的"特快列车"呢！

光能告诉我们什么

英国伦敦郊外有一座著名的布莱克弗赖尔大桥，原先它是浑然一体的乌黑色，那时每年总有不少厌世者跑到桥上投河。后来根据科学家的建议把桥漆成了浅蓝色，果然此后桥上的自杀事件骤然降到原来的一半。

色彩对人类有复杂的影响，尽管许多机理人们至今还不了解，但不可否认，有时它能产生意想不到的神奇效果。正是世界上姹紫嫣红、五彩缤纷的色彩，才使人类的生活变得尤为丰富多彩。

恒星光不仅有强有弱,也有不同的色彩:天蝎座 α 星、猎户座 α 星色红如火,牧夫座 α 星、金牛座 α 星的光色橙红可爱,织女星、天狼星又湛蓝如海……不同的颜色完全是因为光的作用。欧洲有句谚语"黑暗中的猫全是灰色的",就是这个道理。早在1666年,牛顿就用三棱镜把太阳光分解成彩虹般的七色。恒星光与太阳光一样,是由不同颜色(即不同波长)的光合成的。与画家调色一样,不同成分的波长可配出各种各样的色彩。例如,颜色较红的恒星所发出的光中,其他波段的光都很弱,唯有波长为760～650纳米(1纳米＝10埃＝ 10^{-6} 毫米)的光最强。根据实验测定,各种颜色所对应的波长如下表:

不同颜色光对应的波长

颜色	红	橙	黄	绿	青	蓝	紫
波长 (纳米)	760～ 650	650～ 600	600～ 570	570～ 500	500～ 450	450～ 430	430～ 402

177

　　如果把一块铁投入火炉，开始时它会微微变红、变黄，随着温度的升高，它又会变白……可见颜色与温度密切关联，反过来，恒星光的颜色可当作一支很好的"温度计"。用它天文学家得到了几十万颗恒星的表面温度。结果表明，它们相差极为悬殊。太阳仍居中游。温度最高的是蓝色恒星，例如，猎户座τ（中名伐三）的表面温度可达4万摄氏度以上，这比白炽灯中的钨丝的温度还高10多倍！

　　然而在白矮星面前，蓝星也只是小巫见大巫而已。1979年，一颗"国际紫外探测者"的人造卫星，在天坛座中发现一颗8.7等的黄星HD149499，绕它转的伴星却是个热得可怕的白矮星。据测定，该伴星的表面温度是8.5万摄氏度！但这个纪录没能保持多久，有人发现了位于大熊星座内表面温度为10万摄氏度的白矮星。1986年，美国亚利桑那大学的两位天文学家宣称，发现了迄今所知的最热的星KL–16。这颗正在收缩中的白矮星质量是太阳质量的60%，它在剧烈地颤抖着，估计寿命只有1万年左右。其表面的温度达16.7万摄氏度！倘若我们的太阳也热到这种程度，那地球表面的温度将达2 700多摄氏度，整个地球早已熔化沸腾了！

　　另一方面，宇宙中也有不少比太阳"冷"的恒星，例如，一颗有名的变星——蒭藁增二（鲸鱼座o星），其表面温度"只有"2 000℃。目前所知表面温度最低的恒星是1 500℃的天鹅座χ星。当然还有一些濒临死亡的星星，失去了核能来源后也会像燃料烧完了的炉子，由白变黄、变红，最后熄灭——在宇宙空间中将冷到绝对零度附近。

三个女人一台戏

　　恒星是那么遥远，连光也要走上千百年，因而不少人认为要揭示恒星奥秘比登天还难。1825年法国著名哲学家孔德有句名言："恒星的化学组成是人类绝不可能得到的知识。"直到1860年，法国天文学家弗拉马里翁还悲观地以为,连行星世界上的温度数据也是人们"永远不可能得到的"。

但后来,天文学家终于用"照相术"和"分光术"逐步揭开了恒星的奥秘。1857年,天文学家利用刚问世不久的照相技术,第一次拍到了一些恒星的照片,使人们开始可以从容地进行客观的比较和研究。在此以前,还有人发现分解的太阳光带(称"光谱")中有众多强弱不一的暗线(称"夫琅禾费谱线")。1859年,德国物理学家基尔霍夫通过长期研究,终于弄清了光谱的秘密,发表了著名的基尔霍夫辐射定律。据此,人们可以从恒星光谱中有哪些波长的谱线,来确定该恒星上含有什么元素,而从谱线的强弱、粗细、有无位移等,则可得到有关恒星的各种物理参数和各种元素的含量比例。这样一来,人们就能解释光谱这本"无字天书"了。也有的天文学家把恒星光谱看作是恒星的"指纹",凭借它就可识别恒星的种类和归属。

哈佛大学天文台对恒星资料进行了深入的研究,并且创造了著名的"哈佛分类法"。用这种分类方法,可以把恒星像动、植物那样进行分类研究,至今仍有重要的意义。

哈佛分类法把恒星光谱分为10大类别:O、B、A、F、G、K、M、R、N、S,其中前7类就排成了一个"主星序":

$$O–B–A–F–G–K–M$$

它们恰是温度由高到低的顺序。

恒星光谱可以给人们提供有关天体的诸多信息,所以天文学家的主要任务之一就是研究恒星的这种独特的"指纹"。为了仔细比较,又把每一谱型细分为10个次型,以0,1,2……9表示,如B3,A7,G2,F0……实际上09与B0间的差别也很小。

这个序列很是重要,值得记住,于是欧美国家则用了一句:

"Oh, Be A Fair Girl, Kiss Me!"("好一个仙女,请吻我吧!")

179

来帮助记忆,句中每个词的头一个字母正好组成光谱序。

实际上,哈佛分类法的问世,其中有3位女性值得人们永远纪念,一是HD星表编制者德雷伯的遗孀帕尔默女士,是她捐助的大笔资金,才使有关的研究工作得以顺利进行;第二位是默默无闻、埋头工作的弗莱明夫人,是她对大量的观测资料进行了系统的整理;第三位是双耳失聪的坎农小姐,她几十年如一日,全身心投入工作,终身未婚,终于最先提出了哈佛分类法。由此可见,是这三个女人合作,唱出了一台科学好戏。

言归正传。这种哈佛分类序列有什么含义呢?它是温度由高向低变化的一条链条。最初,人们不知道恒星发光的原因,以为恒星就是一个个宇宙中的大火炉。不加燃料进去,随着时间的推移,温度必然越来越低,所以当时人们几乎毫不怀疑O型是最年轻的星,慢慢变为温度稍低的B型、A型……直至最后的M型。这样,就把O、B、A型光谱的星称为"早型星",F、G型称"中型星",K、M为"晚型星"。

但想象不能代替科学,尽管看来似乎很"合理"。现在知道,光谱型的早晚与恒星年龄并无关联。不过早型、中型、晚型这些名词作为历史陈迹仍保留到今天。

金钥匙——赫罗图

20世纪初,人们在哈佛分类法的基础上进行不懈的探求,捷足先登的是丹麦天文学家赫茨普龙。他研究了那些谱型相近的恒星的其他参数,尤其是自行值。从统计上来讲,如果自行较小,说明这一类恒星离我们较远,那么它们的实际光度就一定较大。例如,同样两组5等星,甲组的自行大,乙组的自行小,那么完全有把握地说,乙组星实际要比甲组星亮得多(绝对星等的数字小),由此,赫茨普龙得到了一个重要的结论:即使同一光谱型的恒星,光度可能有很大不同。1908年7月,

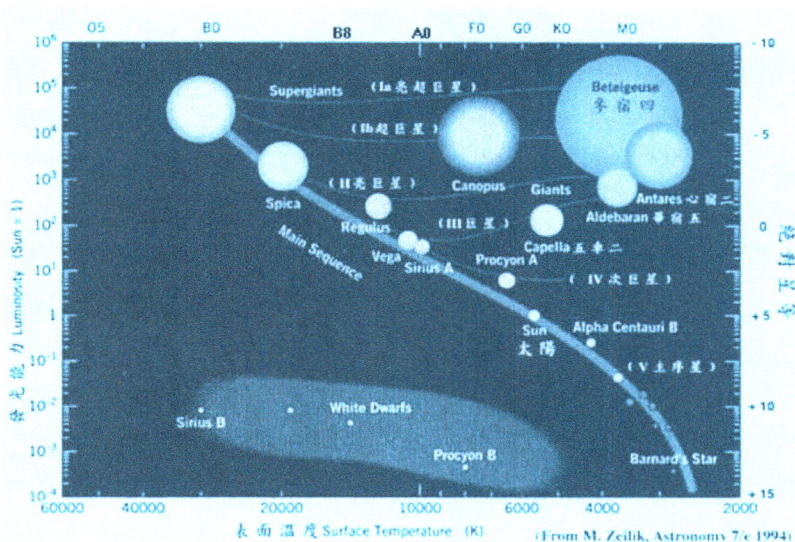

他给皮克林写了一封信，认为把恒星按光谱分类就像"植物学中按颜色和大小对花进行分类"这是很不科学的，因为同一类光谱中的恒星有巨星与矮星之分。

科学史上有不少佳话和巧合。在大洋彼岸也有人在研究这个问题。美国天文学家罗素正从另一个方向攀登这座科学高峰。罗素着眼的是恒星的视差（即"距离"），他测定了大量恒星的视星等和视差，由此来求它们的绝对星等，很快他得到了与赫茨普龙类似的结论：恒星有高光度的巨星及低光度的矮星两类。1913—1914年罗素为了说明这个问题，就画了一张图。这张图以恒星的光谱型为横坐标，绝对星等为纵坐标，把恒星一一点在图上（一颗恒星在图上是一个点）。这张图使人一目了然地看出恒星有两个"群落"。因为赫茨普龙和罗素是在互不知晓对方的情况下，各自独立发表的研究成果，故后人把这种图统称为"赫罗图"。

这好比"鱼和鱼中之鲸"有区别一样。他把那些光度大的恒星称 **181**

为"巨星",光度小的称为"矮星"。赫茨普龙还发现,宇宙中巨星的数量要比矮星少得多。

恒星的光谱型与温度是一一对应的,恒星的温度决定了星光的颜色,而光度与绝对星等又是几乎可画等号的两个量,所以赫罗图的名字可以任意搭配地叫"光谱—光度图"、"颜色—星等图"、"温度—光度图"……后来,天文学家把更多的恒星点到图上,这时可发现更多的恒星"群落",它们分布在几个区域内,天文学上把这些群落或区域称为"星序"。最密集的是一条从左上角到右下角的对角线。可以说,80% ~ 90%的恒星都在这一条稍稍被扭曲的对角线及其邻近区域上,故称这个群落为主星序。凡是坐落于主星序中的恒星都称为主序星(也称"矮星"),例如,太阳、牛郎、织女等都属于主序星。

在主星序的右上方有两条大致呈水平方向的序列——巨星序和超巨星序,坐落于巨星序的恒星如北极星(小熊座α星)、大角(牧夫座α星)等都称为"巨星",坐落于超巨星序的,有心宿二(天蝎座α星)、仙王座VV为著名的代表。在主序的右下方则还有白矮星序,如天狼伴星、武仙DQ等。

赫罗图在恒星研究中十分重要。在天文学中,如果不知道赫罗图,简直就像法国人不知拿破仑、美国人不知华盛顿那样可笑。

恒星在赫罗图上的位置一旦确定,天文学家立即可为它画像,因为其温度、光谱型、大致质量值、光度强弱都可八九不离十地估算出来。对于一群星,利用赫罗图可以很容易地求出它们的距离。更重要的是赫罗图揭示了恒星演化的规律。到20世纪50年代末,天文学家已可在赫罗图上大致描绘出恒星一生所走的路径。

臆想出来的星群组合

著名哲学家康德有句名言：“世界上只有两样东西能够深深地震撼人们的心灵，一样是我们心中崇高的道德准则；另一样就是我们头顶上灿烂的星空。”的确，每当红日西沉、霞光褪尽后，黑黝黝的球形天幕上慢慢地闪出晶莹剔透的星星。这些“宇宙之花”疏密有序，明暗交错，使夜空充满了神秘的色彩。是的，它确实蕴藏着无数的科学之谜，包含着深邃的哲理。千百年来，古今中外多少人为之如痴似醉，与它结下了不解之缘。

天上星星数得清

建城已有两千五百多年的古城苏州素有“东方威尼斯”之美称。唐代大诗人白居易当年曾写下“绿浪东西南北水，红栏三百九十桥”的佳句。在这大大小小、千姿百态的众多石桥中，最绮丽动人的当推葑门外那座53孔、全长约316米的宝带桥。它犹如一道长虹，横亘在澹台湖与古运河的涟漪碧波上。清代乾隆年间，英国人贝劳在《中国旅行记》中称赞它为“世间不可多见之长桥”。书中还说到“一瑞士仆人，偶至舱面，见此不可思议之建筑物，即凝神数其环洞之数，后以数之再三，不能数清”。

由此可见，对于较大数目的物件计数，需要分外仔细，稍一疏忽便会出差错。

恒星常被人们称作“宇宙之花”。倘若现在有人问你，天上有多少朵“花”？你一定会回答：“没有数过。”能否请君点一下呢？你可能会摇摇头。天上的星星密密麻麻，似乎不可计数，所以有首儿歌唱道：“天上星,亮晶晶,数来数去数不清……"

然而说来令人难以置信,若以肉眼可以看得见的星星而言,总共不会超过7 000颗。而且由于站在地球上的人们,至多只能见到头顶上的半个天空,所以通常所见的星不过3 500颗左右。可见凭感觉、靠经验有时是会误事的。

谁都知道,天上星星有暗有亮。早在两千多年前,天文学家就依亮度把星星排了队,把那些最亮的称为"1等星",稍暗些的为"2等星"、"3等星"……而肉眼勉强可见的暗星则为"6等星"。后来通过实际的测光发现,星等的数字每小1,亮度便增加到2.512倍,或者说1等星的亮度是6等星的100倍。

恒星亮度有了等级,全天的恒星数可以按星等统计,给计数带来了方便。天文学家早已做过详细观测:1等(包括比1等更亮的0等,−1等)星为20颗;2等星46颗;3—6等星依次为134、458、1 476及4 840颗,总数为6 974颗,即使加上水星、金星、火星、木星、土星等行星和太阳,也仅为6 980颗。

当然这只限于肉眼可见的星星,并不是天上实际的星数。宇宙中的恒星的实际数目的确是一个庞大的天文数字。这只要用望远镜看一下就可明白。望远镜中的星星比肉眼所见会有成倍的增加,而且所用的望远镜越大,能见的星星越多。例如,一架不大的双筒望远镜可见到7 ~ 8等星,用南京天文仪器厂制造的120(镜头直径120毫米)望远镜可见到14等星。而若用美国帕洛玛山上的5米大望远镜,用肉眼可以看到21等星,即将近有20亿颗。用照相则可摄到24.5等星,那数字就更可观了。

5米望远镜所能见的20亿颗星星还只是沧海一粟。茫茫宇宙中的恒星实质上确乎难以计数。仅太阳所在的银河系中,一般估计包含有约二三千亿颗恒星,而人类靠现在的观测手段已观测到了几千亿个这样的"银河系"。谁都知道,"现在观测到"的远不是宇宙的全部。因而,从这个意义上来讲,宇宙中的星星确是无法统计了。

凭想象凑成的星座

天文学是高深而典雅的科学,古代不少大学者无不通晓天文学,至今还有人以谈论天文为时髦。在封建社会,一些不学无术的达官贵人和纨绔子弟,为了附庸风雅,也常把天文故事当作酒余饭后的谈话资料。沙皇时代就有这样一个贵族,曾专门写信到著名的普尔科沃天文台,自作诙谐地说:"你们大约没有忘记每天晚上去给'大熊'喂食吧……"

天上真有大熊吗?真是说来话长。现在的青少年,不是在台灯下苦做作业,就是坐在沙发上看电视打游戏,可能对满天闪烁的星星茫然无知,似乎星空与现代的生产和生活已没有什么直接联系了。但你可想到过,在人类茹毛饮血的蒙昧时代,日月星辰是"最先进"的常用仪器。它可以告诉人们季节时令,可以为人类指点方向。因此,早在文字发明之前,我们的祖先很早就与星空频频打交道了。古代,不同地区、不同民族都充分发挥了丰富的想象力,按照自己的意愿,把满天繁星划分成一个个区域,构思出一个个图案,并给取上了各种名字。中国封建社会持续了两千多年,所以天庭也俨然是个等级森严的封建仙家皇朝。在全天的三垣二十八宿中,从天帝、太子到诸侯、少宰、次相、将军,应有尽有,仅有少数恒星保留着与农事有关的名字,如箕、斗、斛、杵、臼等。

另一文明古国巴比伦则把星空划分为一个个星座。传到希腊后,星座系统逐渐完备起来,并与希腊神话挂上了钩,于是天上出现了许多珍禽异兽和神话英雄,使星空更富情趣和魅力。

为了比较系统地、科学地研究星空,进行学术交流,国际天文学联合会于1928年作了统一规定:按照天上的经线(称"赤经")与纬线(称"赤纬"),把全天分成大小不等的88个星座,其名称则照顾历史习惯 **185**

而予以保留。所以，除了那些位于南天很南的星座因直到近代才为人研究，故有"显微镜"、"时钟"、"唧筒"等现代器具的名称外，多数仍以动物或神话人物命名。在88个星座中，有44个是动物，恰恰占50%，如果加上牧夫、猎户、蛇夫等与动物有些瓜葛的，则比例将高达2/3。由此可见，天上不仅有大熊、小熊，还有人间没有的凤凰和麒麟，真是一个规模不小的"动物园"。在这个动物园中，有20种哺乳动物（如猎犬、海豚等），8种飞鸟（如孔雀、天鸽等），5种爬行类（如巨蛇、长蛇等），4种鱼类（如飞鱼、剑鱼等），2种昆虫（如苍蝇等），此外，还有5种神话中的动物（如天龙、人马、凤凰等）。

虽然星座完全是凭人们想象"拉郎配"的产物，但一旦划分了星座，天空就不再是杂乱无章了，人们可对星座中的可见恒星一一排队，并进行统计，因此可见的恒星数也可按每个星座中所包含的恒星数来统计，就像中国人口总数可由省、直辖市、自治区、特别行政区的人口

之和求得一样。用这种方法所得的结果也是
7 000颗左右。

天上的群星参北斗

只要稍稍留意一下星空便不难发现，群
星与日月一样，每天都在东升西落，绕北极星
画出一个个大小不等的圆圈。这是因我们地
球自西向东自转造成的。

现在的北极星中名"勾陈一"，西方则叫
小熊座α星。天上万千星星都围绕它旋转，
因此认星不妨从它开始。我们面对正北方，
便可见到两只"熊"——大熊和小熊，它们对
于人们认识星空具有重要的意义。

在希腊神话中，众神之父的主神宙斯执
掌着极大的权力，可他又是一个不时寻花问
柳的"登徒子"，一见到美貌的女子，不管是
仙是人，总是垂涎三尺。有次他出外巡视，发
现了一个熟睡中的少女卡丽斯塔。她那如花
的容貌，健美苗条的身段，使这个主神失魂落
魄，忘却了一切。他摇身一变，化作了卡丽斯
塔最好的女友——月亮女神阿尔忒弥斯去接
近她，睡眼惺忪的少女哪能分辨真伪，宙斯就
这样在嬉戏中占有了她。不久，卡丽斯塔怀
孕并生下了一个儿子，取名阿卡斯。宙斯的
不端行为很快被他妻子——神后赫拉察觉
了。赫拉虽然对丈夫奈何不得，于是可怜的

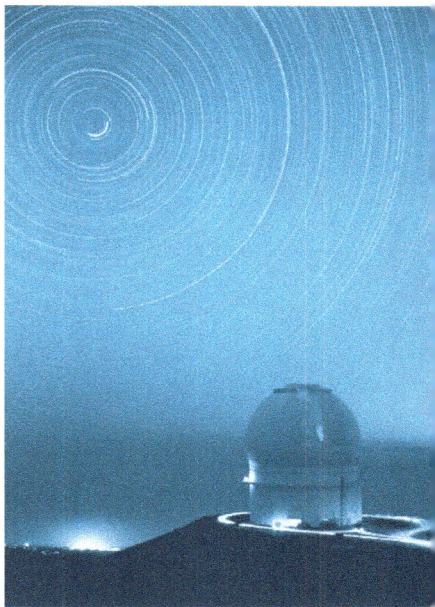

天上的星星每天绕北极星旋转不已

187

卡丽斯塔变成了她发泄怨恨的牺牲品。赫拉把她抓来后,天天对她进行辱骂拷打,尽管卡丽斯塔一再申诉哀求,赫拉还是百般折磨她。为了让宙斯永远见不到她,赫拉狠毒地念动咒语,使美丽的少女变成一头粗壮咆哮的大熊!

已经变成大熊的卡丽斯塔内心仍然是十分温顺的,她仍思念着自己的家乡,更想念着自己的儿子阿卡斯。这时阿卡斯已长成一个英俊少年,他十分勇敢,是个出色的猎人,很受同伴的尊敬,但他对自己的身世一无所知。心胸狭隘的赫拉发现阿卡斯已长大成人,不禁又妒火中烧,她还想出了一条毒计:让母子俩在森林中不期而遇。卡丽斯塔见到自己英俊的儿子后,高兴极了,可她忘记了自己已变成了猛兽,竟伸开两臂直向阿卡斯扑去。阿卡斯被这突如其来的"袭击"吓了一跳,赶快向后一纵,举起了锋利的长枪,准备刺杀这头野兽。

宙斯为了阻止这场惨剧,只得把阿卡斯也变作熊,并且提起二熊的尾巴飞到天上,成为天上两个重要的星座——大熊座和小熊座。但赫拉还不肯罢休,她先去央求她哥哥海神,要他不准二熊进入海神的领地休息,同时,又选派了一个猎人(牧夫座)带着两头凶猛的猎犬(猎犬座),一直在后面不断地恐吓和驱赶它们。因此,其他星座东升西落总有一段时间可没入地平后"休息",唯独这母子俩却永世不得安宁,尤其在纬度较高的北方,大熊座、小熊座永远在地平线之上。

说也奇怪,无论中外,人们都很关心这两只"熊",而且还常常把它们搭配成另

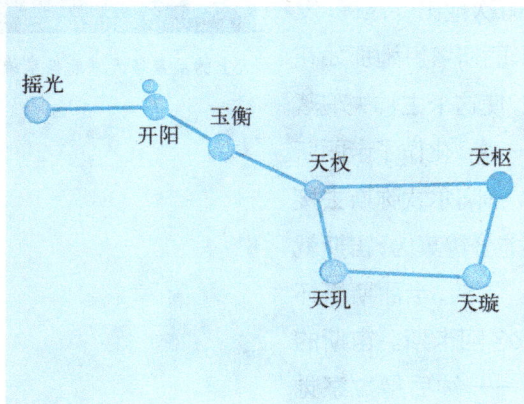

摇光 开阳 玉衡 天权 天枢 天玑 天璇

外的图案。例如,英国古代农民把大熊座的七颗星看作为一张耕田的犁,而在中国则想象为一把大勺子,"尾巴"是大勺的把手,并给予专门的名称——北斗。有段时间,人们常唱:"天上的群星永远参北斗……"

中国自古以来一直很崇拜北斗七星,因为在中国传说中,"北斗星君"是掌管人类阳寿的大仙。《三国演义》第69回中就有"赵颜借寿"的故事。正因为它们很重要,所以每颗星都有专门的星名:天枢(北斗一)、天璇(北斗二)、天玑(北斗三)、天权(北斗四)、玉衡(北斗五)、开阳(北斗六)、摇光(北斗七),它们分别是大熊座α、β、γ、δ、ε、ζ和η星。利用北斗七星不难找到北极星,只要把天璇、天枢的连线延长5倍左右,就是北极星(勾陈一,小熊座α星)。所以,人们常把天璇、天枢称为"指极星"。它们就像罗盘那样,可以为人们指出正北的方向。

牛郎织女与参、商

"牛郎织女"是中国四大神话传奇故事之一,在中国最早的诗集《诗经》中就有"跂彼织女,终日七襄。……睆彼牵牛,不以服箱"的记叙,意思是说,那织女伸着脖子企望,一天换了七处地方……那俊美的牛郎,竟不能驾起那车厢。唐代诗人杜牧的《七夕》更是脍炙人口:"银烛秋光冷画屏,轻罗小扇扑流萤。天阶夜色凉如水,卧看牵牛织女星。"宋代词人秦观的《鹊桥仙》也极凄美:"纤云弄巧,飞星传恨,银汉迢迢暗度。金风玉露一相逢,便胜却人间无数。柔情似水,佳期如梦,忍顾鹊桥归路。两情若是久长时,又岂在朝朝暮暮。"相信你读了这些精美的诗词,一定会浮想联翩。

牛郎星又名"河鼓二",它与河鼓一、河鼓三组成了民间俗称的"扁担星"。

在西方,河鼓3颗星的"扁担"属于天鹰座,牛郎星为天鹰座α星。希腊神话中,这只神鹰是主神宙斯派去折磨为人类偷盗火种的英

189

牛郎织女——
美丽的神话

雄普罗米修斯的帮凶，它每天都要去撕破英雄的肚子，啄食英雄的肝脏……

按亮度而言，牛郎星是全天的第11亮星，为0.77等，离我们约16.5光年，这个距离相当于地球到太阳50万个来回！请勿惊讶，天文数字就是这么巨大，以宇宙的眼光看，牛郎星还是我们的"近邻"呢！

织女星与牛郎星相隔着一条银河（牛郎星在河东南，织女星在河西北）。在织女星的右下方，有四颗小星（ζ、β、γ、δ）大致组成了一个小小的平行四边形，传说这是织女用来编织美丽的云霞和彩虹的梭子。织女是玉皇大帝的女儿，所以闪耀着令人喜爱的明亮的青白色光芒，亮度约为0.04等，也是全天第5亮星。织女星与我们的距离是26.3光年，而它与牛郎星间的实际距离为16光年。大小而言，织女星比太阳和牛郎星都大一些，织女星的半径为太阳的2.8倍，牛郎星的半径是太阳的1.7倍，所以牛郎织女若真要配对，那真是名副其实的"小女婿"——

1.60米的姑娘与身高仅1米的侏儒，看起来总是不太协调的。

织女是天琴座的主星α星。在希腊神话中，天琴原是太阳神阿波罗的一架七弦琴，这架宝琴奏出的乐曲使人回肠荡气、失魂落魄，它的琴声曾帮助希腊英雄战胜了女妖靡靡之音的诱惑，也曾使铁石心肠的冥王大发慈悲。

夏夜星空中还有一颗迷人的著名亮星——心宿二，西方称"天蝎座α星"。心宿是二十八宿之一，而心宿二是一颗楚楚动人的红色恒星，它那荧荧如炽的光芒十分引人注目。从亮度言，它属1等星，居第16名。实际上，这是一颗十分巨大的恒星，其半径达4.2亿千米，相当于太阳半径的600倍，比太阳到火星的距离还大得多。

心宿二又名"大火"，中国古代很早就注意到了这颗恒星，远在殷商时代，就有了专门观测大火星的官职"火正"，《诗经》中也有"七月流火，九月授衣"之句，流火中的火即是大火。关于心宿二还有一个著名的故事。《左传》中说，远古时代有个贤明的帝王叫帝喾（高辛氏）。他的两个儿子阏伯和实沈不顾同胞之情，整日争吵不休，最后发展到准

现存于商丘的阏伯庙

备兵戎相见的地步。帝喾急得束手无策,只得把兄弟俩分封到天南地北,在中国的星相图中,这两个地方分归商星(属心宿)及参星(属参宿)管辖。而这二宿的经度(赤经)相差约180°,它们总是你升我落,永远不会同时出现于星空中,所以唐代诗人杜甫就写了"人生不相见,动如参与商"的著名诗句。20世纪90年代初,人们发现了四千多年前的"火星台",现位于商丘西南约1 500米处,至今还存有阏伯庙。

心宿在西方属于天蝎座。它最厉害的武器是带有剧毒的长尾,这种动物原来似乎是不登大雅之堂的,但因为它为神后赫拉螫死了猎户奥赖翁而被提到了天庭成为星座。后来猎户也上了天变为猎户座,天蝎羞于见到被它暗算的猎户,猎户当然与天蝎不共戴天,所以这天蝎座总是出现在夏天,猎户座则出现于冬季,二者永无相见之日。这故事与中国参与商的传说何其相似啊!

精巧的"冬三角"

隆冬寒夜,很少有人肯出门观看星空,因而冬夜的星星常为人忽略。其实冬夜恰恰有一年中最灿烂的星空,全天最亮的21颗1等、0等星,在中国中纬度地区可见到其中的17颗,其中10颗就出现在冬夜,占59%。

如金牛座α星是著名的"四大天王"之一,这是一颗十分美丽的1等星。它那橘红色的光芒在冬夜的东方星空中很为显眼。根据测定,金牛座α星离我们约68光年,其半径是太阳的47倍,但表面温度只有3 900℃。在希腊神话中,金牛原是一头专吃童男童女的妖怪,它长着牛头人身,力大无穷,后来为希腊英雄特修斯所诛杀!

在中国,金牛座相当于二十八宿中的两个星宿——昴和毕。昴宿是金牛的牛角,那儿有一簇最著名的星星,天文学家称它为"昴星团",使人垂爱不已。毕宿则如一张开口的大网,高挂于星空,专等那些小动物来"自投罗网"。在毕宿中也有一个相当有名的"毕星团"。

在全天88个星座中，猎户座是拥有亮星最多的"冠军"，β星、α星不必说（分别是全天第7、第12亮星），此外还有5颗2等星（γ星、δ星、ε星、ζ星、κ星），几十颗3、4等星，所以猎户是冬天的代表星座。猎户座β星是一颗青白色的高温星，它的表面温度达12 000℃，差不多是太阳的2倍！它距离我们815光年，半径相当于太阳的77倍。如果把太阳比为赤豆，则猎户座β星相当于一个篮球！

冬季三角形的三条边大致相等，故而显得相当精巧。它由天狼星、南河三（小犬座α星）与参宿四（猎户座α星）组成，参宿四是猎户的右肩，是一颗红红的亮星，它的颜色与夏天出现的心宿二（天蝎座α星）相仿。参宿四的半径比心宿二更大，达63 000万千米，相当于太阳半径的九百倍。如果仍把太阳比作赤豆，则它的直径将达2.7米！南河三是仅次于参宿七的第8亮星，视星等约0.35等。离我们11.4光年，这也是离地球最近的恒星之一，其半径是太阳的2.1倍。

天狼星是全天最亮的恒星，它比织女星亮5倍，在寒冷的冬夜中，它那宝石般的青光尤其令人瞩目。天狼星的半径比太阳略大，约为120万千米（是太阳半径的1.7

冬夜的代表星座——猎户座

倍），其表面温度在 11 000℃左右，离我们只有 8.6 光年，在亮星中它是仅次于比邻星（南门二）的"亚军"。在古代，它是世界许多民族崇敬的星神。

中国把这颗亮星当作一条狼犬，并认为它就是不时想要吞吃太阳、月亮（引起日、月食）的怪兽，所以战国时代楚国大诗人屈原就留下了"举长矢兮射天狼"的佳句。东汉的大天文学家张衡也有"弯威弧之拔刺兮，射嶓冢之封狼"这样充满浪漫色彩的诗句。

天狼星同古埃及人民更是休戚相关。革命导师马克思曾说："计算尼罗河水涨落期的需要，产生了埃及天文学。"古埃及人发现，每当天狼星于黎明前出现在东方地平线附近时，尼罗河的汛期也就为期不远了。他们把天狼星当作统管神、人、鬼的女神索普德，在那哈托尔女神庙的墙壁上，至今还留有许多对她充满敬仰的词句：

"索普德，伟大的神星，你在天上闪耀……"

"神圣的索普德，让尼罗河在上游的土地上泛滥吧！"

"天狼星人"来过这里吗

有关天狼星还有许多神奇的故事和科学之谜。其中最扑朔迷离的无疑是有关"天狼星人"来到地球的故事。

20世纪30年代，当时法国有两位人类学家格雷奥勒和达特莱，为了探索有关人类的起源和进化，他们从开罗出发，经过艰苦的跋涉，来到了现在马里共和国的达贡地区（当时是法属殖民地），那时这里还处于与世隔绝的状态。他们为了科学，摒弃了一切偏见和殖民者的傲慢，克服了种种难以想象的困难，与原始部落中的达贡人一起劳动、狩猎、生活，为达贡人治病，帮他们改善居住条件。他们一住就是20年，逐步取得了达贡人的信任和尊重。达贡人决定把他们部族中的"最高机密"告诉这两位白人。他们推选出4个最有声望的长者，同这两位白人举行了十分严肃而神秘的会谈。老人们用特殊的山加语向他们讲述了他们所知的天文知识：地球及其他行星都在绕太阳转动，轨道都是椭圆；而且地球像一个陀螺那样，一边旋转一边向前跑；月亮则是一个"干旱和死寂的星球"；木星有4颗卫星，土星有光环……这一切，使两位人类学家感到无比新奇，哪知更令人吃惊的故事还在后头。

4位老人接着又说，天狼星本身是两颗星，一大一小，小的星绕大的星转动，正像地球绕太阳转动一样。其中一位还用手杖随手在地上画了一个椭圆，并在椭圆焦点上画上一个大黑点表示大星，而在椭圆另一端标上了许多小黑点，以表示小星在轨道上的运动。小星的轨道周期按2倍算正好是100年。他们还说，这颗小的伴星是"世界一切事物的开端和归宿，它是天上最小而又是最重的星星。在地球上怎么也找不到密度这样大的物质"。当然他们的讲解中不时还夹杂了许多荒诞不经、光怪陆离的故事。

格雷奥勒和达特莱听了这些故事，激动得彻夜难眠，不久即收拾行装回到法国，并把这些旷古奇闻整理成文，在《非洲科学杂志》上发表了出来！顿时引起了西方世界轰动。连文字都没有的达贡人哪来的如此丰富的天文知识？原始部落怎会知道天狼星是双星的奥秘？要知道，西方也是到1862年才第一次知道白矮星，而且直到20世纪50年代（即文章发表时），还有不少人因无法想象如此巨大的密度而倾向否认观测资料。

再说，20世纪50年代也是不明飞行物（UFO）事件初露头角之时，各种难以想象、骇人听闻的UFO报告使人眼花缭乱，达贡人的新闻更使UFO披上了神奇的色彩，于是，有关"天狼星人"的各种神话不胫而走。当时美国考古学家坦普尔，为了更深入研究这个问题，他循着20年前两位法国人的足迹再访马里，并在达贡地区住了8年。8年中，他与许多达贡老人及祭司进行了很多次深谈，并搜集了许多实物，回来后写了一本很有影响的著作《天狼星的奥秘》。该书封面上有一句话"来自天狼伴星上的智慧生命访问过地球吗?"书中,作者结合了达贡人的神话故事,绘声绘色地描绘了"天狼星人"当初降临地球的情景,并认为达贡人所讲的"主神诺墨"就是那些驾驭宇宙飞船而来的"天狼星人",正是这些天外来客把那些天文知识传授给了达贡人。那本书中,作者把"天狼星人"描绘成似海豚又有些像"美人鱼"的怪物,它们上半身似人形,下半截却是鱼身,除了嘴巴以外,还另有一个通气的孔……

"天外来客"始终是激动人心的话题,坦普尔的著作至今还有广泛的读者。然而,愿望不能代替现实,仔细推敲便可看出其中种种破绽:达贡人的那些"天文知识",即使在20世纪30年代也显得过时和陈旧了,因为当时人们已知道九大行星,卫星数已达25颗,木卫不是4个而是9个。我们更愿相信,早在这些人之前,就有一些西方的传教士到过这儿,正是他们给达贡人讲授了有限的天文知识,而达贡人掺进了本民族的神话,才出现了那些一度激动人心的"天狼星人"。

春回大地,银河归家

隆冬一过,春回大地,星空的景色又起了新的变化,取代猎户的是一头大狮子。春夜的星空最大的特色就是浩浩的银河已消失得无踪无影,民间称是"银河回家"了,这样,整个北部天区的星星明显比冬夜稀疏得多,醒目的星座已经为数不多。

春季星空有一个极其突出的标志,那就是被人们誉为"春星之王"的狮子墨涅亚。狮子座所占的天区几乎比猎户座大一倍。乍一看去,它的形象是一把镰刀或者说是个反写的问号"?",许多国家的民众把它看作为一把大镰刀——天神用北斗犁地,以这镰刀收割。组成镰刀的5颗星分别是狮子座的 ε 星（轩辕八）、μ 星（轩辕十）、ζ 星（轩辕十一）、ν 星（轩辕十二）和 η 星（轩辕十三）。同时，它们也是那狮子威武的头部；镰刀柄上的主星 α 星（轩辕十四）则被看作雄狮的心脏；σ 星（轩辕十六）、o 星（轩辕十五）是它的前爪；东面的 δ 星（西上相，又名太微右垣五）、θ 星（西次相，又名太微右垣四）、β 星（五帝座一）则可看做狮子的臀部。

　　古代世界各国都十分敬仰这春星之王，埃及金字塔侧那巨大的狮身人面像"斯芬克斯"，就是以墨涅亚的身躯加上室女（农业女神）的头组成的。在希腊神话中，墨涅亚巨狮生就一副钢筋铁骨，任何刀枪弓箭都奈何它不得，因而成为当地的最大祸害，直到后来才被大力神（武仙）活活扼死……

狮身人面像，
后面即是胡
夫金字塔

狮子座α星同样是"四大天王"之一,也是春天的代表星。在全天21颗1等以上的亮星中,它只是排在最末位的"小弟弟",约为1.36等(仍属1等星)。但因为它距我们有84光年,所以实际上要比太阳亮260倍。它的半径是太阳的3.6倍,而表面温度则与猎户座β星相仿——约12 000℃。

狮子座α星是很易辨认的亮星,但也不妨从熟悉的北斗来寻找。只要从天权开始,通过天玑引一条直线,并把它延长大约10倍左右,就是狮子座α星的位置。狮子座α星与小犬座α星、双子座β星,也可看作西南方的星空中的一个"三角形"。当然,四季的星空中还有许多值得一提的星座,也还有更多有趣的故事可书。但故事毕竟只是我们用来认星的工具,目的是为了激发我们对神奇星空的浓厚兴趣。为了帮助读者记忆,有人曾编过四句朗朗上口的小诗,它们分别道出了春夏秋冬星空中最重要的星座和亮星:

春夜狮子赶天狼,夏日织女思牛郎;
英仙飞马救仙女,猎户斗牛御夫忙。

星座岂能左右命运

尽管18世纪伟大的启蒙思想家、法国大作家伏尔泰早就指出"迷信是傻子遇到了骗子的结果"。然而在现实世界中,人们对于自己的未来命运,常常会去乞求神灵,这等于是"问道于盲"。当年的法西斯头目希特勒的身边就有一个名为奥托·哈努森的星占家,1938年还曾专门召开了一次神秘的"预言师大会",当然这些"大师"并未能挽救希特勒……2008年3月,英国情报机构"军情五处"在其官方网站解密了137份机密文件,其中编号为KV 2/2821-2822的卷宗尤为令人注目,因为它披露在第二次世界大战期间,英情报部门曾召用了星占师路易斯·德·霍尔来对付纳粹,还授以他"上尉"的军衔。当然他实际上也是一事无成。2014年,泰国前总理他信曾专门到缅甸向一著名星占家桑扎呢波寻求"指引",要问他重返泰国政坛的前景与他在缅甸的生意如何盈利。美国前总统里根及其夫人南希也都是星占术的"铁杆粉丝",曾让一个名叫奎格莉的星占家专门为总统编了一本《三色日历》,不可思议的是,里根后来的许多决策竟是按这本《三色日历》做出的。

美国一个建于1966年的"太空发射台"十多年中火箭发射屡屡失败,美军才想起,发射台下就是印弟安人的坟墓,竟然还秘密请了位印弟安人牧师到发射台"驱邪"。在日本、印度等国家,星占家也分外吃香,许多重要的工程,如建造水坝、修筑桥梁,甚至是民间造房子,都要按照他们确定的日期开工。一些合同的签署、重大的决策,往往也得先征求星占家的意见。根据美国1997年所作的一个统计,笃信"上帝"、鬼魂及来世者,有40%左右。1998年,俄罗斯在全国81个地区,广泛调查了24万人,结果同样触目惊心:相信"上帝"的竟比反对迷信的多3倍(60与16之比)!在当代中国,形势同样也很严峻,即使是科学文化相对较高的城市中,也有不少人相信算命或持"不可不信,不可全信"的暧昧态度。据2001年3月7日上海的一家媒体报道,很多年轻人沉湎于"星辰算命",类似《2001年星座运势》之类价格不菲的书籍十分热销,有位记者说"互联网上的占星术堪称'星火燎原'了,有一些中小学生常常热衷于自己是××星座人",要与××星座的人交朋友,他们常常互赠"星座卡片"、交换"星座护身符"。甚至一些"明星"在公示自己的资料时,也把其星座作为主要内容。

如前所言,星座本身是人们头脑中想象出来的,不同国家、不同民族就有不同的"星座"。现在流行的"黄道十二宫"只是西方传来的,而且那些奢谈黄道星座的人连这12个星座的名字都错了近一半,如把"白羊座"说成了"牡羊座";"室女座"变成了"处女座"或者"乙女座",好好的"宝瓶"降格为普通的"水瓶",很有神话色彩的"摩羯"又莫名

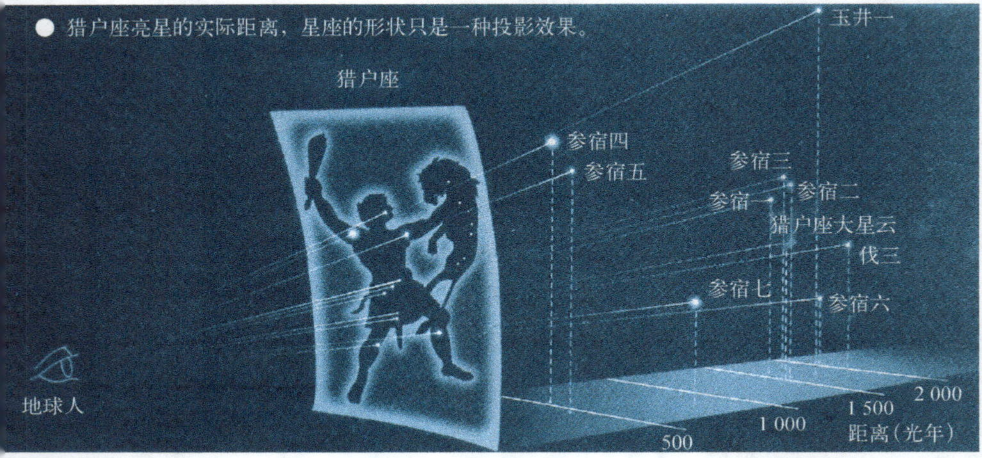

● 猎户座亮星的实际距离，星座的形状只是一种投影效果。

猎户座

玉井一

参宿四
参宿五
参宿三
参宿二
参宿
猎户座大星云
伐三
参宿七
参宿六

地球人

500   1 000   1 500   2 000   距离（光年）

猎户座各星
相距甚远，
人们所见只
是其投影

其妙地成了"山羊"，更好笑的是八面威风的"人马"，成了"射手"，这大概是看到有关的图片上，他正在挽弓射箭而望文生义而来……更值得让人质疑的是，黄道上明明还有一个大小与狮子座不相上下的蛇夫座，可那些星占家偏偏就是视而不见。而且蛇夫座内，肉眼能见的恒星也有100多颗，可为了要与一年12个月相配，就硬是把它打入了"冷宫"。再说，星座本身也是一种投影的图像，同一星座内的星星本身也毫不相干，如图所示，猎户座中的星彼此间可能相差很远很远，只是因为投影加上想象的效果才"变成"一个威武的猎人……

历史上，星占家出洋相的事例也有不少。如16世纪一个极负盛名的大星占家卡尔丹（他还是一位数学家），晚年时他预言了自己的死期，并把它公之于众，结果到了那天，他身体毫无逝世的迹象，无奈间他只得当众从教堂的钟楼上跳下，以死来维护自己一世的"英名"。2005年印度一个自称是"头号算命大师"的星占家也差点重蹈覆辙，这位75岁的长者宣称自己将于2005年10月20日下午3至5时去世。到了那天，他的村庄被四面八方而来的人群挤得水泄不通，很多摄像机、照相机、录音机都对准了他，为防止意外，还有许多警察也到了现场，他的妻子儿女则守在他身边不停地为他祈祷,可一直过了5点钟很久,老人依然红光满面,于是院内嘘声一片,感到受了愚弄的人群也开始向他扔矿泉水瓶,如果不是警察及时控制了场面,他很可能会被人打个半死。

当然作为一种自娱,星座知识也可看作是一种无伤大雅的"星座文化",宜疏不宜堵。星占术肯定不是科学,甚至是与科学背道而驰的。但只要不造成大的危害,还应给它一席之地。在一定条件下,也得容许某些少数的"不科学"存在,只要它们不带来直接的、明显的大危害,又何尝不可?又如人们喜欢喜鹊,讨厌乌鸦,原因据说是前者是"吉利"的、后者是"晦气"的,这不也是没有什么科学成分在内吗?但是如果沉湎不醒就会误入歧途,也会成为一种社会公害,那就值得警惕了。

突然剧变的星

恒星同世界万物一样，也在不断地诞生、发展、变化乃至消亡。当然恒星的这种演化，在通常情况下都是极其缓慢的，甚至在几千年内也不会有什么明显变化。但是也有一些恒星（实际上也是恒星演化到某一阶段的必然结果）像那魔术大师，它们的星光忽明忽暗，神秘莫测，这就是各类"变星"，1596年8月间，荷兰一个天文爱好者法布里修斯牧师发现海怪脖子上有一颗3等星，可是在他的记忆中那儿根本没有星。事实上没过几个月，它就真的完全看不到了！这也是人类最早所知的变星，现称其为鲸鱼座 o 星（中名蒭藁增二）。只是在那个还没有望远镜的年代，法布里修斯的发现不会被人认同，以至完全埋没了，他本人遭到的是人们的嘲笑与讥讽，最后1617年他竟被一个歹徒所杀害。

"隐身人"与"量天尺"

尽管人们很早就发现了大陵五（英仙座 β 星）的光度有变化，但长期以来，多数人对这个事实总是迷惑不解，将信将疑。因为人们相信，恒星的光总是不变的，所以才称"恒星"。最早对它进行研究、揭示它光度变化规律的，并不是拥有良好设备的天文学家，而是英国一个天文爱好者——又聋又哑的古得利克。令人钦佩的是这位19岁的青年，从1783年开始，就对大陵五这颗光度变化不定的"魔星"作了长期的观测，确定了它的光变范围：最亮时为2.13等，最暗时只有3.40等，周期2天20小时49分（与现在观测值只差4.6秒）。更让人钦佩的是他对此做出了十分合理的解释：原因是恒星中有类似日食、掩星那样的交食现象。所以它并不是真的变星，勉强地称为"几何变星"（或"食变星"）。

在法布里修斯枉死后大约过了半个多世纪，人们才知道蒭藁增二（鲸鱼座 o 星）的光在作周期变化，鲸鱼座 o 星成了恒星世界中独一无二的现象。常言道"少见多怪"，于是便称它为"怪星"——"米拉"（Mira），其原意就是奇怪莫测的意思。现在知道，它大多数时间在肉眼观测能力之外。它最亮时视星等可达 1.7 等，比北极星还亮，不过有时它却只有 4.7 等，最暗的时候会降到 10 等，即会减弱 2 000 多倍，好像从耀眼的太阳灯，亮成了小电珠，难怪要从肉眼中消失了，成为星空中的"隐身人"。

鲸鱼座 o 星是一颗红色的超巨星，它的角半径为 0.028″，直径相当于太阳直径的 460 倍，如果太阳也变得如此大，则会把火星轨道一并"吞"进肚内，但它的质量只有太阳质量的 10 倍。由此可见"米拉"的平均密度只是太阳的千万分之一，与离地面 100 多千米高处的地球大气相当。人们把与米拉"脾气"雷同、光度变化幅度在 2.5 等以上（多数变化超过 5 等即光强弱差百倍）、周期长于几百日、本身又是体态庞大的红巨星或红超巨星，均称之为"蒭藁增二型变星"。

还有一类重要的变星——造父变星。造父本是为周穆王驾车的驭手，但在危难时刻他驾车一天内急奔千余里，使游玩在外的周穆王及时赶回京都平定了叛乱。造父因此被册封在赵城，成为现在赵氏的先祖。后来还升上了星空，变为中国星官中的五颗星：造父一、二、三、四、五。虽然它们都是一些不起眼的 4 等星，但小小的造父一（仙王座 δ 星）却是天文学家的掌上明珠，以它的名字命名的一类变星——造父变星是宇宙中一把极其宝贵的"量天尺"。

20 世纪初，美国一位女天文学家勒维特发现了这种变星有一种独特的"周期-光度关系"（简称"周光关系"），即它的光变周期越长，其绝对星等的数字越小（光度越大）。而光变期是很容易测定的，这样从视星等与绝对星等就可定出它的距离了。事实上，很多三角视差已无能为力的遥远天体，都可用寻找其中造父变星来求出它们的距离。

例如,小麦哲伦星云(一个与银河系相当的星系)的距离就是这样定出来的。

"小蜡烛"变成"探照灯"

光绪二十五年(1899年),中国山东福山的一位著名金石收藏家王懿荣患了疟疾。那日他正准备煎药,忽然发现草药中有一小片异物,上面有奇怪的花纹,询问之下才知道这是"龙骨"。王懿荣是一个有心人,他把几包药都打开,把那些龙骨统统挑选出来进行研究,还派人去药店查询龙骨的来历。几经周折,才知这些龙骨都出于河南安阳附近小屯村的地下,是当地农民翻地时无意中发现的。他们以为这些古时候的龟壳、牛骨可以入药,遂以很低廉的价格卖给了药店。问明原委后王懿荣大喜过望,于是就把店中所有龙骨全部买下以做研究。因为他知道,安阳原是商代的京都。可惜他不久就谢世了,他的收藏均为《老残游记》的作者刘鹗所得。从此,甲骨文重见人世,向人们吐露出殷商时代的许多秘事……

在这些甲骨片中,有很多涉及天文学的记载。如其中一块上刻有:"七月己巳夕兑,☒有新大星并火",意思是七月初七那天,在红色的心宿二(天蝎座α星)旁突然出现了一颗很亮的星。据考证,这是公元前14世纪的天象记录,也是目前世界上最早的新星资料。西方相应的最早记录是古希腊喜帕恰斯在天蝎座中发现的新星,那是公元前184年的事,比它迟了1 000多年。中国《汉书·天文志》上对喜帕恰斯发现的新星也有记录"元光元年六月,客星见于房",而"客星"正是中国古代对新星的别称。

新星不是新出现的恒星,也不是来去匆匆的过客,而是自然界的奇迹。它在很短的时间内会像闪光灯那样发出耀眼的光芒。在闪亮前,它如同微弱的烛光,暗得肉眼无法察觉,所以人们对它熟视无睹,但一旦发亮,就像一盏探照灯那么引人注目,以致人们以为这儿出现了新的星星。又因不久它就会暗下去,就像来做了一段时间的客人,故又称"客星"。

迄今为止,人们在银河系内已发现了大约200多颗新星。从它们的光谱观测中可知,它发亮的原因是恒星表面上发生了大爆炸,表面层物质被炸得四处狂飞,速度可达500~2 000千米/秒,被炸飞抛出的恒星物质有太阳质量的几十万分之一到千分之一(分别相当于几十到几千个地球的质量)。粗略计算一下,这一下子放出的能量达太阳能量的百万到几亿倍。或者说新星一次爆发相当于顷刻之间引爆9亿亿到900亿亿颗大氢弹!因此它的亮度一般可在几天内增亮11星等。如果说原来它是一颗连小望远镜也无法看见的11等星,则顷刻间会变得如同织女星那样熠熠生辉。

新星为什么会突然爆发? 20世纪50年代后,人们发现1934年爆发的武仙座DQ原是一对双星,这使人恍然大悟。很可能,新星都是一种彼此靠得极紧的双星(称"密近双星"),其中的主星是温度较低的主序星(如K、M型星),旁边的伴星是光度很小、看不见的白矮星或中子星。白矮星或中子星的强大引力把主序星的物质吸引到自己温度极高的表面上,这些物质在向白矮星落下时,本身又带着巨大的动能,于是当落下物质达到一定数量时,白矮星表面就能发生本该在恒星内部发生的热核反应,成千上万颗超级大氢弹引爆了,形成了新星的巨大爆发。新星在爆发到最亮时刻,绝对星等平均为−7.3等。根据这个特性,人们只要抓住时机,测出此时的视星等,就可像造父变星所用的办法那样,求出新星所在星系的距离来。因为新星比造父变星更加明亮,这种方法可测得比造父变星更远的距离。

它改变了第谷的人生轨迹

在尚未发明望远镜的年代,丹麦有位伟大的天文学家——第谷·布拉赫,他终生孜孜不倦地观察星空。他所得的观测资料最大的误差不超过4角分,这相当于60米外一只苹果的张角。有人认为他已达到了人眼观测精密度的极限。所以后人把第谷尊为"星学之王"。

第谷是出身于贵族的纨绔子弟,生性暴烈,成年后对附近农民的盘剥十分苛刻,稍有拖欠就将他们投入监狱。年轻时还因一些小事与人在半夜用剑决斗,差点丢了性命,最后被削去了鼻子(后来只能装了个金鼻子)。第谷的养父(也是伯父)希望他做一个政治家,因而他最初学习的是法律、哲学。促使他走上天文之路的是两次天文事件,其中一次是他13岁时发生的日偏食。日偏食本身并无什么惊人之处,但天文学家准确的预报让他佩服得五体投地,因此他萌发了要研究天文学的念头。

1572年11月11日,仙后座内出现了一颗异常明亮的星,26岁的第谷在当天的工作记录中写道:"每当黄昏来临的时刻,我总要看看星空。这是我多年来养成的习惯。今天我发现了一颗不寻常的星,它的光是如此耀眼,几乎就在我的头顶上发光,它竟使其他星都黯然失色……我的知识告诉我,这个天区中以前并没有什么亮星,更不用说像现在这样明亮的星星了。"第谷甚至一度怀疑自己的眼睛是否出了毛病。他特意叫来了自己的马车夫及仆从来看天空,直到别人也指出了这颗陌生亮星的方位后,他才知道这决不是幻影。为了弄清究竟,他决心把全部身心投入到天文观测和研究中去。

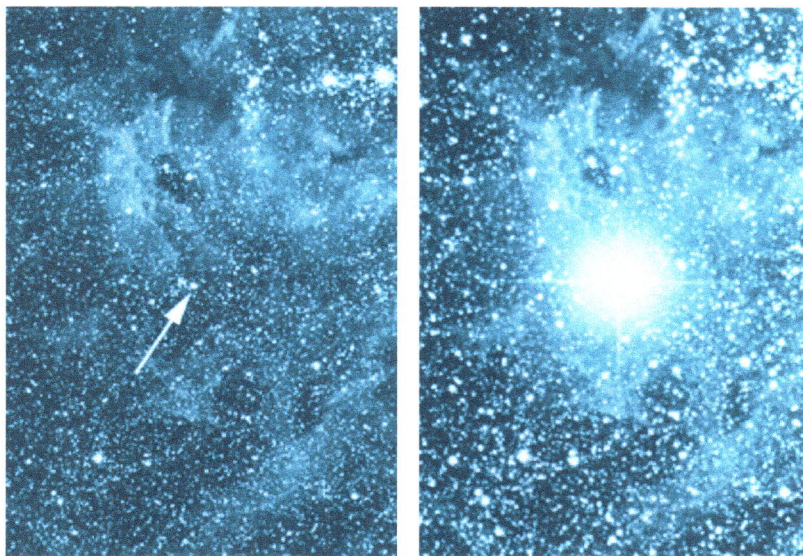

1987年2月爆发前（左）、后（右）的超新星

现在知道第谷所见的是仙后座超新星，人们称它为"第谷超新星"或"1572超新星"。它最亮时比金星还亮，人们白天都能看见它！

超新星爆发无疑是恒星世界最厉害的爆炸，往往会使它的亮度增加1亿多倍，即增亮20星等，好像原来只是一只小小的萤火虫，骤然间变成一颗特大号照明弹，把大地照得如同白昼一般。一颗超新星爆发释放的能量可相当于几千万颗新星爆发所释放能量的总和，或相当于银河系内所有恒星（约1 500亿颗）在一年内发出的能量总和！

2007年3月，美国国家航空航天局宣布，天文学家发现了迄今最大、最亮的超新星，这颗距我们2.4亿光年的"明星"SN2006gy，亮度为太阳的500亿倍。比一般的超新星至少还亮100倍。

现在已经肯定，超新星与新星是有本质区别的。新星一般是双星引起的局部表面爆发，不会"伤筋动骨"，爆发过后大多仍是互相绕转的两颗恒星（质量略有减少），而超新星却是恒星（尤其是大质量恒星）

毁灭之前的"回光返照"。超新星爆发后,该恒星将不复存在:或者全部灰飞烟灭,变成气体物质;或者大多变成气体物质,少数剩余物质变成那种密度大得惊人的天体——白矮星、中子星(脉冲星)甚至黑洞(有人把三者合称为"致密星")。

理论计算认为,银河系内每300年左右才会有一颗超新星爆发。因此超新星发现非常难得,加拿大在第一次(也是唯一的一次)发现超新星后竟使全国一片欢腾,举行了大规模的庆祝活动。但中国北京天文台却在1966—1967年的一年时间里连续发现了6颗银河系之外的超新星,令世界刮目相看。在公元2世纪到17世纪中,出现在我们银河系内的超新星只有8颗,其中7颗都发生在望远镜发明之前,最后一颗超新星(约1670年)迄今也有300多年了,所以有人认为,很可能在最近的几年或十几年内,银河系内某个角落又将发生一次超新星大爆发。

超新星爆发对于恒星是一场大浩劫、大灾难,但对于人类来说未必不是件大好事。因为在100多亿年前,早期宇宙的混沌世界中仅有最轻的两种元素:氢和氦,仅仅凭这两种元素是无法组成世界万物的,当然更不可能孕育出生命来,地球上也就不会有人类。

而现知的几十种元素都是在恒星内部的各种核聚变反应中生成的,如果不是超新星这么一爆发,把它们从恒星的内部抛将出来,那么宇宙间仍将还是一片混沌世界,所以从这个意义上说,今天繁花如锦的大千世界,爱美的女性可以披金戴银,都得好好感谢超新星呢!

超新星遗迹——蟹状星云

19世纪中叶,英国一位酷爱天文学的罗斯伯爵,通过10多年的不倦努力,前后花了12 000英镑的巨资,终于在1845年造出了一架超大望远镜,并一度称雄世界。它那块大镜头的口径为72英寸(184厘米)。

重达3.6吨。竖起来有6层楼那么高。罗斯对自己的成果得意地称之为"列维亚森"——《圣经》中一种巨兽的名字。

1848年,罗斯仔细观测了一个名为M1的星云,发现它原来是一个形状不规则的云雾块,中间还有许多明亮的细线纵横交叉。他想到了八足两螯的"横行将军",故称它为"蟹状星云",这个形象而奇特的名字一直沿用至今。

蟹状星云位于金牛座内,角大小为7×4(角秒),实际大小是12×7(光年),总质量为2~3个太阳质量。它的可见光不算太强,但总辐射(包括从无线电波、红外线到紫外线、X射线、γ射线等)却比太阳强几万倍。

1921年,美国天文学家对比了相隔12年的照片后发现,这只"螃蟹"还在不断长大。几年后,有人算出了它的膨胀速度为1 100千米/秒。这样就不难推出,大约在900多年前,这只"螃蟹"差不多还只是像"卵"那样的一个点!事有凑巧,人们发现中国古代史书《宋会要辑稿》中有载"至和元年(1054年)五月,晨出东方,守天关,昼见如太白,芒角四出,色赤白,凡见二十三日。"参照其他史料可知,这颗"天关客星"于1054年7月4日爆发,最亮时白天也可见到它,一直到1056年4月6日才从人们视线中消失,在天空中出现的时间长达643

天。通过反复论证，蟹状星云正是这次"天关客星"——1054超新星爆发后的遗物，所以称之为"超新星遗迹"。因为中国史料有众多的记载，故这颗超新星也常称为"中国（超）新星"。

超新星爆发是恒星世界最猛烈的活动，其能量之大可将太阳比作"沧海一粟"。可以预言，如果人类一旦真正解开了超新星爆发之谜，掌握了它的全部奥秘，就可以掌握比今天任何能源强亿亿倍的本领，足以彻底解决令人头疼的"能源危机"，足以改造整个地球……

但研究超新星又谈何容易呢？现在人们只能从历史资料中去搜寻蛛丝马迹，而蟹状星云则提供了最生动的实例。它是所有超新星爆发记录最周详的，也因为有了这些资料，才证实了"超新星遗迹"，证实了恒星演化理论。1968年，它又锦上添花——通过射电观测，人们发现，原来在它的"肚子"里还有着一颗脉冲星（即中子星）PSR0531+21。它的质量约为太阳质量的1.5倍，是一颗+17等的暗星。

"母亲"蟹状星云已十分了得，它腹中的PSR0531+21也是脉冲星中的"极品"，在许多方面，堪称脉冲星之冠。它是一般脉冲星中脉冲周期最短的，为0.033秒，说明它的自转是每秒钟30圈。它又是证实与超新星关系的第一个观测样品。PSR0531+21的发现，证实了科学的恒星演化理论，也证明了超新星与超新星遗迹、脉冲星之间的演化关系。这颗脉冲星特别有价值的另一点是，除了发出无线电脉冲信号外，它还发出可见光、红外线、紫外线、X射线及γ射线等脉冲信号，是难得的脉冲品种最齐全的样品，为人们用各种手段来研究脉冲星开了方便之门。因此，蟹状星云是科学家们今天研究最多的超新星遗迹，蟹状星云内的脉冲星又是人们最垂爱的脉冲星研究样品。这些年来，有关它们的科学论文比比皆是。对它的研究，为推动高能天体物理、原子核理论、恒星演化、相对论天体物理等的发展，做出了不可磨灭的贡献。难怪国外有位天文学家曾夸张地说"对于蟹状星云的研究，占据了现代天文学的一半。"

星云——孕育恒星的温床

恒星是那么晶莹可爱,但是它却是起源于冷冰冰、空荡荡的虚无缥缈的星云,它们的平均密度大约为 $10^{-21} \sim 10^{-19}$ 千克/米^3,比人类所能制造的"高真空"还真空百万倍!但如果它们质量相当庞大(需在 10^3 太阳质量以上),便可产生足够强大的引力,使它们收缩、凝聚,并逐步变为发热发光的恒星。

在地球上,人们司空见惯的是由密变稀的过程:一滴香水可使满屋飘香,一个气球会慢慢漏气而瘪掉,而决不会发生像气体星云变为恒星那种由稀变密的过程。不能设想,房间内所有的空气会不约而同地突然一起跑到某个角落,而使满屋宾客窒息而死。然而在广袤无垠的宇宙空间,这种过程却时时都在发生着。天文学家不仅从理论上证明了这种演化过程的可能性,而且从最近几十年获得的观测资料中,发现了一系列的中间天体,确证了这样的演化。

1946年,美国天文学家巴纳德在一些暗星云中,发现了一种暗黑色的形状较规则的天体——球状体,也称"巴纳德天体"。它们已经不像星云,完全不透明,密度介于恒星与星云之间,大小为几千至几十万天文单位,质量在0.1~750太阳质量之间,"体温"在几十开左右,主要成分是氢,其次是一氧化碳,也有少量的有机物。人们认为这种似云非云的天体,正处于从星云向恒星演化的引力收缩阶段,但因还未完全脱离星云,故而不能发光,大约要经过几十万至一百万年的岁月,它才可演化为另一类天体。

宇宙中还有一种赫比格-阿罗天体,分别由美国天文学家赫比格(1948年)与墨西哥的阿罗(1950年)互相独立发现,故以他们两人姓氏为名,简称"H-H天体"。与球状体相比,它明显地更加密集,内部已出现了分立的、明亮的凝聚块,而且它们的发育生长极快,有些H-H天体甚至在 **211**

短短的几年内就可能发生明显的改变。

过去人们一度认为，H–H天体是介于球状体与"原恒星"之间的一种过渡天体，但20世纪90年代科学家发现，它实质上是原恒星周围的一个气体盘，是产生系外行星的"温床"，由此也可知，地外行星应是一种普遍现象。而球状体进一步的凝聚收缩就会变成初具雏形的"原恒星"。

1995年4月，"哈勃"望远镜在M16（鹰状星云）的中心部分，发现了许多似云非云的球状体，它们的大小已收缩至1光年，人们认为，"哈勃"使人类看到了"正在诞生中的恒星"。后来，在猎户大星云、礁湖星云中，也都观测到了那些即将变为恒星的球状体……

原恒星继续收缩、凝聚，会放出能量，所以它的温度逐渐升高、星体慢慢变亮。在赫罗图上则是向左或向下移动。当内部的密度、压力、温度都达到了某个临界点时，则由氢聚变为氦的热核反应开始"点火"。严格地说，只有在这时，它才获得了恒星的资格——到达了主星序位置。这种热核反应一旦开始，就很难熄灭，它提供的能量与恒星发出的光和热在很长时间内可以"收支平衡"——成为长时间基本稳定的主序星。

"哈勃"让人见到了诞生在鹰状星云中的球状体——恒星

垂暮的恒星

　　秦始皇是中国的第一个皇帝。为了长生不老,他曾到处觅求"不死药",可是事与愿违,不但不死药没有到手,自己也早早归了西——他只活了49岁。事实上,世界上本来就没有什么长生不死药,因为生老病死是不可抗拒的自然规律。固然,没有生就不会有死,但没有了死,也无所谓生。宇宙中的万物莫不如此。恒星也是这样,有生(从星云中诞生),有长(主序星、红巨星),有老(白矮星、中子星、黑洞),也有死(重新变为星云),宇宙就在这不断的演化中发展……

"坐吃山空"话不虚

　　从星云脱胎而出的恒星,好像是那种不知开源节流,只会争相耀富的"富二代"。它们自恃家大业大,主要成分又是核反应所需的氢,因此毫无节制地向太空发出巨大的能量。殊不知,长此以往,它们难免终有一天会"坐吃山空",窘相毕露的。

　　不妨以太阳为例。太阳是恒星世界中最普通、最有代表性的一员,它的质量相当于33万颗地球。一天下来它要"烧掉"(损失)430万吨物质。实际上参加核反应的氢原子比此还要多100多倍,即氢燃料的损失达每秒6亿吨。考虑到另外一些因素,可以推算出太阳作为主序星的寿命为100亿年左右。太阳现在大致为50亿岁,所以它还有大约50亿年的"阳寿"。在50亿年之后,太阳将发生一系列本质上的剧变——它内部核心区域中的氢几乎已经燃烧殆尽,绝大多数变成了氦。氢变氦的核反应终将熄灭,这样内部的平衡无法维持,强大的引力使它

213

好像柱断梁折的高楼大厦，一下猛然坍塌下来——引力坍缩。奇特的是，这样的坍缩竟使它又"起死回生"，引力能使核心温度、压力进一步提高，并把氦点燃起来，开始了新的氦变铍、铍变碳、碳变氧等一系列的热核聚变反应。它们虽然是不循环的，但已生成的再加原来存在的氢（约20%），也足以维持一段相当长的时间，使它继续发光。在恒星内部完成这种反应转变的同时，它的外面部分却会急剧地膨胀起来，半径可比原来大几十甚至几百倍，但同时表面温度则会下降，所以光谱型变晚，星光变红，终于变成类似天蝎座α星、猎户座α星那样的红巨星。

一般恒星的"寿命"（主序星时间）

光谱型	质量（$M_\odot$）	光度（$L_\odot$）	寿命（10^6年）
O5	32	6×10^6	< 1
B0	16	6 000	10
B5	6	600	100
A0	3	60	500
A5	2	20	1 000
F0	1.75	6	2 000
F5	1.25	3	4 000
G0	1.06	1.3	10
G5	0.92	0.8	1.5×10^4
K0	0.80	0.4	2×10^4
K5	0.69	0.1	3×10^4
M0	0.48	0.02	7.5×10^4
M5	0.20	0.01	2×10^5

*$M_\odot$为太阳质量，$L_\odot$为太阳光度

如果把恒星的一生也像人那样分阶段，则主序星可比作它的青、中年时代，红巨星则相当于其壮年时期。在这个阶段，它的内部已不再是氢核，而是燃烧着的氦核，而且氦核还在不断收缩之中。收缩的能量

一部分维持上述那些不循环的热核反应，一部分则传给恒星外层，使其表面不断膨胀，并表现出一些活动的特性，如光变、抛出大量物质等。

值得指出的是，原来质量越是庞大的恒星，挥霍起来也越是大手大脚，对于那些早型星，质量每大一倍，其发出的光要强15倍左右，所以它们的末日来临得反而更快；倒是那些质量很小的恒星，却可以维持长得多的时间（见上表）。

恒星变成红巨星之后，它的变化就复杂多了。对于质量较大的红巨星，它可能成为一些造父变星类的脉动变星，也可能又回到红巨星的队伍，在这两区中，反反复复，摇摆不定。而小质量的红巨星则变化相对小一些，它们有一部分会变成短周期造父变星。

由于氦的储存本来比氢少得多，而且这一阶段它的消耗比以前更甚，成为变星后有的还会抛出物质，所以可以想象，红巨星的寿命要比主序星短得多。一般认为，其寿命还不到原来的1/10，一般为百万至上亿年。

天狼星的后续故事

1844年，德国天文学家贝塞尔在观测时发现天狼星在宇宙空间作着奇妙的波浪式运动。当时他就认为，这是因为天狼星旁有一颗伴星在吸引它。而现在看不见此伴星，是因为当时的望远镜威力不够而已。1862年，美国克拉克父子把自己磨制的口径47厘米的折射望远镜指向这颗亮星

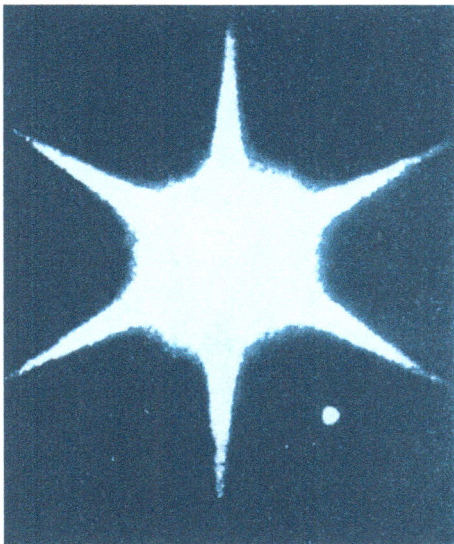

天狼伴星（右下的小点）常被天狼的光辉所掩没

时，果然马上就见到了天狼星旁的那颗任何星图上都没有标出来的小星星（天狼伴星），亮度大致为8等，它几乎掩没在天狼星的强光之中。仔细测定位置后发现，它正位于贝塞尔预言的双星轨道的位置上，证实了18年前的科学预言！克拉克父子当时还是名不见经传的无名之辈，这一下人们不得不刮目相看了，他们因此荣获了法国科学院的奖章。

从天狼伴星的亮度推算出来的半径是主星的1%上下，即比地球大不了多少。而其质量却与太阳差不多。这样一算，它的平均密度竟达17.5万吨/米^3！就是说，仅苹果那么大的一团物质，竟有好几吨重！也就是说，世界举重冠军未必能把这一小块"天狼伴星"的物体提起来，在那19世纪，几乎无人会相信宇宙中有如此重的物质。当时物理学家迈克尔逊（他后来获得了诺贝尔物理学奖）曾惊讶地问在威尔逊天文台工作的一个朋友："你是说物质的密度能比铅还大得多吗？"当那朋友告诉他关于天狼伴星的事情后，他以权威的口吻说："绝不可能，这个理论一定在什么地方出了毛病！"当然，出毛病的是他自己的思想框框。

现在知道，天狼伴星是人类所知的第一颗白矮星。白矮星是一种表面温度很高，半径与行星相仿的老年恒星，由此可知，天狼伴星是恒星世界中的"老年人"。

白矮星一般都很暗不易观测，但从一些蛛丝马迹中可以知道，白矮星至少有两种产生方式：一是超新星爆发，超新星一声大爆炸，把外部的物质炸得四处乱飞，成为超新星遗迹，而内部剩下的核若质量在1.44倍太阳质量以下，则这个"核"便变为白矮星；第二种方式是来自行星状星云（见本章后），行星状星云的中央常有一颗很小的高温星，它最后的归宿也是演变为白矮星。

由此可见，白矮星实际上是原来恒星内部的核心部分。由于核反应已经全部进行完毕，它已失去了能量的来源，因而它再也不会燃起任何星星之火来。随着时间的推移，它的表面温度只会越来越低，从白矮星到黄矮星、红矮星到只会发出红外光的红外矮星……最后完全熄灭、晶化。

天狼伴星不仅是人们最早知道的白矮星，也是离我们最近、视亮度最大的白矮星。而且，它还为爱因斯坦的广义相对论出了大力。在1905年，爱因斯坦发表的一篇论文提出了"狭义相对论"，当人们还未弄清其中奇妙的含义，为时间、距离、质量的变化闹得头晕目眩的时候，1915年他又提出了"广义相对论"，认为人们生活的空间并非像牛顿所说的那种三维平直空间，而是弯曲的空间。

爱因斯坦的理论让许多人感到茫然，一些科学家们也是信疑参半。最好的办法当然是用实验来验证，可是要验证相对论需要涉及到巨大的质量和空间，在地球上哪儿也"放"不下爱因斯坦的"实验桌"。然而，天狼伴星却是一个有力的"证人"，因为白矮星质量大，半径小，表面引力加速度特别大，从白矮星发出的光要克服它的重力，必然要消耗一些能量，于是谱线的波长会偏向红端一些，这就叫"引力红移"。1935年，美国天文学家亚当斯用当时世界上最大的胡克望远镜（口径2.5米），拍摄了它的光谱照片，证实了确实存在引力红移，而且，红移的波长值与广义相对论理论估计的不谋而合！

再说，白矮星与一般恒星有一个很大的不同：质量相同时，其大小竟完全相同，真好像是工厂中生产出来的"标准钢球"，但它毕竟不是人间凡品，因为这种"钢球"的质量越大，半径反而越小，乃至当超过1.44倍太阳质量时，半径竟缩小成零——不存在了。所以，这1.44倍太阳质量也就称为"钱德拉赛卡极限"。宇宙间决不存在质量比1.44倍太阳质量更大的白矮星。

"小绿人"发来的"电报"

1967年7月，英国剑桥大学射电天文台专门设计制造的一架新型射电望远镜开始投入观测，它那分排成16排的2 048个天线阵，占地2.1万 **217**

平方米（相当于32亩）。它的观测结果都自动记录在一盘盘的纸带上，每天下来，得到的纸带都有30多米长。10月份，休伊什教授的一位女研究生贝尔小姐在分析这些资料时发现，其中似有一个神秘的射电源，每到子夜时便会发生闪烁，子夜时仪器正对着狐狸座，这种闪烁表现为一个个有规则、有周期的脉冲。11月28日，他们已证实这个射电源发出的无线电脉冲波长是3.7米，周期极其稳定，为1.337秒。

这是什么引起的呢？显然不是太阳，因为子夜时太阳在地球的"下面"。是人类自己造成的无线电干扰吗？也不像，因为它来自固定的天区——狐狸座。休伊什不禁怦然心动，他想到了科幻小说中的"宇宙人"，或许这是他们正在向茫茫太空中发出找寻知音的讯号？这种周期精准、强度变化的讯号难道正是它们的电报？休伊什这时刚读到一本引人入胜的描写"宇宙小绿人"的科幻小说：在宇宙深处某个遥远的星球上，有一个极其繁荣发达的文明社会。由于这个星球强大的引力作用，那儿的居民怎么也长不高。他们的四肢也退化了，唯有发达的大脑。他们不用吃东西，因为它那绿色的皮肤可以进行光合作用……当然他们也在努力寻找其他"宇宙人"。于是，休伊什把这个神秘

英国天文学家贝尔

射电流记为"LGM1"（LGM正是小绿人的英文缩写）。他也确实花了一番工夫来研究这些"密码"，企图破译"小绿人"呼叫的具体内容……

随后，有关这种奇特脉冲的发现纷至沓来，到1968年1月，贝尔小姐已查明会发出这种令人费解的"电报"的射电源竟有4个！哪会有这么多的"宇宙小绿人"同时向我们呼叫？而且它们正好不约而同地使用相同的"电台"频率（81兆赫或波长3.7米）？于是科学家相信，这是一种以前人们不知道的新型天体——射电脉冲星，简称"脉冲星"，统一的记录符号为"PSR"后加位置。如最早发现的狐狸座脉冲星记为"PSR1919+21"，表示它的赤经为19时19分（相当于289°15′），赤纬北21°。

1968年2月，休伊什宣布他发现了第一颗脉冲星，引起很大轰动。到当年年底，脉冲星的名单已扩大到23颗，1974年时达132颗，现在早已超过了几千颗。后来人们把这列为20世纪60年代"四大天文发现"之一，休伊什还因此获得了奖金27.5万瑞典克朗的1974年诺贝尔物理学奖！

经过几年研究，人们终于相信，脉冲星不是什么"怪物"，而是人们还未见过面的"老朋友"。早在20世纪30年代，一些核物理学家就预言，宇宙中可能存在全部由中子组成的"中子星"。它的密度应该大得不可思议！

在此半个世纪以前，人们还难以理解白矮星为什么会有这么高的密度，比白矮星还密亿万倍的中子星，当然更像是"水月镜花"，就连从理论上预言中子星的苏联天文学家朗道本人，也没指望宇宙中真能发现这种奇特的天体。脉冲星的发现，使得人们旧话重提。通过各方面的论证，现在科学家们对此早已确信无疑，脉冲星就是高速自转的中子星！

中子星物质的电子壳层都已被压碎，所以它的半径理应比白矮星小千倍，即只有几到几十千米。典型的脉冲星的半径在10千米左右，与一座中等城市的大小相当。

脉冲星的质量可与太阳相比，约为十分之几到3倍太阳质量。这样不难算出，它的平均密度为$10^{14} \sim 10^{17}$千克/米^3，就是说，1立方厘米

219

的中子星物质，竟重达1亿多吨！黄豆大小的一块东西要10 000艘万吨轮才承受得起。这样的物质如果来到地球上，会立即压破地壳，钻到地球的中心。

从演化的角度来讲，脉冲星与白矮星处于同等的地位——都是垂死的、没有能量来源的、即将熄灭的晚年恒星，也是超新星爆发后剩下的内核。质量较大的核变为中子星，质量稍小的则变为白矮星。

宇宙怪物——黑洞

当年在拿破仑身边，曾有3位不凡的数学家，最著名的就是被誉为"法国的牛顿"的拉普拉斯。他在数学、力学、天文学上都有重大的建树。在他47岁那年，提出了著名的太阳系起源星云说，使拿破仑大为折服。传说拿破仑在读了他那洋洋大观的巨著后问道："先生，你写了这样一大本著作，但我却看不到哪儿提到万能的主，世界体系的创造者，能告诉我这是什么原因吗？"拉普拉斯对此回答得十分干脆："陛下，我用不着那个假设！"两年之后，即1798年，他又提出了一个令人吃惊的观点——"宇宙中最明亮的天体，可能对我们来说是看不见的。"随即他举了一个例子：一个直径比太阳大250倍、而密度与地球相当的大质量恒星，由于它本身产生的强大的万有引力，会把它发出的光也"拉回来"，这样，人们当然无法看见它了。

拉普拉斯是从牛顿力学的概念提出存在"黑天体"问题的。现在则完全是从爱因斯坦广义相对论所推导的必然结论：一个核反应完全停止的星体，再无其他力能顶住万有引力而坍缩。当原子被压破时，就会变成密度达$10^9 \sim 10^{12}$千克/米^{3}的白矮星；而恒星质量较大时，则还会敲开原子核变成挤成一团、密度更大百万倍的中子星；如坍缩的恒星质量大于3倍太阳质量，则还会坍缩下去，所有物质将无可避免地永远坍缩下去，所有的质量将集中在一个没有大小的"奇点"上。

正如"孙悟空跳不出如来佛的手心"一样，黑洞中的一切物质都不可能跑出洞外。从外面看，黑洞是绝对的黑，又是深不可测、永远填不满的无底洞。从名字来看，恐怕再也找不到比黑洞更贴切的词汇了。通俗地说，普通天体与黑洞间的区别在于是否小于"引力半径"，如果一个黑洞的质量为60万亿亿吨（相当于地球质量），其引力半径只有8.9毫米，只相当于一颗小小的豌豆。如果有朝一日，太阳的半径猛然收缩到3千米以下，那它也将变得"一团漆黑"，即使放到你眼前也无法看见它。

"黑洞"是宇宙中最不可思议的天体，也是最奇特的"怪物"，不管在变成黑洞前它是什么天体，是正常的主序星，还是特殊的变星，或者是新星、双星……只要一旦变成"黑洞"，就会不分彼此了。两个黑洞之间的区别只有三点：质量、角动量和电荷，所以天文学家诙谐地称之为"黑洞三毛定理"。除此之外，什么半径、密度、温度、化学组成，磁场……对于黑洞都失去了通常的意义。

引力半径也可看作"视界"，视界内外是截然不同的两个"天地"。在视界之外，似乎并无什么特异之处，物体还可自由往来及运动（只是会受到它强大的引力作用）；但若物体一旦越过视界进入黑洞内部，它就再也不会"重见天日"，它们将永远向黑洞的"中心"（即奇点）坠去，而且不管什么物质，有生命无生命的，到了黑洞内都变成清一色没有体积的东西。如果用科学术语来讲，从外面来看（只是理论上的"看"），黑洞内的时

只进不出的黑洞（艺术图）

间已经"凝固"不再流逝,但"空间"却在不断地伸长出去,永不返回。向奇点以光速下落的物体,也是永远不停地向奇点奔去,但却永远达不到在流逝的奇点上……

当然,至今谁也没有真正见过黑洞,即使将来谁来到了黑洞附近(那是很危险的,黑洞的强大引力会把你永恒地摄入黑洞内),也仍然难以探明黑洞内部的真实情况。所以它仍是"怪物",以致有时一遇到目前无法说明的自然现象,就会被人"祭"出它来帮助解释。

黑洞能把一切东西吸入又永远填不满的禀性,不禁使人想起了中国古籍《太平广记》中关于《胡媚儿》(卷二百八十六)的有趣故事:在唐朝贞元(公元785—805年)年间,扬州来了一个自称胡媚儿的乞丐,一天早晨,他取出一只小琉璃瓶,对周围人说:"有人施与满此瓶子,则足矣。"围观者见此瓶不过只能装半升米的光景,瓶口则细如芦苇管,故漫不经心地施了百钱投入、后置千钱,哪知进了钱的瓶仍如空的一样,有一好奇者笑施一驴,驴即成细线似的进了瓶去。不久,有装着国家税银的车队过来了,领队者也好奇地问胡媚儿"能令诸车皆入此中乎??"胡媚儿答许之则可,人们不信,齐说"且试之。"只见胡媚儿将那瓶稍倾侧,大喝一声"入!"只见车队相继悉数进入了瓶内,正当人们惊骇万分之时,胡媚儿迅速跳入了瓶内而不知所终……当然,《太平广记》只是传奇故事,但我们也不能不钦佩作者的想象力,似能为黑洞的某些特性做出有趣的诠释。

千姿百态话星云

西方有一个古老的关于"火凤凰"的美丽神话。火凤凰原是生活在阿拉伯沙漠中的一只神鸟,其寿命长达几百年。在它自感生命即将衰竭时,就会筑起一个由香木组成的巢窝,并从中发光自焚。烈火烧尽了它身上的污秽,于是在一片灰烬中它又获得了新生……如此循环不已,神鸟就得到了永生。

18世纪,德国著名哲学家康德就把天体及天体系统比喻为"火凤凰"。他认为"大自然的火凤凰所以自焚,就是为了要从它的灰烬中恢复青春得到永生"。应当说这是一个绝妙的比喻。从星云中脱胎而出的恒星,确如一只"火凤凰"。在漫长的岁月中,它经过主序星、红巨星、变星(有时候是超新星)、致密星(白矮星、中子星及黑洞),走完了一生,有的又变成了星云物质。经过复杂的过程,从这些灰烬(星云)中又会孕育出新的恒星。当然,新诞生的第二代恒星在化学组成上与第一代恒星是有区别的,前者重元素含量比后者多,而且"辈分"越后的恒星重元素的含量越多。

也有人把星云和星比作鸡和蛋的关系,星云中生出了恒星,恒星又转化为星云物质……如此循环不已。

星云是银河系内一切非恒星状的气体尘埃云,从物理特性及演化位置来看,它可分为:弥漫星云、行星状星云、超新星遗迹三大类。弥漫星云也是千差万别,有的如美丽的玫瑰,有的似柔软的丝巾,有的如地图上的北美洲……真是千姿百态,变幻无穷。在几十个已知的弥漫星云中,只有一个蜘蛛星云位于银河系外的大麦哲伦云(星系)中。蜘蛛星云也是迄今所知的最大的星云。它的直径达170秒差距,是猎户星云的34倍,总质量为太阳质量的10^6倍。

形象酷似马头的马头星云　**223**

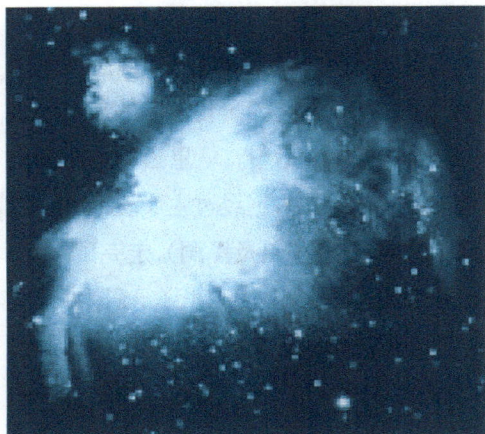

唯一肉眼可见的猎户大星云

在冬天的晴夜中，人们可从猎户悬挂的宝剑中见到一团"云气"——猎户大星云M42（或称NGC1976），其直径约5秒差距，质量为太阳质量的300倍，距离为460秒差距，M42最引人注目之处是在那儿发现了许多原恒星、红外星、H-H天体及球状体，可见它是正在孕育新恒星的"温床"，因而备受天文学家的青睐。

星云的直径为1～300光年，平均约为几十光年。星云中的物质主要是氢，其次是氦，比例与恒星中相仿。此外，还有少量的碳、氧、氟、硫、氯、氩及镁、钾、钠、钙、铁等元素，甚至还有一些有机分子。但它们的密度极其稀薄，仅比星际空间高几十至几百倍，即每立方厘米中仅有几十到几百个粒子。相比之下，人类所能制成的最高的"真空"也会自愧弗如。但因其体积庞大，所以在银河系中，星云的质量小的也有太阳质量的十分之几，大的竟可达几千倍太阳质量，平均为太阳质量的10倍左右。

五彩缤纷的星云似乎很惹人喜爱，但在18世纪望远镜的威力还很小的时代，它们都毫无动人的风采。在小望远镜的视场中，它们"千人一面"，都是黄豆般大小的一小块模模糊糊的云絮状光斑，简直与还未长出尾巴的彗星无异，因此只有那些专门研究彗星的人才肯在它们身上花些工夫。法国天文学家梅西耶所以着力编纂世界上第一本星团星云表（即M星表），正是为了防止犯下这种"指鹿为马"的错误。因为他当时正致力于发现新彗星的工作，他在15年内找到了21颗新彗星，这一"世界纪录"曾保持了很长的时间。

美丽"钻戒"惹人爱

1779年，威廉·赫歇尔磨制了一架十分出色的反射望远镜，每到夜幕垂临，他常带着比他小12岁的妹妹罗嘉琳，一同用这架望远镜观察有趣的星空。有一天他们在天琴座内发现了一个略带淡绿色、边缘相当清晰的云絮状的小圆面。赫歇尔明白，不论用多大的望远镜，恒星也显不出圆面来，它倒有些像太阳系中的行星（如火星、木星那样），因而把它称为"行星状星云"。后来，赫歇尔发现了天王星，发现了双星，一系列的成就使他终于成为一代天文宗师，并荣任英国皇家天文学会首任会长。正是他那显赫的声誉，使这个名不副实的怪名字一直沿用到今天。

后人用大望远镜仔细端详了这些奇特的圆斑，发现原来它们乃是一些动人的环状星云。乍一看去，宛如美丽的戒指，仔细审视，有时还可发现，"戒指"中央往往还有一颗白色或蓝色的恒星，就像镶嵌在戒指上的一枚华贵的宝石。

随着望远镜口径的增大，行星状星云的队伍也很快壮大起来，1940年时人们仅知130多个，到1977年已达到1 237个。更重要的是通过大望远镜，人们看清了它们的庐山真面目，原来它那环状或盘状的星云内，还有一些纤维、小弧段、气流、斑点等精细结构。并且，还发现了一些形状奇特的行星状星云，如位于狐狸座内M27，就有一

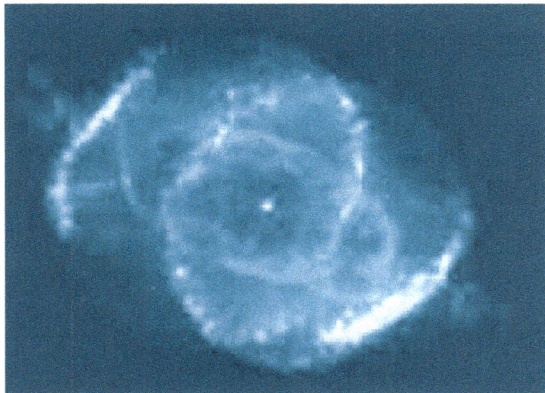

行星状星云之一——猫眼星云　　**225**

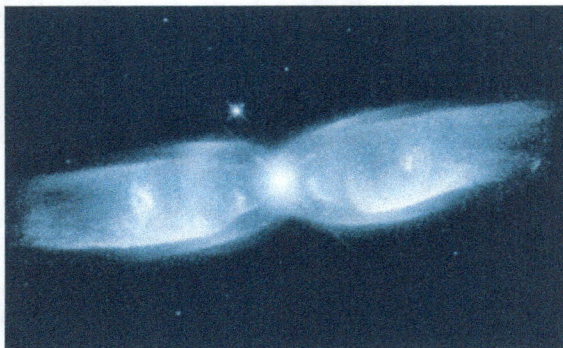

行星状星云之——蝴蝶星云

个很有名的"哑铃星云"（其外形与锻炼身体的哑铃酷似）、其他还有蝴蝶星云（形似展翅的蝴蝶）……

现在已发现有1 000多个行星状星云，但估计银河系中应有4~5万个，即现在发现的仅占2%~3%。再说，现在从银河系近邻的星系中，也发现了许多这种天体，所以看来上述的估算还是比较可信的。

研究表明，行星状星云气壳内的物质稀薄得难以想象，以至天文学家宁愿用粒子密度来表示——每立方厘米中只有10^2~10^5个原子。即使以10^5个原子/厘米^{3}计算，如果切一条长达日地距离（1.5亿千米）、截面积为10平方米的体积，其总质量仅0.15克左右！整个星云的质量为0.1~1太阳质量间。它们都在不断地向外膨胀，膨胀的速度为10~50千米/秒。由此可见，天长日久，它们将变得越来越稀薄，并最终完全消散在广袤无垠的宇宙中。

行星状星云中的星（核心星）无一例外都是表面温度达3万摄氏度以上的高温星，所以它发出的是紫外光，可见光反而很弱，以至让人不易见到它。

行星状星云的壳层一直处于快速膨胀中，所以其寿命估计只有几万年左右，实属短命者。但其内部的核心星因开始收缩而重获能量，使其密度和表面温度再次上升，从而演变为白矮星。人们认为，宇宙中大多质量不大的恒星在晚期不可能变成超新星，而是能通过行星状星云，比较平和地抛却其外层物质，演变为白矮星而度过余生。

生死相依的星星

我们知道,同一星座中有几十、上百颗恒星,其中只有很少一部分才是真正休戚相关的"亲属",绝大部分的成员彼此间从无瓜葛,风马牛不相及,只是因投影的关系才被人们"配"在一起的。但是,放眼银河,恒星却的确又是不甘寂寞的,它们或者成双作对,或者三五成群,甚至千百成团,构成了各种大小不等的恒星系统,并组成了一个庞大的"家族"。有人做过统计,在以太阳为中心、半径为17光年的范围内,现已知有恒星60颗。其中真正是形单影只坚持"独身主义"的单星仅32颗,约占53%,而双星有11对(22颗),三合星(3颗恒星聚在一起的恒星系统)有2组(6颗)。

一次特别的音乐会

双星在天文学中有特殊的地位,所以有关研究进展很快,双星的成员亦与日俱增。

1981年4月25日晚,英国格林尼治皇家海军学院内春意盎然,礼堂门前车水马龙,许多天文学家纷纷赶来。原来,这儿今天有一个特别的音乐会——"纪念赫歇尔音乐演奏会"。而该年正是威廉·赫歇尔发现天王星的200周年,正是这项名彪史册的重大发现,才使他从一个爱好天文学的乐师变成了有深厚音乐造诣的天文学家。威廉·赫歇尔最初是在演出之余观测天空,研究星星,1781年之后则主次颠倒了,是在研究天文学之余,用音乐来消除疲劳,调剂精神的。在那次盛大的音乐会上,所有登台表演的节目,不管是交响乐还是奏鸣曲,也无论是协奏曲还是田园诗,无一例外都是赫歇尔本人创作的作品。在那余音绕

开拓双星研究的"两栖人"赫歇尔

梁的优美旋律中，与会者一致称颂这位贡献巨大的科学家不愧是空前少有的"双星"——音乐界与天文学界的"两栖人"与"双星"。

人们把威廉·赫歇尔称为"双星"，本身就有着双重的含义：一是他同时在天文学、音乐两个截然不同领域中都有光彩照人的业绩；二是人类对于双星进行系统的科学研究正是由他开始并奠定基础的。

原先赫歇尔并不相信宇宙中的恒星会像"有情人"那样结合成亲密的"伴侣"，他满以为那些看起来彼此靠得很近的两颗星只是表面现象，是投影所造成的，或者说是那种彼此不相干的"光学双星"。他对它们感兴趣是因为他想攻克恼人的"恒星视差"这个科学堡垒。赫歇尔的思路是，既然有那么多的"光学双星"，按照视差原理，近的那颗子星（通常把双星中两颗星都称作"子星"）视差大，而如果把远的子星作为比较的标准，则它们之间的角距离应当呈现出比较规则的周年变化，他决心要把这种反映视差的变化测出来。

一晃几年过去了，赫歇尔得到了许多观测资料，多年的实际经验使赫歇尔明白，他必须抛弃旧观念，必须改弦易辙。他开始领悟到它们大多不是光学双星，而是真正的"天界鸳鸯"。1782年，44岁的赫歇尔终于把观测结果整理了出来，成为世界上第一本双星表。它列出284对双星（当然全部都是较近的）的有关数据，后来他又陆续进行了补充，使双星成员扩大到848对。

威廉·赫歇尔发现并证实了双星，使人们对恒星的认识大大深化了，而双星间两颗子星都沿着椭圆轨道互相绕转的事实，又表明了牛顿万有引力确实是"万有"的,同样适用于太阳系之外的恒星世界,由此也证明了物质世界的同一性。这样人们就可以利用开普勒行星运动定律去求得恒星的质量,这样求得的恒星质量至今仍是最可靠的资料。

由此可知,双星乃是恒星世界中的普遍现象。不论在什么时候,天空中总有许多双星在你眼前。当然还需要有一架小小的望远镜,即使是倍数不大的军用双筒望远镜亦可。那样,你就能见到那些形影不离的"天界鸳鸯",它们或红黄相衬,或白蓝辉映,或青紫配对,点缀着神奇的星空,让人看了赏心悦目,心旷神怡。

双星世界藏龙卧虎

古典名著《醒世恒言》中有这样一则故事:号称"初唐四杰"之一的少年才子王勃,因得到神灵之助,使他乘坐的一叶小舟夜行七百余里,从马当赶到南昌,终于在重阳日赶上了文人雅士的宴席,并写下了脍炙人口的《滕王阁序》。文中"物华天宝,龙光射牛斗之墟;人杰地灵,徐孺下陈蕃之榻"等佳句,更是千载传诵不已。

对于双星而言,也真用得上"物华天宝"、"人杰地灵"这8个字。因为它确实是藏龙卧虎的"宝地",其中蕴藏着无数珍奇异宝,值得科学家去认真挖掘、探寻。20世纪50年代以后,双星研究已成为天文学中一个活跃的前沿阵地。

双星的重要,不仅在于它们数量浩大,因而本身就带有普遍意义,更是由于它们"品种"丰富,各有各的用途……

以观测的方式及见到的形态,双星可以分成三大类:

(1)目视双星,用望远镜即可分辨出两颗子星的双星。由于受肉眼本身的局限,最早所知的目视双星的角距都在1角秒以上,例如,著名的天狼星与其伴星之间相距7.57角秒。最近人们利用一些现代最新的观测技术,已把可辨角距提高了10～100倍,即可达0.01角秒。这是一个极小的角度，相当于位于上海的一个观测者所见到一个北京居民两只眼睛之间的张角。

（2）交食双星，简称"食双星"。当两子星间的角距离小于上述值时，就无法明确把它们分开。但倘若子星间互相绕转的轨道平面大致与视线平行，则在它们互相绕转的运动过程中，会发生与日月食、掩星之类互相掩挡的交食现象，以致于人们可见到它的光呈现出强弱不同的周期变化。因此，早期的交食双星都被当作了变星。最著名的例子便是前文所述的"魔星"大陵五（英仙座 β 星）。现在已知的食双星有4 000多对。

（3）分光双星，既不能分辨出子星又没有周期的光变，但光谱中谱线有周期性的红移、蓝移的双星。实际上它与交食双星的区别仅在于轨道面与视线交角大小不同而已（它的交角不太大，但也不太小）。有许多交食双星同时也是分光双星。现在已定出轨道的分光双星有800多对，多数周期小于10天，典型的例子是角宿一（室女座 α 星），其绕转周期为4.01天。其中有不少还可称为"密近双星"，顾名思义，这类双星中两子星间会有物质交流。

天文学家是聪明的，他们会充分利用开普勒定律、牛顿定律，来个"一箭双

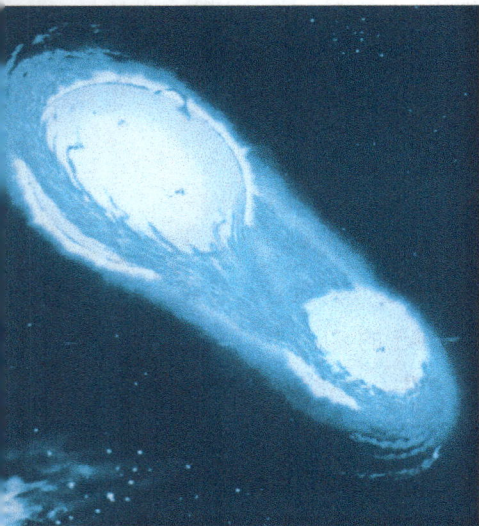

子星间有物质交流的"密近双星"

雕"——同时求出双星之间的距离及两颗子星各自的质量。当年白矮星所具有的惊人密度,正是从天狼星及其伴星的轨道运动中算得的。如今200多年过去了,尽管现在发明了其他一些测定恒星质量的办法,如质光赫罗图等,但这些都是间接的方法,往往会带有较大的误差,唯有双星法才是最基本、最可靠的方法。也正因为如此,对于那些单颗恒星的质量值,至今很多还是要带一个问号的。

双星又是科学家们理想的"实验室"。它可以让人们从容地研究恒星与恒星之间的各种相互作用——引力作用、辐射作用、电磁作用、物质作用等,也可为研究恒星的大气结构、密度分布、爆发机制等提供资料。此外,还有理论上的一些难题,如广义相对论所预言的"引力波"究竟是否存在,它只能在那些子星为致密星的"密近双星"中去进行验证。现在所知的关于引力波存在的间接证据,也是在脉冲双星(两颗子星均为脉冲星)PSR1913+16的观测中得到的,美国天文学家泰勒和他的研究生赫米斯还因此荣获了1993年度的诺贝尔物理学奖!

许多奇特的天体和天文现象也都发生在双星系统中。爆发的新星是双星中的一个子星,正是它们之间的相互物质作用才造成了这种大规模的爆发,人们也把如何寻找黑洞的希望寄托在双星身上,除了它,人们一时还找不到更合适的线索。

欢乐愉快的集体舞

如果把双星比作一对对情侣在跳优美的"华尔兹",那么许多恒星组成的"聚星"就可看作是众多人群共同跳着欢快的集体舞。聚星也称"多合星",四合星便是4颗互相绕转的恒星系统,五合星即包含有5颗有关联的恒星,依此类推,而诸如开阳、双子座α星、双子座β星,实际上都是比较著名的六合星。当恒星成员数超过10颗后,人们便专门给予新的名称——星团。

231

冬夜星空中美丽的昴星团

希腊神话中的主神宙斯总是到处拈花惹草，但结局往往是一个个悲剧，神后赫拉妒火中烧，无辜的姑娘因而受到了残酷的折磨和惩罚。美丽的仙女赛墨勒的命运甚至比化作大熊的卡丽斯塔更为悲惨。神后赫拉利用她的年轻幼稚，使了个"借刀杀人"计，让她钻进圈套，最后惨死在自己钟情的宙斯的霹雳之下。宙斯在悲恸之余，将她所生的儿子托付给7位山林女仙抚养，她们原来都是月神兼狩猎女神阿尔忒弥斯的侍女。她们把这个失去母爱的孩子抚养长大，成了世人敬仰的酒神狄俄尼索斯。但后来这7位仙女的花容月貌使猎人奥赖翁垂涎三尺，他带着猎犬疯狂地追逐她们，7位仙女吓得惊慌失措，四处奔逃。宙斯因她们育儿的功劳，及时地把她们化为7只鸽子，不仅从此逃脱了奥赖翁的纠缠，还上天庭变成了一簇醒目的昴星团。

有趣的是，无论中外，古代都把昴星团称为"七姐妹星"或"七簇星"，可见那时昴星团中确实有7颗较亮的恒星。但是现在人们凭肉眼却只能见到其中6颗，那颗昴宿三（金牛座21号星）现在的视亮度已暗于6等，因而已从肉眼中"消失"了。什么原因目前还是众说纷纭。但耐人寻味的是，尽管东西方的思想体系、文化渊源有着天壤之别，对星座划分和命名也迥然相异，但对"失踪"的昴宿三却有着相似的传说。古希腊神话中说7个侍女上天后，其中有一个名叫赛丽娜的仙女为尘世所吸引，勇敢地奔向了人间……而中国则流传着七仙女和董永悲欢离合的故事。

现在所见昴星团内的六颗亮星

中国星名	昴宿一	昴宿二	昴宿四	昴宿五	昴宿六	昴宿七
西方星名	金牛座17	金牛座19	金牛座20	金牛座23	金牛座η	金牛座27
亮度（星等）	3.71	4.31	3.88	4.18	2.87	3.64

　　昴星团是天庭中最著名的星团，唐诗中"秋静见旄头"之旄头指的就是它。在更早的《诗经》中也有"嘒彼小星，唯参与昴"之句，可见中国很早就把它与猎户相提并论了。每到初冬时节，昴星团在傍晚就露出东方地平线，随着它慢慢升高，猎户也跟着冉冉升起——奥赖翁还在后面追逐着她们。

　　昴星团也是天上最易识别的天体之一。现在天文学家已肯定，昴星团的成员星约为280颗。昴星团是人们研究得最详尽的星团之一，已经测出它离太阳约128秒差距，直径约为4秒差距，在它内部两颗恒星间的平均距离还不到1光年，是一般恒星密度的84倍。

　　除了昴星团外，天上还有许多类似的星团，如毕星团、鬼星团（又称"蜂巢星团"）……现在已发现1 000多个。由于它们大多分布于银河的两侧附近，故常称之为"银河星团"。后来发现，银河星团的结构还算是比较松散的，形状也不太规则，所以也可称它们为"疏散星团"。除了以上所说的特点之外，疏散星团还有不少共性：成员星不太多，在十几到上千之间；空间范围不太大，在几到几十秒差距之间；更主要的是，疏散星团的年龄都较轻，不过几千万年，只有少数才几亿岁，比太阳、地球都年轻得多。

狐狸吃不到的大"葡萄"

　　《伊索寓言》中的狐狸，因为吃不到高高挂着的葡萄，就说这些葡萄是酸的，天上也有它吃不到的"葡萄"——球状星团。

球状星团与银河星团几乎毫无相同之处。从外形上讲，银河星团不太规则，也没有固定的形状，但球状星团几乎都表现为规则的球对称形状，尤其在其中心部位，结构紧密得看上去成一整块球团，几乎难以一一分清其中的星星，球状星团通常包含有几十万到几千万个成员，如M13估计有30万颗星，而人马座中的另一个球状星团M22，其成员星达700万。

看起来十分紧密是一种假象。因为它们的距离比银河星团远得多。倘若真有机会乘宇宙飞船去那儿旅游，你将发现其内部还是空空荡荡的。即以M22为例，平均每两颗恒星相隔的长度为0.07光年，即4 700天文单位，这比太阳与海王星之间的距离还大157倍左右。

观测发现，球状星团内往往包含有许多短周期造父变星——天琴RR型变星（这类变星也称为"星团变星"）。依靠这些变星，我们不难一一定出各个球状星团的距离值，从而进一步研究它们的空间分布和实际大小。

球状星团的实际大小可以相差很大。距离又远得多，所以在以前的小望远镜中，球状星团与星云、早期的彗星非常相似，都呈现为一小团模糊的云絮状的亮斑点。例如，最近的球状星团NGC6397，距我们也有2 400秒差距（7 800光年），仅与一个7等星的亮点相仿。最亮的球状星团NGC5139，长期以来被误认为是半人马座中

球状星团M13，其中有30万颗星

的一颗普通恒星,所以它有一个恒星化的名字:半人马座ω星。

球状星团在天文学中有着重要的地位,在科学上立下了显赫的功勋。首先,通过球状星团的空间分布,美国天文学家沙普利推翻了当年威廉·赫歇尔所作出的"太阳位于银河系中心"的错误结论。哥白尼把地球从宇宙中心位置上拉了下来,但他的革命并不彻底,因为太阳仍被他尊为宇宙中心。现在沙普利把太阳也从宇宙中心的宝座上请了下来,更证明了地球和人类并不是"天之骄子"这样的科学真理。

球状星团本身也是一把难得的"量天尺",在造父变星鞭长莫及时,它的测量距离的作用就更为突出了。

它在天文学上建立的第三功劳是,通过球状星团的研究,发现了恒星与恒星之间的星际空间内,即使没有星云时也不是真空的,其间充满着"星际物质"(或称"星际介质")。它们以两种方式弥散在整个宇宙空间内,一是星际气体,主要成分是氢、氦;二是星际尘埃,它们主要由$10^{-4}\sim10^{-3}$毫米大小的冰晶、硅酸盐、石墨等组成(还有少量的铁、镁等金属)。

球状星团内基本上没有早型星,这表示它们都是十分年老的天体。它们的"年龄"几乎与银河系甚至宇宙一样老。

人造卫星上天后,球状星团的"身价"又陡然猛升。空间探测发现,有不少球状星团如同一架超级的强X光机,会发出很强的X射线。还发现有些球状星团的X射线会突然爆发,即在半秒钟内强度剧增几十倍(如果医用X光机也这样,则做胸透检查的人就遭殃了)。因此有人认为,在球状星团内或许也存在着如黑洞那样的神秘天体,而且这必是另一种类型即大质量的黑洞。当然这尚是理论的猜测,要证实它还要做许多工作。

仙后"乳汁"飞上天

众所周知天上有条银河。古诗中有关它的佳句比比皆是,有杜

世界名画《银河的起源》

甫的"三峡星河影动摇"、李商隐的"长河渐落晓星沉"、苏轼的"银潢左界上通灵"、陆游的"河汉西流复纵横",其他如"银浦流云学水声"、"银湾晓转流天东"、"星汉西流夜未央"……这儿的"星河"、"长河"、"银潢"、"河汉"等,都是中国古代关于银河的别称。有人曾做过统计,有关银河的雅号不下23个,关于它的美丽神话传说更是不胜枚举。例如,传说汉武帝曾派遣张骞去查探黄河的源头。张骞乘着木筏沿河而上,很多天后进入了难分昼夜的混沌世界……后来竟来到了天河边,遇到了牛郎织女……

罗马神话中关于银河起源是这样的,天神朱庇特在凡间生了一个儿子,他把儿子接到天庭,并派人把婴儿送到他妻子朱诺那儿,要她悉心抚养。那小孩爬到朱诺的身边,就迫不及待要吸吮母乳,但朱诺事先并不知情,因而被不知何处来的孩子吓了一大跳,身体几乎失去平衡,顿时丰腴的仙乳四涌,喷洒向天庭,于是形成了天空中的漫漫银河。据说这婴儿后来就是众神信使墨丘利。意大利画家丁托列托有幅名画所绘即是这样的神话。在英语中银河称为**"Milky Way"**,意思为"牛奶色的路",而在拉丁文**"Via lactea"**的本意乃是"乳汁之路"。古印度人把银河看作为一条超度亡灵、走向西天佛国、联结神冥的大道,而南美则视其为"米托"——专门吞食其他动物的一条大蚯蚓……

最早窥破"仙后乳汁"奥秘的是意大利科学家伽利略。1609年他

太阳

侧看银河系
似"铁饼"

把望远镜指向银河时，一切都清楚了：原来它并不是富有诗意的乳汁之路，也不是滔滔大江，而全是密密麻麻的星星，是神奇的星光相互交辉，才编织出这样巧夺天工的"光幕"——银河。

现在已经探明，银河系作为万千恒星组成的庞大星城，真是大极了。从侧面看去，它酷肖一块体育比赛用的大铁饼。人们称其主体部分为银盘，银盘的中心对称面则是常说的银道面。银盘的直径大约为25千秒差距（约8万多光年）。

如果有办法跳到银河系的上空，居高临下来观察这座庞大的星城，它就像一只美丽的"海星"从中心部位（称为"银核"或"核球"）伸出几条弯弯的"触臂"（称为"旋臂"）。我们的太阳就隐没在其中一条旋臂中。太阳与银河系中心（银心）相距约10千秒差距。所以太阳决不在银河系中心。

银盘的形状是中间厚、两边薄，中央部分的厚度约为2千秒差距。到太阳附近时盘的厚度仅剩一半，即1千秒差距。太阳不仅不在银河系中心，甚至还不在其对称面——银道面上。太阳距离银道面约8秒差距。

现在人类的"目光"很难到达银核那儿。因此银心乃至银核的性质至今尚不清楚。现在人们只是估计银核可能略呈椭球状，核球内的恒星十分密集，因为这么一个小椭球的质量竟达5.5×10^9太阳质量，即约为整个银河系质量的4%！其中除了众多的恒星外，可能也

237

俯看银河系似"海星"

有大量的分子云及天琴座RR型变星等年老天体。从银核有强烈的X辐射，邻近天体都在以2 000千米/秒的异常速度绕它旋转，美国、德国天文学家认为，银河系中心一定有一个大质量黑洞。

根据多种方法测定，银河系的总质量大约为1.4×10^{11}太阳质量，其中93%即约1.3×10^{11}太阳质量的物质是恒星(包括恒星集团——双星、聚星及星团)。倘若以银河系总星数为1.5×10^{11}颗算，则恒星的平均质量为0.87太阳质量。

银河系作为一个整体，在宇宙空间中除了宏观运动外，它还在不停地自转着。银河系的自转方式比较特别：在银核及近银核部分区域，大致是刚体自转，即自转的线速度与离银心距离成正比；但在银河边缘区域，它们却又像行星绕太阳那样做开普勒运动，离银心越远，速度越小。在太阳附近的恒星(包括太阳)，它们绕银心运转的规律介乎二者之间，约为250千米/秒。尽管如此，太阳在银河系中转一圈的时间竟需2.5亿年，可见银河系之大了。

千万颗恒星构成组合体

常言说得好"天外有天楼外有楼",事实也确是如此。人们对客观世界的认识,常常受到原有知识框架的束缚,旧的传统观念限制了人们的视野。长期以来"天圆地方"被认为是颠扑不破的真理,直到麦哲伦环球航海成功,人们才不再怀疑地球确是一个球体。哥白尼、伽利略他们破除了"地心说",描绘出了太阳系的实际图像,可他们发现了土星就发出了"观止"的叹息。威廉·赫歇尔发现了天王星,证明太阳系大得很,接着他又确证了扁平的银河系,可赫歇尔的宇宙模式却把太阳放到了银河系的中心位置。直到20世纪初,一些威力空前的大望远镜相继投入了观测,人们才惊喜地发现,银河系的外面还有无限的风光……

仲秋能见"仙女"面

现在我们又越过了银河系,来到了星系组成的世界。何谓星系?科学地讲,即是由几十亿至数千亿颗恒星和星际物质构成、占据几千至数十万秒差距空间的天体系统。它们都是一个个极其庞大的"星城",例如,银河系就是太阳系所在的一个星系。广袤无垠的宇宙空间中,星系的数目极多,现在估计在2 000亿个之上。比银河系中的恒星数还多!

如果你的视力敏锐,就可在仲秋的晴夜,见到高卧于天的"仙女"安德洛美达,在她右膝上方,似有一小块淡淡的光斑,大小还不到2′,那就是大名鼎鼎的"仙女座大星云",实际应正名为"仙女星系"。

仙女星系是人类第一个确证为河(银河系)外的天体,也是在北半球上唯一肉眼可见的星系。仙女星系的目视总星等为3.5等,其单位面 **239**

仙女星系 M31

积的亮度仅与6等星相仿，故需要在良好观测条件下肉眼才可见到。它常写作M31或NGC224。实际上，有关它最早的文字记录出于公元10世纪一个波斯天文学家之手。他把它称为"小云"。

1612年，一个与伽利略同时代的德国天文学家马里乌斯对这个小云产生了浓厚的兴趣，他用自制的望远镜对准了这个奇特的光斑，并在记录中把它形容为像"一个透过风雨灯的角质小圆窗所看到的烛焰"。人们正式得到仙女的"玉照"则已迟至1890年，但对它的正确认识却还要迟很多。

仙女星系的直径约为50千秒差距，几乎是银河系的2倍。它的质量有3.1×10^{11}太阳质量，是银河系质量的2.2倍。也是银河系附近几十个星系中最大、最亮、最"重"的星系。

现在已经探明，仙女星系无论是形态，还是结构、组成，与银河系都十分相似。它也有核球，也从核球伸出弯弯的旋臂，旋臂内的星都是相当年轻的天体。它们的自转方式也十分相像，不用多说，两者应属于同一类型。

为了研究星系，人们习惯按照星系的形态对它们分类。在哈勃分类序列中，对仙女星系和银河系那样具有旋涡状结构的，均称为"旋涡星系"，记为S。旋涡星系是星系世界中最兴旺的一支，几乎占据80%左右。最早确知的旋涡星系是M51猎犬座旋涡星系，那是罗斯伯爵用它的"列维亚森"超级天文望远镜所得的主要成果之一（1845年）。它的盘平面大致与我们的视线相垂直，因而见不到凸透镜形状的星系盘，但从核球中伸出的旋臂却分外妖娆动人。后来人们发现，旋涡星系的核球形态并不雷同，大体上有两种模样，因而干脆把旋涡星系重新分为两类：正常旋涡星系与棒旋星系。后者的核球内好似有一根棍棒，另有一种特别的风韵。对于这两类星系，人们根据旋臂缠绕松紧的程度都分为a、b、c三个次型。

旋涡星系的直径范围在5 000～50 000秒差距间，质量则介于10^9～10^{11}太阳质量之间。当然，一般中也有例外，如1980年人们发现一个旋涡星系NGC1961，它的总质量达10^{12}太阳质量，其直径也溢出上述范围，为185千秒差距。如果把它放到仙女星系的距离上，它的亮度将超过全天最亮的恒星天狼星。1987年，中国紫金山天文台副研究员苏洪钧与美国天文学家合作，发现了一个迄今所知最大的旋涡星系——马卡良348。凑巧的是，它也位于仙女座方向，但距离却达3亿光年，即比M31远135倍。测算得出它的直径约为400千秒差距。在它的大肚子内可以装得下100个银河系。相反最小的旋涡星系NGC3928的直径只有2.8千秒差距。棒旋星系中的最大者在孔雀座内，直

旋涡星系的三个次型，自上而下：S_a、S_b、S_c

241

径为240千秒差距，介于**NGC1961**与马卡良**348**之间。

椭圆星系中的翘楚——M87

从形态看，星系中还有一大类别——椭圆星系，外表看它们好似一团亮斑，亮斑的轮廓是一个椭圆或正圆，中间有一个明亮的核心，越往外亮度越低。用大望远镜观测可知，组成其外围部分的点点繁星都是年老的恒星，星际气体比较少，所以外围部分显得有些透明，有时还可透过它看见后面更为遥远的天体。

椭圆星系的符号为**E**。根据统计，椭圆星系占星系总数的17%左右。椭圆是有一定扁度的，因此，所以可分为E0、E1、E2、……E7等8个次型。E0呈正圆，E7最扁。然而必须说明的是，所见的扁度是"视扁度"，并非就是真正的实际扁度，因为这与它星系盘平面的朝向有关。即使它尖如橄榄，如若尖端对着地球，人们也可能会看到是E0型的。

最初时，人们把哈勃序列看成了星系演化的各个阶段，即从圆→椭圆→扁椭圆→旋涡（棒旋）→旋臂松开→不规则……当然也有人认为演化的方向正好与此相反，即自右向左。这似乎都是一幅很美妙的图像。可惜这种设想仅是一种单相思，因为不同类型的星系都有不同的年龄，正如恒星的哈佛分类法中，主星序并不是恒星演化的次序一样，哈勃分类的序列也与星系演化的过程毫不相干。

有人主张星系是依自左向右，也有人认为是自右向左的序列演化的

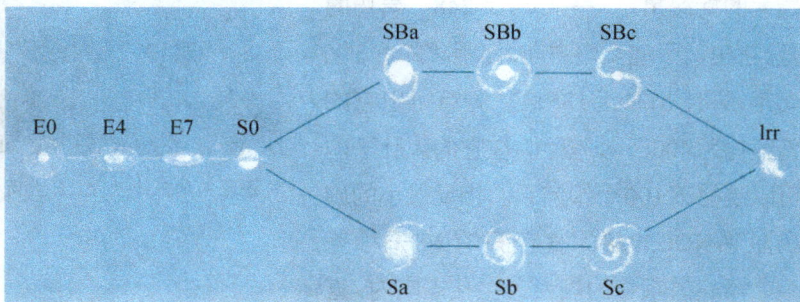

椭圆星系的大小之别甚至比旋涡星系更为悬殊。资料表明，它们的直径在 1～200 千秒差距之间，大小竟差 200 倍。质量范围在 10^5～10^{13} 太阳质量间，彼此相差 1 亿倍。若将最小的椭圆星系比作 2.5 克的乒乓球，那么质量最大的椭圆星系就重达 250 吨！

最著名的一个椭圆星系是 M87（NGC4486），它位于室女座 ε 星的方向。以前曾认为这是质量最大的星系，也是银河系附近最亮的一个大星系。在一般的照相观测中，M87 的形状接近正圆，显然是 E0 型。由于它的距离远达 4 400 万光年，为 M31 距离的 20 倍，所以粗看并没有什么惊人之处。但用人造卫星上的紫外望远镜中则显出了它的不凡之处：在其中心核外有几个亮节，犹如一串美丽的珍珠，长约 25′，比月球的角直径略小一些，非常绚丽。

人们通过多种方法进行了测量，发现这一颗颗"珍珠"大得非凡，直径竟与整个银河系相当——近似为 30 千秒差距，而质量大到 1.5×10^{11} 太阳质量，也超过了银河系。整串"珍珠"的长度为 250 千秒差距，它喷发物质的速度高达每秒几万千米，由此可知爆发的能量高达

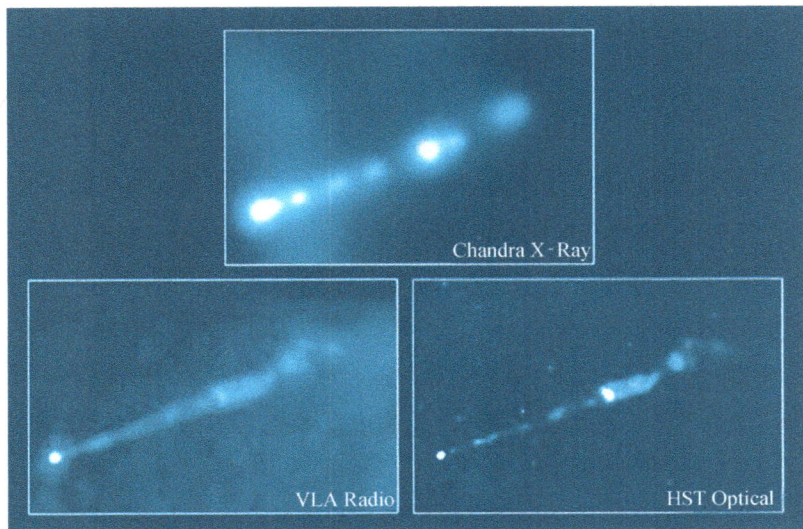

M87 喷出的大"珍珠"（分别用 X 射线、射电及光学所摄）

243

$10^{52} \sim 10^{53}$ 焦。如果把太阳的年龄算作50亿岁,在这漫长的岁月中它发光的强度并未有大变化,那么太阳50亿年内发出的能量和不过是10^{44}焦,大约只相当于上述数字的一亿分之一到十亿分之一。

近年来,天文学家对M87的研究正在日益深入。1982年,美国发射的"高能天文台"2号卫星发现,M87外面还有一个光度很低的星系晕。从光学上看,这个晕十分暗弱,但却在发出强烈的X射线。这个晕从中心一直伸展到离中心800千秒差距的地方,大致与9个满月的角直径相当,比原来所说的直径还大6倍。估计这个晕的质量为10^{14}太阳质量,比星系本体的质量大一个数量级。

在M87的中心区域,人们又发现有一个巨大而暗弱的区域,大约在中心附近不到3″(相当于200秒差距)的区域里,竟集中了5×10^{9}太阳质量的物质,这个物质密度比一般的恒星空间密度大1万多倍,而且其中还有各种激烈的活动,如爆发、物质抛射等。对于这一系列不平常的现象,有人认为在M87的星系核中心存在着一个质量为5×10^{9}太阳质量的黑洞,1994年美国天文学家曾宣称,哈勃太空望远镜已经证实了这是一个星系级别的大黑洞。

麦哲伦的意外发现

公元1519年9月20日,39岁的葡萄牙航海家麦哲伦在西班牙国王的支持下,率领一支船队从西班牙出发,揭开了人类第一次环球航行的序幕。这支船队原先有5条大船265名海员,当他们于1522年9月7日回到西班牙时,只剩下一条伤痕累累的破船及憔悴不堪的18名幸存者。麦哲伦本人在1521年4月一次为征服菲律宾宿务岛的殖民战争中,被岛上的土著居民乱刀砍死。麦哲伦惨死异乡,但生还的海员却带回了他生前的天文发现。

1520年10月,在南美洲现今叫麦哲伦海峡的洋面上,麦哲伦发现

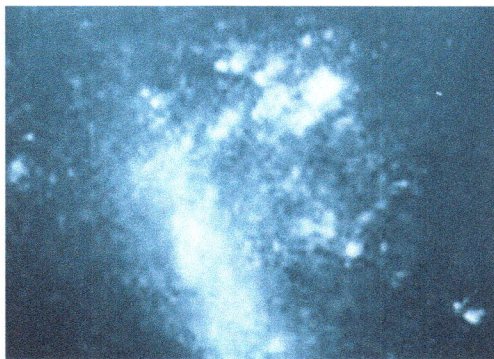

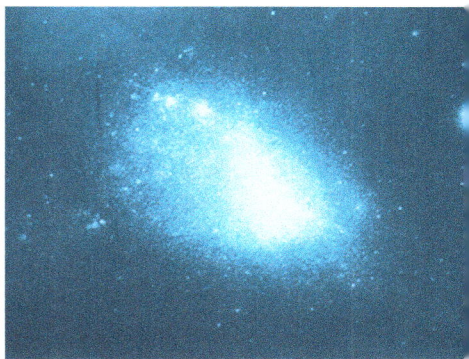

大（左）、小麦哲伦星系属"不规则星系"

了天空中有两团相当明亮的"星云"：一个稍大，一个略小。后人为纪念他航海的功绩，把它们分别称为"大麦哲伦云"（大麦云）和"小麦哲伦云"（小麦云），有时也统称为"麦哲伦云"。虽然现已知道它们是银河系之外的星系，但习惯上仍称它们为"大麦云"和"小麦云"。其实早在公元10世纪时，惯于远洋航海的阿拉伯人，在非洲好望角已经知道南天的这两个"好望角云"了。

大、小麦云是一对"双胞胎"星系——不规则星系，以I_r表示。这类星系的特点是外形没有什么固定的模样，也没有旋臂。它们一般都比较小，直径在1~10千秒差距之间，质量范围为$10^8 \sim 3 \times 10^{10}$太阳质量。在已知的10亿多星系中，不规则星系仅占3%~5%左右，而麦哲伦云是其中的两个"知名人士"。

大、小麦云都只能在南天才可见到。通过其中的造父变星测得它们的距离分别为16万和19万光年。1975年以前，它们是公认的最近的星系。以星系的眼光来看，它们真是银河系一衣带水的邻居。

它们的实际大小分别是7千和3千秒差距，两者之间相隔亦不过15千秒差距。所以，大、小麦云和银河系三者的距离都相当靠近，实际上它们就像恒星世界中的三合星一样，组成了一个"三重星系"。

这个三重星系的重心有些"不稳"，因为大麦云的质量为7×10^9 **245**

太阳质量,小麦云更小,仅 1.4×10^9 太阳质量,分别只相当于银河系质量的5%和1%。不过这两个星系中所含的气体十分丰富,这表示它们比银河系年轻,估计只有10亿年左右的历史。

麦哲伦云是人们研究星系的最好标本之一。例如,最早的25颗造父变星就是在小麦云内发现的。众所周知,这为测量天体的距离立下了显赫的功勋。因为它们距离不远,其中包含各种天体,一些天文现象,可以一览无遗地进行观测。人们已在麦哲伦云中分辨出巨星、超巨星、变星、新星、超新星、星云、星团……有时人们觉得,研究大、小麦云中的天体反而比银河系中更有价值,因为研究银河系天体,有时有"只缘身在此山中"的局限。

近年来,人们发现了一个有趣的现象——大、小麦云之间有着藕断丝连的联系。它们之间有着一条似断似续的纽带,隐隐约约的好像有着一座物质桥。继而人们又发现,银河系与麦哲伦云之间也架着这样奇妙的物质桥。这表明三者之间存在着互通有无的物质交换。有人由此提出,大约在2亿年前,麦哲伦云在宇宙空间运动时与银河系"撞了车",发生了星系间的碰撞。这些巧夺天工的"物质桥"正是它们碰撞之后留下的"遗迹"。根据这样的设想,再过20亿年左右,小麦云也会慢慢钻进银河系内。银河系经过80亿年的"消化、吸收",将把小麦云完全瓦解于茫茫的银河系中。不过100亿年之后,太阳、地球本身将是什么样子,人类将在何方,现在还无从想象。

疯狂四散逃开的宇宙

辩证法认为,宇宙中不存在无物质的运动,也没有不运动的物质。物质与运动总是形影相随、无法分割的。恒星在空间有杂乱无章的本动,本动的平均速度为每秒几十千米,方向完全随机分布。那么,恒星组成的星系的运动状况也是这样吗?

由于星系太过遥远,它"没有"自行,当然这并不表示它们没有横向运动。本来这使人们无法了解星系的真实空间运动,但在不是研究个别星系而是作大量的星系统计研究时,坏事反而成了好事,使复杂的问题得到了简化,人们尽可放心地用视向速度来描绘星系的运动图像。

还在1917年时,人们已成功地拍得了银河系附近的15个星系的光谱(当时还未确证它们到底在"河内"还是"河外")。15个星系中13个有较大的红移,只有1个(仙女星系)表现为明显的蓝移,相应的视向速度是−275千米/秒。而13个表现为红移的星系,相应的视向速度平均为+640千米/秒,比恒星的速度大了几十倍。

1918年底,口径2.54米的胡克望远镜投入了观测,从此星系的光谱资料源源而来,1925年时已增加到41个星系。从光谱分析得到的星系运动,仅仅银河系的3个邻居:M31、M32、M33(又称"三角星系")是在朝银河系接近的方向运动(蓝移),其他都表现为离开银河系的红移,其中最大的红移值达0.64,即它退行的速度为光速的64%(19.2万千米/秒)。按此速度,从地球到月球仅需要2秒钟!

12个星系的视向速度

星系名(编号)	类型	视星等(等)	距离(千秒差距)	视向速度(千米/秒)
大麦云LMC	Ir	0.1	52	+270
小麦云SMC	Ir	2.4	63	+168
仙女星系(M31,NGC224)	Sb	3.5	670	−275
M32(MGC221)	E2	8.2	660	−210
三角星系(M33,NGC598)	Sc	5.7	730	−190
天炉星系	E	7.0	170	+40
NGC55	Sc	7.2	2 300	+190
NGC2403	Sc	8.4	3 200	+190
M81(NGC 3031)	Sb	6.9	3 200	+80

（续表）

星系名（编号）	类型	视星等（等）	距离（千秒差距）	视向速度（千米/秒）
M82（NGC 3304）	Ir	8.2	3 000	+400
M87（NGC 4486）	E1	8.7	13 000	+1 220
宽边帽星系（M104，NGC4594）	Sa	8.1	12 000	+1 050

1929年，哈勃将这些资料同另外又选的24个星系一并进行分析研究，并得到了一个十分有趣的经验关系——从宇宙的大范围来看，尤其对于那些遥远的星系而言，星系的红移值Z与它们的距离r成正比，就像市场上买菜一样，你付的人民币与买的菜的重量就是正比关系：金额＝价格×重量。在这儿即可变为：

$$V_r = C \cdot Z = H \cdot r$$

这即是著名的哈勃公式，它十分简单，可意义重大，是研究宇宙理论的基石之一。式中V_r为测得的视向速度，C为光速，Z为星系的红移值，r为星系的距离（单位是百万秒差距），H即为"哈勃常数"。它的作用就相当于"价格"。它的单位很特别——"千米/秒·百万秒差距"，实际意义是：当取H=50千米/秒·百万秒差距时，若甲星系的V_r＝1 000千米/秒，则比甲星系远100万秒差距的乙星系，它的V_r＝1 050千米/秒，比甲近100万秒差距的丙星系的V_r＝950千米/秒。

哈勃这一发现的科学意义十分重大，是公认的20世纪天文学上最重大的发现之一，它为现代宇宙理论奠定了基础。哈勃常数是十分重要的一个常数，它的数值直接决定了宇宙的大小和年龄。当年哈勃依据手头的资料定出H＝528，后来随着资料的积累及距离的准确化，H值渐渐变小，到1956年时为180，20世纪70年代后，多数人倾向于H在50～60间，最近还有人测得仅为42，可以肯定的是，它是一个两位数。

可能会有人误解：哈勃公式表示的图像似乎是一个失去了控制的

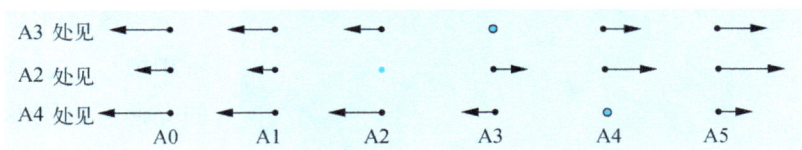

疯狂世界，银河系简直变成了凶神恶煞，或是什么可怕的烈性传染病患者，以致吓得众人逃之夭夭，唯恐躲之不及。这岂非表明银河系在宇宙中又处于独特的中心位置？！

其实不然。这种近乎疯狂的图像，并非只是在银河系的观测者的"独家新闻"。因为到任何星系上去看四周的星系，都会得到同样的结论。这儿不妨把问题从三维简化为一维来看。如上图，设在一条直线上，等距离间隔着无数个星系，先选取 A_0，A_1，A_2……A_5 共6个，不妨让 A_2 代表银河系。在 A_2 上看，A_2、A_0 向左运动，速度依次增大，A_6，A_4，A_5 则是向右运动，且也是越远越快。但如有一个观测者在 A_3 处，他所见到的情景与 A_2 处并没有什么区别：左边的星系在向左边运动，右面的星系在向右运动，速度亦与距离成正比，再到 A_4 处看，又何尝不是如此呢。推而广之，若星系无限延伸，哪儿都可以自封为宇宙中心，别的星系都在离它而去。可事实呢？当然是哪儿都不是中心——宇宙根本就没有中心。

所以哈勃定律的意义应当这样理解：从大范围的观点来看，在现阶段，几乎所有的星系都在互相分离着，好像气球在充气的过程中，气球表面上任何两点间的角距离都在增大一样。

频发的"宇宙交通事故"

在恒星世界，星星彼此相隔甚远，故而它们总是"老死不相往来"。但到星系世界，它们却是频频相撞或者擦边，"事故"连连。在最近的十多年间，各国天文学家都拍摄到了星系间互相碰撞的场景，有人认为，估计有15%的星系都遭遇过这种"宇宙交通事故"。

249

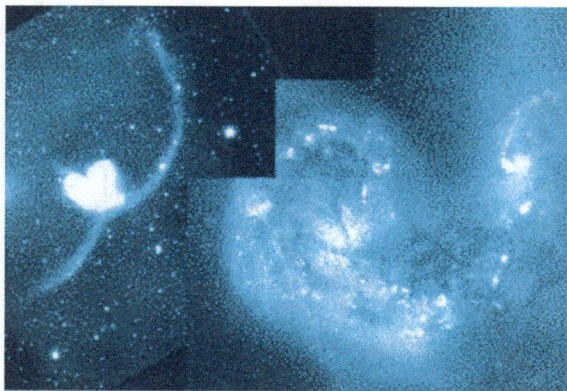

"哈勃"见到的一对猛烈碰撞的星系：NGC4038 与 NGC4039

当然，两个星系相撞与一般真的交通事故是不一样的，因为星系中间的恒星彼此间隔很远，所以不会"车毁人亡"，它们更像两群蜜蜂相遇，互相穿越而过时，不会有几只蜜蜂撞在一起。在两个星系相遇时，其间的恒星甚至连"擦肩而过"的机会也很少。一种情况是星系中的星云与星际物质发生相互作用，这使它们互相挤压，其密度随之骤然增大，从而催发了大批恒星的诞生；另外，也可能出现相反的结果，因为巨大的潮汐力，把那些本来很稀薄的星云拉开来，驱散出去，使正在慢慢凝聚的恒星形成过程戛然而止。

1952年美国天文学家发现，在7亿光年外的天鹅座方向上，正有两个星系迎面相撞，在所拍摄到的有关照片上，这两个星系中的万千恒星似乎"融合"在一起了。因碰撞还形成了现在闻名遐迩的天鹅射电源A。受此启迪，现在有人认为，很可能宇宙间的那些强射电源（发出强射电辐射的天体），可能就是星系碰撞而形成的。

现在人们还相信，猎犬座内著名的双重星系M51与NGC5195，可能就是在7 000万年前（正是恐龙灭绝的年代）两个椭圆星系碰撞的产物。有人用电脑模拟了整个过程，NGC5195在运动中走近了M51，并从其边上掠过，通过它们的引力与潮汐力的作用，才变成了现在我们所见的模样，而模拟过程中所生成的"物质桥"则与现在的观测资料非常吻合。

1986年英国天文学家所见到的是两个星系因碰撞而合并成一个如

大麦云那样的不规则星系，他们获得了相关的光谱资料。有人甚至进一步断定，宇宙中的那些不规则星系很可能就是某些星系碰撞的产物。

进一步的研究表明，如果它们的相对速度低于 10^2 千米/秒的量级，那么两星系间的引力、摩擦、潮汐力的作用时间会长达几十亿年，最后这种"PK"所造成的结果多数是"弱肉强食"——大星系"吃掉"小星系。现在人们见到一个星系团的中心附近常有一两个巨椭圆星系，很可能就是因为吞吃了小星系长成的。

"哈勃"上天后，让人们更见到了大批星系间的"PK"事件，它告诉人们1.5亿光年外的NGC1741也是由两个星系相遇而形成的，现在它中心区100光年的范围中，正有成千上万颗恒星在形成。1996年1月，它又拍摄到详尽的因碰撞而引起的爆发图像——在乌鸦座南端，有2个旋涡星系正在融合为一个巨大的椭圆星系，同时大量的恒星也应运而生，至少出现了好几个新的球状星团。

其实我们银河系现在也面临着这样的危险，天文学家估计，在20亿年后，小麦云会闯进银河系内，当然结果是它成了银河系的"盘中食"而不复存在。

宇宙的层次结构

恒星有成对、成群的趋向，而星系更不甘寂寞，浩瀚的宇宙空间中几乎很少看到有孤零零的单个星系独自存在着。如大、小麦云组成了一对典型的双星系，这对双星系又与银河系（加上后来发现的比邻星系）构成了三重（四重）星系。仙女星系那儿更是"人丁兴旺"。人们最初发现M31附近有4个伴星系：M32（NGC221）、NGC205、NGC147及NGC185a，这4个伴星系都很小，直径仅为银河系的1/15～1/12，约2千秒差距左右；从形态看它们又都是椭圆星系，有如一母所生的4胞胎，其中M32与NGC205及M31靠得极近，另外两个彼此也很亲密，但与M31相距稍远些。1971年，又有人在与仙女星系紧贴处一下发现了4个更小的星系——仙女Ⅰ、Ⅱ、Ⅲ、Ⅳ，它们的直径分别为0.6、0.6、0.9、0.3千秒差距。这样看来，仙女星系实质上是一个复杂的多重星系——至少是九重星系。

更多的星系聚居到一起就形成了"星系团"（对此，目前尚有两派观点：一派认为成员星系只有几十个的群体叫"星系群"，几百个以上的才有资格称"星系团"，两者有重要的区别；另一派认为二者并没有什么本质区别，都属同一层次，唯一的不同是成员数量上的多寡而已。这儿取后者的观点）。与众多的恒星聚成星团相仿，显然星系团比星系又高了一层次。例如，银河系、仙女星系附近40多个大大小小的星系组成了一个"本星系群"，本星系群的空间范围约为2百万秒差距。

本星系群的质量并不太大，约为6.5×10^{11}太阳质量，不过是银河系的4.6倍，它的结构也比较松散，几乎看不出有什么地方物质密得可以充作中心，所以有人把中心取作银河系的位置，也有人认为中心应放在仙女星系与银河系的公共质心处，因为在本星系群中，只有仙女星系和银河系才可称得上是"超级大国"。

真正可称得上星系团的群体显然比此还大得多，它们的距离也远得多，所以总用百万秒差距计。即使距离最近的室女星系团，其距离也约为19百万秒差距。这个位于室女星座内的星系团，在大约$12° \times 10°$的天区中，包含有2 500多个各类星系。该星系团整体远离银河系的退行速度为1 200千米/秒。星系团中心集中着许多质量较大的大星系，例如，超巨型椭圆星系M87就是其中心星系。现在知道，室女星系团本身还是一个很著名的强射电源和强X射线源，其中有很多奥秘等待着人们去揭开。

目前已知最远的星系团，是位于3C295区域内的一个无名群体，它的距离约为前者的80倍——1 520百万秒差距，相当于50亿光年处。今天人们见到的它发出的光，在出发时地球还未诞生呢！

飞马星系团则是星系分布最密的一个群体,其直径为1.4百万秒差距,其中的星系分布密度是一般的4万倍。

物质世界的层次是否到星系团为止?这个问题目前还无法回答。有人认为这已到了"金字塔"的尖

离我们最近的室女星系团

顶,但也有不少人相信,物质的层次是无穷尽的,微观世界可无限地分割,宏观世界一定也可无限地延伸。第三种人比较谨慎,认为星系团之上还有一个层次——超星系团,它通常由两三个或好几个星系团构成,质量在$10^{15}\sim10^{17}$太阳质量之间,其外形往往有些扁长,长轴长60~100百万秒差距,短轴大约为其1/4。例如,本星系群、室女星系团、大熊星系团等一起构成了一个扁平状的"本超星系团"。

而比本超星系团更大的系统则是总星系了,现在西方有些科学家把它称作"宇宙",实际上它只是指目前所观测到的大小范围,而这个范围随着科学的发展正在不断地扩大。

天上的"四不像"

1985年8月25日,一位英国侯爵把22只已在中国大地上消失了120年之久的珍奇动物"四不像"护送到北京,为中英人民的友谊增添了一段佳话。"四不像"的学名为麋鹿,它"角如鹿而非鹿,颈似驼而非驼,蹄类牛而非牛,尾像驴而非驴"。这种非鹿非驼非牛非驴的珍奇动物,现在已在中国的自然保护区内无忧无虑地生活、繁衍……

253

发现了类星体的射电望远镜阵

20世纪60年代初,天文学家在茫茫的星海中,也发现了一种过去闻所未闻、见所未见的奇特天体,它们的照片像恒星但又肯定不是恒星,光谱似行星状星云却又不是星云,外形像星团又决不是星团,发出的无线电波如星系又肯定不是星系,真叫人惊诧莫名。几经斟酌,才把这种天上的"四不像"定名为"类星体"(QSO)。这是射电天文学自20世纪30年代诞生以来斩获的第一大发现,它的发现使世界科学界为之轰动,也使天文学家对射电研究的成果刮目相看。

1960—1961年美国有两位天文学家正在研究一个射电源3C48。所谓射电源就是能发出无线电波的源泉。大家知道,射电望远镜与光学望远镜有一个显著的区别:光学望远镜是用眼睛看的(也可照相),眼睛或底片都可敏锐地鉴别光的来源,如牛郎星的光与织女星的光绝不会搞错;但射电望远镜接收到的是看不见、听不到的无线电波,只能把这种无线电波记录到纸上(为复杂的曲线)。20世纪60年代初,射

254

电望远镜的性能还较差，分辨本领太低。天文学家收到了3C48发出的无线电波，测出了强度，可是说不出3C48到底是哪种天体？是恒星、变星、超新星？还是双星、星团？或者是星云？更烦恼的是，天文学家只知道3C48大约位于仙女座方向，却指不出其确切位置，真是"仅知其波，不见其影"。这样，要做进一步研究就举步维艰了。

正当他们一筹莫展时，我们的月亮来帮忙了。从计算中知道，不久后月球将在那个天区通过（届时将发生月掩星），那么只要把电波突然中断的时刻确定下来，那时的月球位置应当就是3C48的实际位置。月掩3C48过去后，他们又用大望远镜对准这个位置，发现那儿正好有一颗亮度为16等的"星"。一颗恒星怎么会发出如此强大的无线电波？有人拍得了它的光谱，除了少数吸收线外，绝大多数是又宽又强的发射线。这有些像行星状星云的特征，可行星状星云的发射线要窄、细得多，何况现在所有的谱线都看不出其所属的"主人"，所有光谱专家都无法辨认出其中任何一条谱线是什么元素产生的。这真叫人疑上加疑，愁上添愁！

接着又发现了两个这种天体——3C196和3C286，对它们的照片和光谱，那些专家教授仍然只能耸肩摇头。

一晃两年过去了，人们还是一筹莫展。1963年，又出现了一次月掩星的机会，人们从中确认出一个与3C273相对应的光学天体，那是一颗亮度为13等的"恒星"，它的光比3C48强15倍，光谱的资料也好得多。更幸运的是，这次在做光谱分析时，天文学家没有按常规处理。他们把思想放开，终于认出了其中几条谱线。原来它们并非是什么特殊元素，而是一些最熟悉的老相识——氢、氧、氮、镁等，只是它们原来应当在紫外区域，平时看不见，现在却鬼使神差地跑到了可见光的区域，而本来应在可见光区域出现的谱线，则移到了不可见的红外区域！原来它们的红移太大了，不仅令恒星望尘莫及，也大大超过了一般星系，3C273的红移 $Z = 0.158$！也就是说，它离开银河系的退行速度是47 400千米/秒，达光速的15.8%！

循着这条线索顺藤摸瓜,马上又检验出3C48与它原是一路货,它的光谱之奇特就在于它的红移值更大——$Z=0.48$。接着,3C196、3C286的疑案也迎刃而解。原来,这些底片上很像恒星的射电源(当时称为"类星射电源"),与恒星根本是两码事,巨大的红移值也说明它们位于宇宙的深处,根本不是在银河系之内,乃是一种新的天体。

比望远镜厉害的眼睛

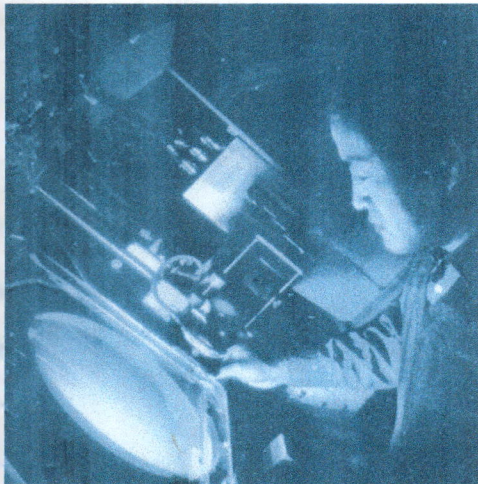

何香涛正在搜寻类星体

类星体的光度很弱,又位于宇宙的边缘地区,所以在最初的10年时间内,人们找到的类星体只有508个,但后来它的队伍迅速壮大起来,到1980年时就已达1 500个;1990年时为4 169个;而到20世纪末,则突破了五位数:13 214个;现在则早已超过了10万个之巨。

北京天文台的赵永恒等人在1994年打响了第一炮——用中国自制的望远镜证认出第一个类星体。后来随着2.16米大望远镜的投入使用,中国天文学家也就有了新的建树,用此证认出了500多个类星体与活动星系核,其中有3/4是新发现的。

在类星体的探索中,不能不说及北京师范大学天文系的何香涛老师。那些

"老外"专家对于何香涛的工作十分钦佩，说何香涛的眼睛比望远镜还要厉害！

1980年，何香涛有幸成为改革开放后最早出国去的访问学者，在英国爱丁堡天文台工作了两年时间。他改进了寻找类星体的仪器与方法，总结出了一套行之有效的程序，使得效率大为提高。在此前，类星体的发现者施密特与他的学生在最初的10年中，观测了全天近1/4的天区即10 714平方度的星空（全天空约为41 253平方度），他们发现的类星体总共也不过92颗，平均每年不到10颗，而且都是那些最亮的容易发现的类星体，对于那些较暗的类星体似乎还缺少有效的办法。

何香涛寻找类星体的新方法效率特高，正如类星体研究的权威之一、美国著名天文学家阿尔普在他的专著《类星体、红移及其争论》中所言："中国天文学家何香涛反复搜寻了这些底片，最后在中心区8.1平方度内找到了43颗类星体的候选天体，我用分光法规测了其中的33颗，结果有31颗（94%）是类星体，这是我所知道的寻找类星体的最高成功率。"

仅从1981年6月起到之后的一年多时间内，何香涛本人所发现的类星体"样品"多达1 093颗。后来证明，其中的正确率高达70%！须知，当时人们所知的类星体还只有3 000颗左右。1982年何香涛又得到了使用美国5米望远镜的机会，虽然那3个夜晚中，有一夜的天气根本不能打开天文台的圆顶，所以没能进行观测，但在2个晚上的工作，他也有13颗类星体进账。也是在这一年，他将一颗类星体的候选体送交给日本天文学家冈村定矩，结果他们于3月21日成功地"发现"了日本的第一颗类星体（也是亚洲的第一颗），这一下轰动了全日本，他们要求把这颗红移为2.259的类星体命名为"何氏天体"，但在何香涛建议下，后来终于正式称为"中国－日本类星体"。

在类星体发现史上，还有一个值得中国人自豪的年轻人——樊晓晖。他自小就对天文学极为痴迷，1992年从南京大学天文学系毕业后考入北京天文台攻读硕士学位，1995年又进入美国普林斯顿大学攻读博士学位，2000年他就发现了一颗红移为5.8的类星体，2001年他再接再厉，发现了红移为6.28的类星体，这也是世界上第一颗红移超过6的类星体，不禁让人刮目相看。2003年，他又在一次国际学术会议上宣布了3颗新的高红移类星体，它们的Z值分别为6.4、6.2与6.1。据统计，樊晓晖与其合作者所发现的类星体已达6万多颗，占据类星体总数的2/3左右。他本人也因此荣获了2003年度的美国天文学会颁发的"牛顿·雷斯·皮尔斯奖"。这是专门为年龄在36岁以下的年轻人设立的一个奖项，每年只有一人可以获奖。

挑战与机遇同在

20世纪60年代，天文学史上有声名显赫的"四大发现"——脉冲星、3开微波背景辐射、星际分子及类星体，其中的前三项已"功德圆满"，主要发现者都荣获了科学的最高荣誉——诺贝尔奖。唯有类星体，至今仍让人大惑不解，对它的研究尚未有本质上的重大突破。尽管人们研究了半个世纪，对类星体提出了许多设想和解释，但无一不是顾此失彼，难以说明它众多的奇异禀性，回答不了它提出的"挑战"。

首当其冲的是红移之谜。在已发现的10万多颗类星体中，除了极少数的红移不太大（个别的$Z = 0.06$）外，绝大多数类星体的红移都大得惊人，当$Z = 0.12$时，波长600纳米的红光就真会变成500纳米的绿光，上文提到的乌德与民警开的玩笑就会成真，而在类星体世界中，这样大的红移毫不为奇。当红移值在1以上时，普通的牛顿力学已经失效，所以视向速度与红移值的关系已不再是简单的正比关系了，即有一个较复杂的关系式。

现在已知红移最大的类星体（也是红移最大的天体）是Q1247+

3406，它的红移值为6.28，相应的速度为0.962 6倍光速，即28.88千米/

秒。这样的速度已足以使时间变慢（相对论效应），在它上面的19分钟相当于地球上1小时多。

有人会问，类星体的红移是否是退行引起的？即是否满足哈勃定律的宇宙学红移？这是从发现之日就争论不休的科学之谜。曾有人提出过种种设想，但几经权衡，大多数天文学家都倾向于认为，尽管目前还有一些无法说明的观测事实，但它的红移应与星系红移一样，表示了退行的速度，而且服从哈勃定律。因而，一般认为，类星体处于宇宙的边缘，是离人们最远的天体。然而这又必然带来其他的"后患"。

麻烦之一就是能量之谜。如果承认类星体是最遥远的天体，就难以说明其能量来源。因由此算出，它们的辐射能量，竟比一般星系还强几千甚至几万倍。例如，英国剑桥大学于1991年发现的类星体BR1202-07（红移值为4.7），按照现在较小的H值归算，它的亮度比银河系强1万倍，而其质量至少比银河系小几十倍。HS1946+7658更为惊人，它的亮度为15.6等，但红移值为3.02，这样可算出其亮度10^{15}倍太阳亮度，如加上其他波段的能量，则可达10^{42}瓦，至少是银河系的10万倍！然而多种迹象表明，类星体大小不超过1光年，有的甚至只与太阳系相当。如此小的天体发出的能量却比星系大几千甚至几万倍，难怪天文学家要惊呼这是"宇宙中最亮的天体"了。类星体的能量更使人难以理解，甚至有人把它叫做"白洞"（与黑洞只吸收不发射相反，白洞是不吸收只发射）。

麻烦之二就是20世纪70年代发现的"超光速"现象。1972年，美国一些天文学家正在仔细观测、研究一个光度有迅速变化的类星体3C120，他们惊讶地发现，3C120本身像蟹状星云那样在膨胀着。在两年的时间内，它的角直径增大了0.001″。别小看这么一个微不足道的角度，因为它处于遥远的位置上，这样推算出3C120的膨胀速度为120万千米/秒——相当于4倍光速。这是人类所观测到的第一个"超光速天体"。

不久后，欧美一些天文学家又对位于后发座内的一颗类星体

如真能超光速，就会违背因果律

3C273进行了3年的联合观测，发现它里面的两个子源A、B间的角距离从0.006″增大到0.008″，而已知3C273距我们约28亿光年。这样可知，它在1年之内的A、B间距离增大了86万亿千米——9.04光年，所以其分离的速度为光速的9倍！

现在已知有超光速运动的类星体多达18颗，其中4C39.25和Q0711+356与众不同，是在做超光速收缩。其中速度最大的竟达45倍光速（A00235+164）！如真有这样的速度，牛郎、织女相会岂非易如反掌。

然而，根据广义相对论，物质运动是不可能超过光速的。若真能超光速，则会发生一系列不可思议的怪事：那儿的"宇宙人"见到的图像，就会像粗心的放映员把电影胶片头尾搞错了一样——跳入水中的运动员会从水中升起回到跳台；已经去世的老人则会从棺木中爬出，倒退着回到中、青、少年甚至儿童；餐桌上已经斟在碗中的茶又会回到茶壶中……观测者还可以见到父母的出生，见到已被车祸夺去生命的友人……既然如此，倘若他要干预见到的过去，例如，拯救过去的车祸，那岂非荒谬绝伦了吗？简单来说，超光速会使事情的因果发生变化，因而也是不可能的事情。

事情变得如此微妙起来，对于类星体的巨大红移，若是从宇宙学红移出发，就会有上述一系列无法解答的问题；但不承认宇宙学红移，又会陷入一筹莫展的困境。所以，至今这个宇宙中的怪物仍在科学的擂台上耀武扬威……许多人相信，一旦有人能把它打下擂台，肯定又会问鼎诺贝尔奖!

宇宙中的"凸透镜"

爱因斯坦的广义相对论告诉我们,巨大的引力会使光线发生弯曲。1919年,英国天文学家爱丁顿通过日全食证明了这个令人匪夷所思的事实。当时荷兰物理学家洛伦兹虽然至死也不相信相对论,但他在得知此结果后,还是于9月27日抢先给爱因斯坦发去了贺电:"爱丁顿在太阳边缘发现了恒星光的位移。"

其实,太阳的质量不算大,所造成的光线弯过的角度还不到2″,宇宙间的星系或者星系团的质量则大得多,能让光线经过其附近时弯得更厉害并造成特殊的"引力透镜"。果然,1979年美国三位天文学家在3个不同的地方观测却不约而同地在大熊座区域内发现了一对"孪生类星体": Q0957+561A与Q0957+561B。二者相隔仅6″(理论上说来两类星体平均相距应为7°~8°),二者的形态极为相似,大小相同,亮度一样(17等),射电辐射相同,连红移值也一样是1.41。于是人们认为,这应当是"引力透镜"所造成的两个镜像。

后来人们用上了更先进的CCD成

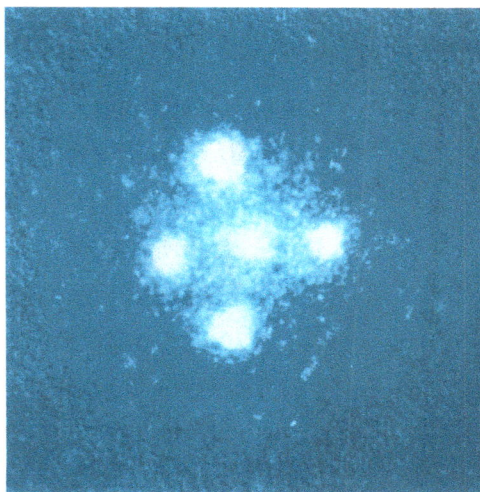

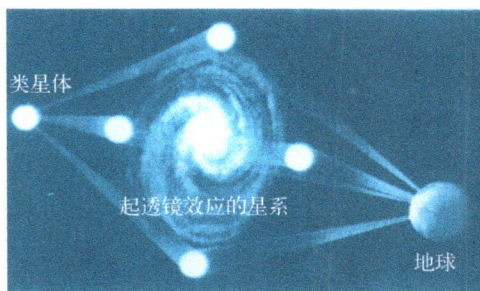

引力透镜让一颗类星体变成了"爱因斯坦十字"

261

像技术，于是发现了第三个镜像Q0957＋561C。不过它比前两者暗得多，只有18.5等，其所处位置恰好就在引力透镜的中心区域。1980年5月，天文学家又在狮子座方向发现了第二个引力透镜所形成的镜像：PG1115＋08A、B、C。这使引力透镜的设想得到了有力的证实。

此后，这种发现就纷至沓来。最有趣的是1985年发现的"爱因斯坦十字"。后来经哈勃望远镜验证，其中心是一个离我们4亿光年远的星系。由于它的强大的引力，使得位于其后面的一个距离为80亿光年的类星体变成了排列在其周围的4个光斑，好像一个"十字架"。

有时星系团也会充当透镜，如一个10亿光年远的"阿贝尔2218星系团"使得所有穿越它的光线都发生了偏转，中间形成120条光弧——它们原来都是其后面的星系所形成的幻象。

20世纪80年代后，天文学家又发现了一些"微型引力透镜"。最早的微型引力透镜发现于1984年，一个位于飞马座内的类星体Q2327＋0305，竟然被其前面的一颗恒星（这颗恒星本身是在某个旋涡星系内）的引力变成了A、B、C三个镜像！测量表明，恒星所在的星系的红移只有0.039 4，而Q2327＋0305的红移值是1.7，所以二者的距离分别是4亿光年与70亿光年，差不多相差了17倍。

因为这种微型引力透镜是单个大质量恒星造成的，而恒星有自行，在星空中移动较快，所以它造成的镜像不能维持很长时间，这也是与通常的引力透镜最大的区别所在。1993年美国、澳大利亚天文学家曾发现我们银河系的银晕中有个致密的大质量恒星，恰好运动到地球与大麦云中的一颗红巨星之间，当时它就把那红巨星的信号放大了很多倍，使它的亮度增加了0.32星等。不过这仅仅保持了短短的33天，过后此红巨星又一切恢复如常了。

人类送上天的"星"

我们知道有从天而降的星——陨星,但科学技术的发展,人类现在已能反其道而行之,把一些星"放"到天上,那就是各类人造卫星、空间站及飞向太空的各类探测器。而且到今天,这些"星"已与人类的生产与生活密不可分,谁能离得了每天的天气预报? 它们就是气象卫星的功劳;我们每天能看到精彩的体育赛事或者醉人的文艺演出,也都是靠了通信卫星的传播;驾车远行于陌生城市,你离不开全球定位系统的指引;探测地下矿藏,资源卫星就是不可或缺的得力工具……至于众多的行星、卫星的知识,对于天体的深入了解,没有各类探测器的临近探测、降落于它们表面,更是无法想象的事。然而要把人间的"凡品"送到天上,让它们成为运行不息的"星星",又谈何容易,人们为此走过了艰辛坎坷的漫长之路。

从"飞人"到"人力飞机"

"天高任鸟飞"。人类自古以来就渴望能像小鸟一样在天空中自由飞翔,希腊神话中就有伊卡洛斯与父亲代达罗斯一起,在肩上装上两只羽毛编织成的翅膀飞上天空的故事,只是因为年轻的伊卡洛斯高兴得忘乎所以,飞到了离太阳太近的地方,以致粘着翅膀的蜜腊被阳光融化而坠入了大海……

中国也曾传说鲁班与墨翟都曾制造过可以连续飞上几天几夜的木鸟。史书上最早的"飞人"记录是王莽执政的新王朝时期(公元8—23年),当时有个能干的工匠制成了一件由大鸟翅膀及羽毛织成的披风,王莽命他当众表演。他将披风捆在身上,头上也插了许多羽毛,登上一座高塔,随着王莽一声令下,他便纵身跳下。凭借着风的吹拂,居然也滑翔了约几十米的距离,可惜的是在落地时还是摔成重伤,让人好不扫兴……

1010年英国一个名叫艾莫的教徒,也在自己的四肢缚上了羽毛组成的翅膀,从教堂的塔楼上飞身而下,在顺利"飞"过大约200米后,一阵狂风折断了脚上的翅膀,使他双腿骨折。后来有人据此为一家酒店画了一块"飞圣徒"的招牌,居然吸引了众多顾客,让店主赚得盆满钵满。类似试验不少,可无一不以悲剧告终。直到17世纪80年代,科学家指出人类不可能凭翅膀飞行的科学原理,知道了"插翅难飞"后,飞人的闹剧才渐渐偃旗息鼓,但"飞车"——"人力飞机"又粉墨登场了。

世上最早的人力飞机也诞生于中国。据《苏州府志》载,在清朝时,苏州有个木匠徐正明,在听邻居讲了《山海经》中"奇肱国"的飞车故事后,就决心要造出能"一鸣于天下"的飞车。他苦苦摸索了10年,不知遭到了几百次失败,最后终于梦想成真,造出了一架只要踩动踏扳,

徐正明的飞
车飞过小河

就能"机转风旋,疾驰而去,离地尺余……过河无需有桥"的飞车。试验获得成功后,他还嫌它飞得太低,要造更好的飞车,让它飞越太湖,飞上湖中的高峰。为了研究,他已家徒四壁,妻子为生计与他争吵不已,穷困万分的徐正明终于在贫病中含恨死去,他的妻子在绝望中,把怒火指向了这架飞车,她把他毕生的心血砸得粉碎并付之一炬,这架飞车的秘密也就成为永久的不解之谜。

与此同时西方留下的则是一系列的"车毁人亡"的记录,直到20世纪20年代,真正的飞机已经飞上蓝天后,更由于新型质轻且牢固的材料问世后,德国与意大利于40年代分别造出两架人力飞机,它们分别离地飞了40秒和60秒。

1979年6月12日,英国自行车运动员赖恩·艾伦创造了奇迹,他凭双腿驾驭着自制的"蝉翼信天翁",飞越过了阔35千米、波涛汹涌的英吉利海峡,只是因为中途风向突变,所以原计划2小时的行程多飞了50分钟! 近3小时的飞行让他十分劳累,他平均每分钟要蹬70转,最危险时他的飞机离海面只有15厘米,双脚几乎触到了浪尖,但他咬牙坚持了下来,终于获得了10万英镑的巨奖!

"开路先锋"鸡鸭羊

人类上天的愿望是何等的迫切! 可是最早上天的"开路先锋"却偏偏是3只动物——一只公鸡、一只鸭子与一只山羊!

1783年9月19日,法国巴黎凡尔赛宫前面的广场上有一只直径12米,高17米的金色大气球,它是用纸与布糊成的。气球下面吊着一个柳条编成的笼子,笼里则装着那3只动物。而法国国王路易十六还带上许多大臣也兴致勃勃来到现场观看。

一切就绪,蒙哥尔费兄弟俩点燃了气球下面的湿草与布条,随着热烟不断充进气球,它就带着那3名"乘客"冉冉升起,直飞到500米 **265**

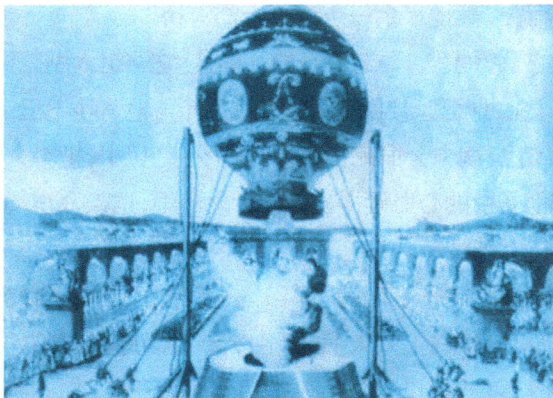

世上最早升空的热气球上载的是3只动物

的高空，并且在8分钟内飞过了3千米距离，最后安全地降落在城外的一片草地上。可是那3个先锋并不明白自己获得的殊荣，那山羊在空中曾踢了鸭子一脚，所以在气球落地后，鸭子"呷呷"地叫个不停，似乎要向主人诉说它的委屈。

路易十六兴趣大发，决定接下来应是载人飞行。可毕竟这是十分危险的事，所以他提出让两个死囚坐进吊篮。不料群情哗然，有个大臣怒吼道："怎能让带着罪恶的死囚成为第一个升空的人，这荣誉应当属于我！"最后他竟如愿以偿，与一位侯爵于同年11月21日体验了人类第一次"上天"的飞行。在万众的欢呼声中，他们升到了300米的高空，越过了塞纳河，25分钟后安然降落在蒙马尔特。

热气球曾风靡一时，但真正"飞行时代"的序幕应当是1903年由美国莱特兄弟制造的第一架有动力、可持续、能操控的飞机来揭开的。哥哥威尔伯生于1867年，弟弟奥维尔生于1871年，他们为实现自己的理想，耗尽了所有的家产，穷得无法娶妻，但最终是"有志者，事竟成"，一架木质的"飞行者1号"诞生了。1903年12月17日，他们在北卡罗来纳州的一块平地上进行了试验。先是奥维尔试飞了两次，分别以12秒与16秒飞过了36.6米及66米，接着威尔伯飞得更远，先是13秒飞过了99.4米，后来是59秒内越过了284米！当时沿海边正好驻泊着5艘巡逻艇，不少水兵目睹了他们的表演后情不自禁地欢呼起来："飞行时代终于到来了！"

当然，飞机上天只是人类跨越自己"摇篮"的第一步，也是小小的第一步，因为飞机怎么也离不开空气，而人类要去太空探索大自然的奥秘，必须穿越大气层，必须摆脱地球引力的束缚，然而这又是谈何容易！

首先指明道路的是俄国的一位中学教师齐奥尔科夫斯基，这位9岁就失聪、全靠自学成才的农村中学数学教师

宇航之父——齐奥尔科夫斯基

经过不断探索与研究，于41岁写就了《利用喷气工具研究宇宙空间》，指出要依靠火箭的动力才可作宇宙航行。在极其艰苦的条件下，他推导出火箭理论中著名的"齐奥尔科夫斯基公式"，一生撰写的论文多达730篇，从而奠定了宇宙航行的理论基础，难怪人们尊称他为"宇宙航行之父"。

与齐奥尔科夫斯基"纸上谈兵"（他根本没有经费做试验）不同的是，美国的火箭工程师戈达德取得了实质性的突破。幼年时他曾带了两个小朋友试图在一个星期内挖一条通道，以达到地球对面的中国。在中学时他在一篇作文《1950年的旅行》中，就提出了磁悬浮列车的设想。1899年他17岁时为威尔斯的《宇宙战争》（即火星人远征来到地球的故事）深深吸引，并立志要为飞出地球而努力。一心研制火箭发动机，1926年初春，他偕同妻子来到马萨诸塞州的姑妈家，3月16日他在姑妈家的农场进行了世界第一次液体燃料火箭飞行的试验，他那颇有预见的妻子在他点火前为他拍下了一张有历史意义的照片。那枚火箭长约1.2米，直径约0.15米，它飞上了12.3米高，在2.5秒内飞过了 **267**

人类第一次火箭试验

56 米远。

然而后来的事情却很有讽刺性，他一次次试验所发出的巨大噪音，可怕的爆炸，招来了非议，有人甚至叫来了消防队和警察，以安全为由不准他在这儿搞这类危险的游戏！《纽约时报》还专门发表了社论，说戈达德妄想飞到月球上去，是个十足的白痴……

但戈达德并不气馁，他继续努力，到30年代初，他的火箭已能升上2.4千米的高度，飞行速度已经突破了音速！美国政府对他并不支持，但为了要使用他的200多项专利，后来不得不掏出100多万美元的巨款。

魔鬼？功臣？

1969年7月下旬一个阳光明媚的日子里，在美国国家航空航天局马歇尔航天中心所在的亨茨维尔的大街上，万千欢腾不已的民众正在庆祝"阿波罗"11号首次登月胜利归来，他们情不自禁地簇拥着登月计划的第一功臣冯·布劳恩，激动的人们不时地把他抛向空中。因为正是这位工程师，把美国的第一颗卫星"探险者"1号送上了天，也是他设计制造了发射"阿波罗"飞船的"土星"5号火箭。

可善良的人们哪里知道，他们为之欢呼的英雄，在20多年前却是希特勒党卫军的高级军官,是当年袭击英国的"V-2"火箭的制造者! 1936年希特勒为了霸占世界,建立了一个秘密的火箭研究室。两年后,布劳恩他们就制成了"A-4"火箭,它可以准确命中18千米外的目标,1944年纳粹把它改名为"V-2",其意思是"复仇武器"。它长14米,直径1.65米,底部的尾翼展开1.95米,重13吨可装炸药约1吨,射程远达320千米,命中的精度为±5千米,飞行的速度为1.61千米每秒,可算得上是现代大型火箭的雏形。

当时他们秘密生产了约6 000枚这种新型武器。从1944年9月6日起,他们向英国、荷兰等先后发射了4 700枚,其中有1 230枚击中伦敦,导致2 511人死亡,重伤者达5 869人,更严重的是由此造成了无法估计的心理影响。

更令人发指的是,当初在研制"V-2"火箭时,他们是在一个恐怖的地下集中营内进行的。6万名囚徒在极端恶劣的环境中干着繁重的超负荷劳动,所造出的约6 000枚火箭的代价是2万个犯人的生命! 为了补充劳力,他们甚至还想方设法把附近地方的集中营内的囚徒弄来……但是此时战局胜负已定,"V-2"火箭也无法挽救法西斯覆灭的命运。

1912年3月23日,冯·布劳恩出身于

登月使用的"土星"5号火箭点火时

269

德国维尔西茨的一个贵族家庭，后随全家移居柏林。他母亲是一位出色的天文学爱好者。在儿子6岁生日时，她送给他的生日礼物是一架望远镜，它激发了布劳恩对宇宙空间的兴趣，成为一个大科学家成长历程的开端。

美国也深知"V-2"火箭的价值，所以他们将布劳恩的名字列入了战后所需搜罗的科学家名单之中。而布劳恩正被党卫队监视着，他害怕盖世太保杀人灭口，所以寻机带着他的火箭班子集体投奔美军，当时美国士兵不敢相信这个30刚出头的年轻人就是著名的"V-2"火箭的主要发明者。一个步兵说："我们如果不是抓到了第三帝国最伟大的科学家，就一定是抓到了个最大的骗子。"美国人立即用飞机将布劳恩一行护送到美国境内的一个军事基地，随之，制定了一个叫"纸夹行动"的计划，用以向公众掩盖布劳恩那罪恶的过去。

布劳恩到美国后，他的理想与抱负得到了充分的展现，1955年他取得了美国的国籍。他全身心地主持研制的"土星"5号火箭的工程，这是准备将美国人送上月球的运载工具，这个庞然大物的整个系统及地面辅助设备，仅零件就有九百万个之多。这些部件都必须可靠、精确，并应互相配合，经过4次点火，才能将飞船送上月球，然后还要返回地球，进行回收利用。"土星"5号真是"完美"的代名词，10多次的发射，都证明了它的运载性能几乎毫无瑕疵，这简直可以说是布劳恩及其领导的科学家们用他们的才智创造的奇迹。

1975年，布劳恩患肠癌住院，出院后没过多久就去世了，享年65岁，但布劳恩却称自己是世上所罕见的真正心满意足的人之一。

各类卫星，各显神通

在空间探测方面，苏联与美国展开了激烈的明争暗斗，为了抢得先机，苏联在获悉美国已于1956年9月进行了运载火箭的试验后，决定不再按部就班，要先发射两颗简易卫星，为此它们只带了最简单的少量仪器。1957年10月4日22时，一个号手吹响了军号，这也是人类向宇宙进军的号令。28分34秒"卫星"1号在拜科努尔发射场拔地而起，并顺利进入预定的轨道。

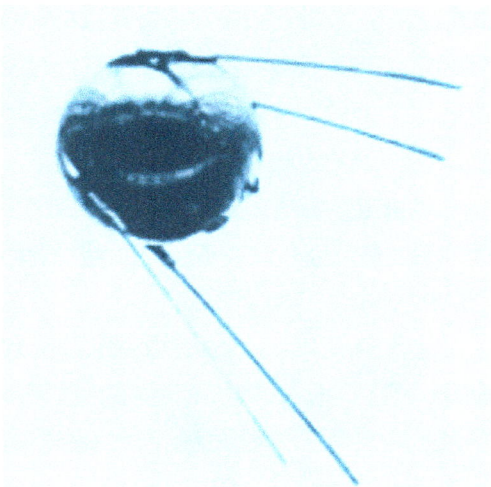

开创了新时代的"卫星"1号

"卫星"1号由两个铝合金制成的半球依靠橡胶圈密封而成，外径58厘米，质量为83.6千克，在太空绕地球尽管只转了102天（工作仅24天）就坠入大气层而焚毁，尽管它上面只有一台无线电发报机与一支温度计，所得的资料非常有限，但在全世界引发了空前的"大地震"，各国的主要报刊几乎都用最醒目的标题做了最快的报道。美国当局虽然强作镇静，国务卿杜勒斯照样去打了高尔夫球，他还责问美国报界大王："为什么要为这个'铁块'大做文章？"他得到的回答是："那不是普通的铁块，它已使人类的生活飞跃了几个世纪。"

的确，卫星上天使人类进入了"信息时代"，也使得地球"变小了"。

1963年美国总统肯尼迪被刺，这个血淋淋的场面由"中继站"1号卫星马上通过电视传遍世界各地。由此人造卫星在传播电视、电话、体育比赛、文艺演出等各类信息发挥了巨大的作用，让整个地球成了"地球村"。卫星也使得电视大学、"宇宙医学"造福人民。

全球定位系统（GPS）正在进入千家万户。1995年6月，美国空军飞行员奥格雷的飞机在萨拉热窝上空被塞族武装炮火击落，他全靠"全球定位系统"不断发出的信号,经过6天的营救,让他奇迹般地回到了"维和"部队。后来在营救失事的飞机、船只时,卫星也做出了不凡的贡献,仅在80年代初的不到3年时间内,就找到了150艘(架)船只与飞机,获救人员达500多人。

气象卫星更是功德无量,它曾无数次拯救了千万生灵。在狂风暴雨来临之前,让出海的船只及时回港、让大批民众撤离到安全地带,把财产损失降低到最小的程度。

地球资源卫星上天后,可以用红外、紫外、X射线、γ射线等多种手段,把"目光"深入到地下,也能在人类无法到达的无人区域发挥作用,事实上,它帮人们发现了撒哈拉大沙漠的地下水源、阿拉斯加的巨大石油储存、玻利维亚的大锂矿、巴基斯坦的大铜矿、南中国海大陆架底下丰富的天然气……当然一些森林火灾、洋面温度异常等也难逃其"法眼"。

总而言之,各类人造卫星现在已经深入到人类科学技术的诸多领域,为人类创造出更多的财富。它们的队伍也越来越庞大,如果从用途看,一般可分为三大类:(1)科学卫星,如天文卫星、空间物理探测卫星、技术试验卫星等;(2)应用卫星,这也是卫星队伍中最庞大的一族,主要有通信卫星、气象卫星、导航卫星、测地卫星、资源卫星等;(3)军用卫星,如侦察卫星、截击卫星等,因为涉及保密问题而一般人们对其知之甚少。

"挑战者"与"哥伦比亚"

20世纪80年代起,曾被誉为集卫星、火箭与飞机功能于一身的航天飞机是航天的绝对主角,甚至一度被视为人类太空探索的象征和图腾。

航天飞机曾是先进航天技术的象征,是"阿波罗"号飞船登月之后美国航天事业的里程碑,担负着在载人航天领域与苏联的空间站分庭抗礼的政治宣传功能。航天飞机的概念曾让不少航天大国心动,苏联也曾建造了一架——"暴风雪",它的外形与美国的航天飞机很相似,于1988年11月25日进行了首飞,在3个多小时内绕地球转了2圈后着陆,可惜的是,它再也没有第二次飞行。苏联解体后,它成了人们参观的设施。

美国第一架航天飞机"哥伦比亚"号于1981年4月12日首航成功,以后又陆续建造了"挑战者"号(1983年4月4日首航,飞了10次)、"发现"号(1984年8月30日首航)、"亚特兰蒂斯"号(1985年10月3日首航)、"奋进"号(1991年4月25日首航)。从1981年至1993年底,美国一共有5架航天飞机进行了79次飞行,每次载宇航员2～8名,飞行时间从2天到14天不等。在这12年中,已有301人次参加航天飞机飞行,其中包括18名女宇航员。航天飞机的59次飞行中,开展了一系列科学实验活动,取得了丰硕的探测实验成果,创造了许多航天新纪录。航天飞机首航指令长约翰·杨6次飞上太空,是当时世界上参加航天飞行次数最多的宇航员。

在其辉煌的年代,航天飞机确实创造出过许多足以让其自豪的成绩,如1984年它载着宇航员把一颗11吨的卫星"放"到预定的轨道上,同时还把已经失效的那颗"太阳观测卫星"抓进机内进行复杂的检修,让它重新焕发活力;在太空施放的卫星达50多颗,还把国际空间站送上了太空;它也把"哈勃"望远镜及一架康普顿γ射线望远镜送进轨道,后来曾多次让宇航员对于"哈勃"望远镜动"大手术",让它延长了很多年的寿命;它还在飞行中发射了"麦哲伦"金星探测器及"伽利略"木星探测器。

但是,1986年1月28日,"挑战者"号航天飞机在作第十次飞行时,不料升空后仅过了72秒,它就变成了一团耀眼的火球并猛烈爆炸开来,两道浓烟像狰狞的巨龙挂在大西洋上空16千米的高空,随后熊熊燃烧着的碎片如雨点般地落入大海。机上的5男2女共7名宇航员全部罹难。噩耗传出,里根总统立即中止了会议,向全国宣布:"今天是哀悼与纪念之日"。

真是"祸不单行"。在事隔17年后的2003年2月1日，正是中国人民普庆春节的大喜日子，长空中又传来了令人撕心裂肺的凶讯：第一架航天飞机"哥伦比亚"号在圆满结束了为期16天的太空任务，在返回地球着陆前的16分钟，突然从雷达的屏幕上消失了——它在得克萨斯州的上空中爆炸解体！化为了几道白色的轨迹，又是5男2女7名宇航员全部魂归太空！世界再次为之震惊。

两次灾难，14位精英，让人不得不深刻反思。再说，它们每次发射费用飙升到9 000万美元。这笔花费完全违背了最初设计航天飞机的

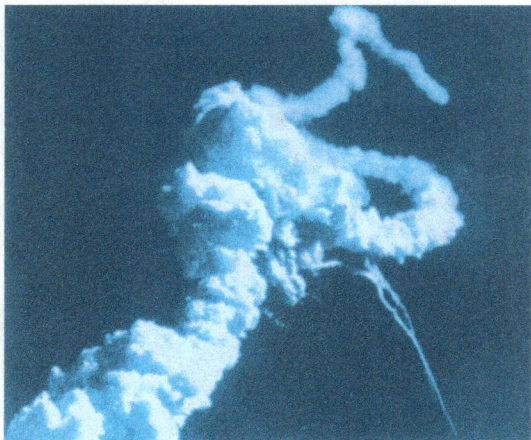
"挑战者"号在空中爆炸

牺牲在"哥伦比亚"号上的7位宇航员

274

预算。美国国家航空航天局在确定航天飞机的结构布局时,曾估计每次发射费用不超过600万美元。现在它每次飞行的成本高达5亿美元,返回后还要进行大量费时费力的检修,这让美国国家航空航天局的财政不堪重负。后来还发现,用航天飞机发射卫星,比使用火箭发射卫星的费用还要高!

再说,航天飞机老化速度远超预期,飞行任务被迫大幅缩水。按照计划,美国的航天飞机寿命最多为20年,每架应飞行100次。而截至到今天,5架航天飞机加起来飞行了才132次,其中2架失事,2架已严重超期服役。从大局看,奥巴马政府的方案是载人飞往小行星(2025年)继而登陆火星,于是作为近地载人飞行器被研发的航天飞机在计划里已成为真正的"食之无味,丢之可惜"的"鸡肋"。于是作为谢幕,2011年7月8日,"阿特兰蒂斯"号从肯尼迪航天中心升空,执行美国航天飞机第135次也是最后一次飞行。至此,航天飞机终于退出了历史舞台。

人类自酿的苦酒

2012年3月24日,国际空间站上的2名美国宇航员、3名俄罗斯宇航员及1名荷兰宇航员接到命令,要他们提前起床,赶快进入"逃生舱",因为有一块由俄罗斯火箭形成的"太空垃圾"正在逼近,由于发现它时已没有时间来调整空间站的运行轨道,只得紧急让宇航员撤离……美国国家航空航天局的官员说,虽然二者真正碰撞的概率很小,但万一发生碰撞,如不采取措施,后果将不堪设想。

事实上,这些年来,地球的上空早已"爆满",横冲直撞的"太空垃圾"已使整个地球上空拥挤不堪,再无什么"安全地带"了,而上述的这种避险至少已经发生3次。更严重的是它们对于那些已经在太空轨道中的各种航天器也构成了巨大的威胁。其中第一场悲剧发生于1975年。那是美国1966年发射的一颗大地测量气球卫星,它于该年7

275

地球上空已被太空垃圾所围

月被一块碎片击中而解体毁灭，而且本身也变成了70多块"太空垃圾"。接着，1981年7月24日，美国北美航空司令部在雷达上，目睹苏联卫星"宇宙"1275号被一块垃圾击中也变为12块乱飞的碎片。1982年，美国的"测地"4号卫星也遭遇灭顶之灾，被一块突如其来的垃圾击中而粉身碎骨，到上世纪末，这样"殉职"的各国卫星已达22个！

它有时还会与航天飞机"开玩笑"，1983年6月24日，美国"挑战者"号第二次飞行回来，人们发现它的一块机舱玻璃上有一道4毫米深的小裂纹。研究表明，这是太空中一块0.2毫米的油漆片撞击造成的结果。这样微小的一片油漆，平时谁会放在心上，可在太空中，由于它的速度极快，动能巨大，一颗豌豆大小碎片的威力，竟不亚于一辆装满水泥的大卡车以每小时96千米速度撞来的能量。由此可见，稍大的碎片就如一颗炮弹，会使任何卫星或飞船遭殃。

应当说，"太空垃圾"本是人类自己酿成的"苦酒"，每次发射后的火箭，失控的卫星以及它们被撞毁后的碎片、宇航员丢弃的物品，都会变成这种危险的东西。根据1997年的估计，这种较大的碎块已有3 500多万块，而小沙子似的颗粒，则可能有几十亿之多！更可怕的是，它们平均每年以10%的速度在增加，而且大多在离地约200千米的空间乱飞。一位专家说如果太空中有10个直径百米的空间轨道站，那么太空垃圾有可能每年击中其中之一，使其遭到损坏。因此，不少科学家已在担心，如此下去，"也许会有一天，整个地球上空会被它们围得水泄不通，人类再也无法飞出地球了。"英国天文学家洛弗尔更加危言耸听，他担心这会使超级大国的防务系统失灵，从而引起国际间的核冲突……

因此，如何处理这些"太空垃圾"，是当今必须考虑的大问题。科学家已经提出了若干设想。一种办法是把航天器的外壳设计成双层的，外层用特殊的材料，它会使"入侵者"自行变为粉末，从而保护了内壳的安全；有的建议在发射前多设计一台火箭发射机，通过地面遥控，把行将成为"垃圾"的东西，再向上推1 000千米，或把它们送到太阳系空间以及其他行星上去；有的建议在航天器上多装一个特殊的"减速气球"，在它行将失去功能时就自动打开，使它降低速度变成人造流星，而自行在大气中焚毁；还有人提出设计一种"太空清扫器"，专门用来收集这种"废物"，并把它们集中运回地球……但目前这些方案还停留在"纸上谈兵"的阶段。

"太空人"

探索浩瀚的宇宙，都需要人类亲自进入茫茫的太空。而太空中没有鲜花与掌声，那儿危机四伏，处处都是生命的禁区，严酷的环境必然要对宇航员提出近于苛刻的要求。除了无可挑剔的身体条件外，还有心理素质、文化水平、身材体重等各方面的特殊要求。如美国先是从驾驶战斗机 1 500 小时以上的飞行员中选出了 508 人，经过健康、文化、心理等层层筛选后只剩下了 69 人，华盛顿的面试又淘汰了其中的 14 人，再经过口试、笔试、医学复查，最后脱颖而出的只有 7 人，成为鼎鼎大名的"水星七杰"。他们的年龄都在 35 岁以下，身高 1.75 米左右，体重 70 千克以下。1997 年，34 岁的美国宇航员帕拉金斯正在俄罗斯的"星城"接受上天前的训练，可不久就因为他的身高比俄罗斯标准（1.70～1.80 米）高了 2 厘米，只能中途打道回府了。

莱伊卡与哈姆

在人类征服宇宙的漫长历程中，充满着危险的未知数：人能否受得了发射开始时的超重？飞船在穿越大气层时的高温会不会把人烤焦？太空中的失重是否会影响人的健康？宇航员如何抵御大气外的极低的温度及致命的宇宙线？横冲直撞的流星会不会把飞船撞个稀巴烂？上天以后怎么生活？如何安全返回地球？

因此在人类上天以前，除了首先要做大量的模拟试验外，还得派出一系列的"开路先锋"。航空史上的功臣是鸡、鸭、羊；航天史上最早的英雄则是苏联的一只名叫莱伊卡的小狗。1957 年 11 月 3 日苏联人发射了世上第二颗卫星——"卫星"2 号，莱伊卡就在其中。当时的报道都说，这个负有光荣历史使命的特殊"旅客"，在密封舱内穿着轻巧的宇航服，虽然身上绑着许多仪器，但它仍然能自由地站立、坐下及卧躺，人们为它准备了足够食用7天的富有水分和营养的胶状食物，其排泄物也有专门的处理设施。7天后则对它实施了"安乐死"。当时

"卫星" 2 号与其中的小狗莱伊卡

苏联人还强调，这个为人类航天开路的先锋在整个过程中"其脉搏、呼吸频率、心电图都接近正常水平"。为了纪念第一个进入太空的生灵，现在苏联航天员之家——莫斯科的"星城"中就有这头雌性猎狐犬的一座铜像，热情的艺术家专门为它写了不下于6首歌曲。

事情真是这样吗？2002年当年参与该计划的一位科学家撰文，道出了事情的真相，原来，莱伊卡本是流浪在莫斯科街头的一只杂种狗，只是它正好被科学家选中了，才"一举成名"成了"猎狐犬"。当时忙忙碌碌的科学家们根本无暇顾及它的感受，所以从未对它进行必要的进入太空之前的训练。只是匆匆给它戴上了心脏测试器、呼吸辅助器等简单的仪器，再套上宇航服就塞进了"卫星"2号。

在火箭发射时，巨大的声响、剧烈的震动把莱伊卡吓坏了，以至它频频地用头直撞机舱，并凄厉地哀号不停，死命想逃脱出去……从遥控的仪表中得知，它当时血压陡升，心跳加快了3倍。当火箭进入到大气层后，因巨大的速度摩擦产生的高温，又使舱内的温度从18℃ **279**

美国的航天元老——猩猩"哈姆"

猛升到41℃，备受酷热煎熬的莱伊卡在滚滚的热浪中，只过了5小时就呜乎哀哉了。可见，原先的神话完全是为了特定的政治需要而精心编织的故事。

　　1960年，苏联开始了激动人心的"卫星式宇宙飞船"计划，为首次载人航天飞行做准备。5艘飞船中，1号、3号被烧毁，但2号、4号、5号却都安全返回地球。其中最早回收的"卫星"2号飞船的密封舱内，还装着一批特殊的"乘客"——两只狗、两只大白鼠、40只小白鼠、一大群难以计数的各种昆虫，此外还有两盆紫鸭跖草、洋葱种子、玉米种子、葫荽种子以及许多细菌。这批特殊的"宇航员"在太空中飞行了16圈（24小时）后，于1960年8月20日返回地面。不仅所有动物安然无恙，那些种子后来都照常发了芽。

　　美国的动物试验落后于苏联，直到1961年1月31日，才把一头名叫"哈姆"的黑猩猩装入"水星MR–2"号飞船，但这次飞行充其量只能称作"弹道飞行"，因为飞船只上升到248千米，飞行的时间仅16分钟，飞过的距离才700千米——还远远不及武汉到上海的距离。"哈姆"在海面上出舱时显得异常兴奋，跳个不停。1983年它26岁时无疾而终，科学家将其制成了标本，陈列于"太空博物馆"内，供人永远瞻仰。接着，该年11月29日发射的"水星MR–5"号飞船，又一次获得了成功，里面的黑猩猩"艾努斯"在绕地球转了两圈后安全回到了

地面上。

英年早逝的加加林

在上世纪60年代初,苏联的航天技术处于绝对的领先地位,继"卫星"1、2号上天后,3艘"月球"飞船又是绕月,又是硬着陆,又是绕到月球背面,让人首次领略了从未见过的月背状况。

当美国还在作动物试验时,苏联又跨出了一大步:第一次把人类送进了太空,从而开创了人类航天的第三个里程碑,进一步巩固了其航天"龙头老大"的地位。

1961年4月12日格林尼治时间6时07分,苏联的尤里·加加林少尉,搭乘飞船从拜克努尔发射场腾空而起,在离地面181～327千米的高度上以89.1分钟绕地球一圈后安全返回,整个飞行时间为1小时48分。当重回大气层时,加加林从窗口见到飞船的外壳已被烧得通红。他及时地跳伞了,当时只有3个生物——一对年轻的母女和一头奶牛目睹了加加林的着陆。那年轻的母亲哆哆嗦嗦地问他:"你……你是从太空来的吗?"当时,一个聪明的农庄技师在他落地的凹坑上钉上了一块木牌。上面写着"请勿移动!1961年4月12日莫斯科时间10时55分。"后来,木牌换成了永久性的纪念碑。

苏联人民为自己的巨大成就陶醉了,他们为加加林成为第一位饱览地球全貌的幸运儿感到自豪。4月15日当局对他进行重奖,授予

太空第一人加加林

281

他"苏联英雄"的称号、颁发了列宁勋章,并破格晋升为少校,奖励1.5万卢布的奖金及一套四室一厅(80平方米)、附有整套南斯拉夫家具的住房。后来他出访了捷克、古巴、印度、巴基斯坦、英国、日本等28个国家。所到之处无一不是万人空巷,数以万计的"粉丝"都把他当作心目中的头号偶像,全世界有300多个城市竞相请他当"荣誉市民"……

直到苏联解体后,才有人透露出人类这第一次航天活动中的真实情况,原来首次载人航天活动并非是当时所宣传的那样完美,而是险象环生。在起飞前,飞船总设计师科罗廖夫明确告诉他,成功返回的可能性只有50%!而实际情况也确实如此——在返回时,飞船上的自动操作系统却没能让密封舱和服务舱分离开来,这使他的座舱一度失控而旋转起来。幸亏他处变不惊,立即改用复杂的手动操纵,并花了近10分钟的时间(原计划此过程只需10秒),才把这个服务舱抛掉,摆脱了死神的威胁,这也使降落地出现了近1 000千米的误差。而且着陆时他的大脑也出现了问题,除了妻子与女儿外,他已记不清其他人包括科罗廖夫的名字,对当时的日期也记不起来,甚至在整整一个星期中,他还不易辨清方向,而这原是航天员最基本的技能。后来经过治疗才逐渐得到恢复。

加加林一直十分努力学习,1968年他以优异的成绩从茹科夫空军学院毕业,并撰写了《通向宇宙之路》。但令人扼腕的是,在一个多月后3月27日的一次例行的飞行训练中,他驾驭的"米格"15战斗机再也没回来……出事的具体原因至今还是一个不解之谜。

为了纪念这位太空开拓者,他被安葬(可能只是衣物)于克里姆林宫墙下,在繁华的列宁大街上,竖起了一座高40米的花岗岩纪念碑,上面加加林的塑像有12米高。此外,国际天文学联合会特地把月背上一座较大的环形山命为"加加林山",把第1772号小行星命名为"加加林星",能获此双重荣誉的航天员,迄今为止只有他一人。

差点回不来的"太空漫步者"

在现在的航天飞机和空间站中，那儿的小气候已与地面上办公室内相差不多了，所以尽可穿着一般的衣服。但在舱外，却仍是危机四伏，太空中奇寒彻骨，在阳光照不到的地方，温度通常是−200℃以下，在日常生活中，零下四五十摄氏度的天气就很可怕了，如果不戴好手套就去拉门上的金属把手，皮肤就会有被烫的感觉，同时又会有被粘住、被撕掉一层皮的危险！到太空中−200℃时，会让很多物体性质发生改变，如铁器会变得松脆易断，橡胶将失去弹性……还有，太空中有许多无形的杀手，如紫外线、X射线、γ射线，它们都能置人于死地，就是那些小小的流星甚至一些"太空垃圾"，也都因它们具有宇宙速度而能轻易把人砸死。再说，那儿几乎是一片真空，没有大气可供人们去呼吸，而且在进入真空后，人体内部的压力会让人受不了，至少血管中的气体就要生成许多气泡，把所有的血管堵得严严实实，早期的潜水员没有这方面的知识，在深海完成任务后回家心切，快速升到水面，就因压力骤然降得太多，导致血管被堵而猝然死去。

如果说，加加林上天揭开了人类航天的序幕，那么走出航天器，探身于茫茫太空也是一个重要的里程碑。因为如果宇航员不能在太空中自由活动，那么"太空作业"

列昂诺夫自画的太空漫步图　**283**

就是一句空话,像"和平"号、"国际空间站"等也就无法建成,太空出了故障的航天器也只能眼睁睁地让它报废……然而,太空中到处是死亡的陷阱,要让人们在太空中漫步谈何容易!美苏在这场竞争中,又让苏联人拔了头筹。因为美国宇航员怀特从"双子"4号飞船上迈向太空已是6月3日,比列昂诺夫迟了2个半月。

世界上第一个进行"太空漫步"试验的是苏联31岁的阿列克谢·列昂诺夫中校。1965年3月18日8时30分,他穿上宇航服,系了一条5米长的特殊绳子,勇敢地跨出了"上升"2号飞船,在茫茫太空中"漫步"了12分9秒。当时只说是"取得了巨大的成功",证明了"人可以在宇宙空间逗留""只是由于受太阳照射的那半边温度烫人,而背阳面又极其寒冷"列昂诺夫说:"所以他在太空中需要不停地旋转身体。"以免一面被烤熟,一面被冻成冰柱。

其实当时的麻烦要大得多。甚至出现了列昂诺夫能否回来的生死攸关的考验。因为当时他结束漫步,在回到"上升"飞船的舱口时,他猛然发现已无法进入那个舱门了——在无大气压的太空中,他的"太空服"已极度地膨胀起来。几次尝试都无济于事,在这生死关头,舱内的同事巴维尔·别里亚耶夫也急得手足无措。如果找不到办法,列昂诺夫将成为飘泊在宇宙空间中的"人体卫星"。列昂诺夫当然清楚这时的处境十分危险,因而不禁浑身发冷,体温也上升至38℃,呼吸则加快了1倍,心跳达到了每分钟145次!幸而他很快便冷静下来,机智地想起放气,并勇敢地按下一个按钮,放走了太空服中1/4的空气,才勉强挤进了舱门,成为又一个创造了历史的英雄。

后来列昂诺夫成了画家,他还把自己当初这场试验的场景绘了下来。20世纪80年代他还应邀访问了中国,受到了中国航天界的热烈欢迎。

美国的同类实验迟了2个月,1965年6月3日,美国宇航员怀特与

麦克维特两人乘坐"双子"4号飞船上天,其中怀特也跨出了飞船,在

太空漫步了22分钟。他在太空中兴趣盎然，纵声大笑，与同伴不时开玩笑，说开心话，甚至有些"不想回飞船了"。但让人扼腕的是，两年后在一次意外事故中，怀特与其他两个人一起被大火烧死在"阿波罗"的试验舱内。

太空中的铿锵玫瑰

今天，飞向太空已不再是梦，世界各国的"太空人"已达500多人。其中有10%左右是不让须眉的女性，其中美国46人，苏联（俄）3人，加拿大2人，日本2人，中国2人，法国1人，英国1人，韩国1人。现今仍在服役的有26人。

最早迈进太空的女宇航员是苏联的捷列什科娃。1963年6月16日，26岁原是纺织女工的她乘坐"东方"6号飞船在太空绕地48圈，太空飞行时间为70小时4分49秒。1986年10月她作为国际妇联副主席、苏联妇联总书记的身份到中国作了友好访问，后来获得"苏联英雄"称号，晋升为苏联空军少将。2008年已届古稀之年的她，作为北京奥运会的"火炬手"仍是英姿飒爽地跑完了200米。她还是技术科学副博士，两次被授予列宁勋章；荣获联合国和平金奖，以及世界许多国家授予的高级奖章，是世界上10多个城市的荣誉市民；现在她的芳名已用来命名了月球背面的一个环形山。

美国的第一（世界第三）位"女航天员"是萨莉·赖德。她

第一太空女捷列什科娃　**285**

在1983年32岁时，与其他4名航天员搭乘"挑战者"升空，完成了她的首次太空任务。虽然从上天的时间上说，她落后捷列什科娃20年，但她在"挑战者"号上连续6次做的施放和回收卫星的实验全部成功，被人誉为"超级明星"。令人扼腕的是，在与胰腺癌顽强斗争17个月后，于2012年7月23日逝世，享年61岁。也是迄今第一个逝世的"太空女"。

美国总统奥巴马闻讯后表示，萨莉是"一位国家英雄、一个强有力的模范，她的一生表明，没有什么我们做不到"。美国国家航空航天局局长查尔斯·博尔登发表声明说，萨莉·赖德以非凡的魅力和专业精神打破了行业藩篱，真正改变了美国航天项目的面貌，她的逝世意味着"美国失去了一位最好的领军人物、教师和探索者"。

最早实现女性"太空作业"的是有"将门虎女"之称的苏联女性斯韦特兰娜·萨维茨卡娅，她也是第二个进入太空的女航天员。萨维茨卡娅生于1948年，她父亲是一位两次获得"苏联英雄"称号的空军元帅，母亲是一位教育工作者。她从小就对火箭技术感兴趣，对加加林十分崇拜。在成为航天员之前是一位飞机试飞员，曾在飞行竞速和高度方面创下3项世界纪录，17岁时就跳伞500次。她曾于1982年和1984年两次飞向太空，在第二次任务中成为全球首位进行太空行走的女性。

1984年7月，她勇敢地步出了"礼炮7号"空间站，这位36岁的女强人在茫茫太空中从容不迫地做各种机械操作，时间长达3小时35分，后来她再次进入太空，创下了在太空生活时间最长纪录：11天19小时14分。所以苏联苏维埃最高主席团做出决议，在"星城"中为她塑造了一尊半身铜像；萨维茨卡娅曾对记者说，作为航天大国的苏联和美国都一度流行"女人不能从事航天"的观点。但她坚信，世界上没有只有男人才能干的工作，在航天方面女性有可能表现得更出色。这取决于一个人的训练程度、心理及生理条件、自控能力和个人目标，与性别无关。她还告诉刘洋，太空飞行不会影响女性的生育。

2001年10月31日法国女航天员克洛迪·艾涅尔乘坐俄罗斯的"联盟-32"号飞船的返回座舱,在哈萨克斯坦的大草原上安全着陆。能够像她那样连续3次进入太空且在"和平"号及国际空间站工作过的女性,实在是屈指可数。艾涅尔1957年5月出生,曾是一位医生,1996年她在"和平"号上工作了14天,成为法国第一位"太空女"。

出生在中国的美国女宇航员露西德

美国的太空女香农·露西德是个传奇式人物。她于1943年诞生在中国上海,6岁时才回美国。她创下的纪录有:(1)上天次数最多——5次;(2)两次创年龄最大的纪录——1993年上天时是50岁,1996年最后一次上天时她已是53岁的祖母了,与女性上天的平均年龄38岁相比,足足大了15年;(3)在太空连续生活时间最长:1996年她53岁时,在和平号太空站与两名俄罗斯航天员一起生活了188天,创造了女子太空飞行时间最长的世界纪录。而此前美国男航天员的最长纪录也只有115天;(4)在太空逗留共计5 354小时;如今她已成为全美最受人尊敬的女性之一,美国前总统克林顿盛赞她"以自

中国第一太空女刘洋

287

手持摄像机拍摄图像

众人观看王亚平的太空授课

己的智力、意志、勇气和幽默，为美国青年树立了很好的榜样"。在为她颁发了"国会航天荣誉奖"时还向她赠送了私人礼物。1997年夏她应邀访问了成都、北京，为中国青少年介绍了她的太空之路，受到了热烈的欢迎。她的赠言是："希望你们努力学习，有朝一日从你们当中涌现出第一批中国航天员。"

2012年6月16日18时37分，"神舟"9号飞船载着景海鹏、刘旺、刘洋三人升天，29日16时，他们圆满地完成中国首次载人交会对接任务。中华巾帼第一人刘洋终于写下了她人生中的浓重一笔。

她在荣获了"英雄航天员"荣誉称号后，记者与她打趣："人家都叫你'嫦娥'，可'嫦娥'没获过'航天英雄'的称号呀。"机智的刘洋马上接过话茬："我不是'嫦娥'，我是'常我'——平常的我。"落座之际，她还朗声补了一句："'嫦娥'是别人给我的褒奖，'常我'才是真实的自我。做事，说话，我喜欢按照常情常理来。我只是一名普普通通的航天员，一个赶上了好时代的幸运儿！"

2013年6月11日17时38分"神舟"10号飞船搭载三位航天员飞向太空，23日"神舟"10号飞船与"天宫"1号对接圆满成功，飞船上的女宇航员王亚平也是中国第二位"太空女"，她不负众望，于20日实现了中国首次太空授课。课后她通过电子邮件与世界第一位太空教师、美国前宇航员芭芭拉·摩根进行沟通。21日在一次天地通话中，她委托航天英雄杨利伟转达记者，通过《解放军报》和中国军网向全军女战友和军嫂致以诚挚问候和美好祝福。

夫妻宇航员和兄弟宇航员

在人类进入太空的50多年来,先后已有500多位宇航员飞上太空。但真正成为"天界鸾凤"的却并不多,至今共有8对"太空夫妻"。其中美国5对,俄罗斯(包括苏联)2对,还有1对则是法国人。

捷列什科娃从太空返回之后成了苏联的女英雄,也成为引领苏联女士们的"时尚"潮流,包括她的微笑、她的发型、她那酷似男人的严整衣着……她的一切,都受到了千百万"粉丝"的狂热追捧。

3个月后,捷列什科娃与驾驶"东方"3号的宇航员安德里扬·尼古拉耶夫喜结良缘,成了世界上第一个"航天员之家"。

第二对"太空夫妻"也是苏联人:资深宇航员柳明与苏联的第三位女宇航员,曾创下逗留太空169天纪录的康达科娃。康达科娃于1994年5月乘坐美国"亚特兰蒂斯"上天时,芳龄是37岁,当时她已有了一个8岁的可爱女儿。然而,因为目前对于在失重条件下的生育问题,科学家们还未做很好的研究,所以还从未让"太空夫妇"上天比翼齐飞。勉强可算的只有美国的那一对:39岁的马克·李与38岁的简·戴维斯。1992年9月,二人一起参加了"奋进"号航天飞机的太空之行,在太空中共同生活了8天时间。但二人虽然近在咫尺,可他们当时被

太空中的"牛郎织女"马克·李与简·戴维斯 **289**

安排在不同的班次,加上繁重的工作,使他们成了真正的"牛郎织女",根本没有相聚在一起的机会,只有在每天交接班时的15分钟内,他们才能匆匆见上一面,说一些互相鼓励的话语。

而兄弟宇航员则更少了,迄今为止只一对美国人:马克·凯利和斯科特·凯利。二人是在1996年入选美国航空航天局的,当时应征者多达2 400人,这对孪生兄弟能从众多竞争者中脱颖而出实属不易。入选时二人年龄为32岁,有趣的是,他们不仅面貌酷似,一般人难以区分,而且二人的经历也几乎相同,他们都是在5岁那年,从电视转播中见到了"阿波罗"11号飞船登月,受到阿姆斯特朗的那句名言的激励,就萌发了长大以后要为航天献身的志愿。在高中时代,二人都是学校游泳队的主力队员,考大学时又不约而同地选了工程学的专业,大学毕业后又都当上了海军飞行员,他们明白,这是实现他们理想的捷径。平时二人都爱好打高尔夫球,奇怪的是,二人生的都是女儿,她们长得也非常相像,叫人不得不称绝。只是这对兄弟至今还没有获得一起上天的机会。

最老的与最年轻的宇航员

进入太空年龄最小的宇航员是苏联人,他就是苏联第二位宇航员、世界上第四位进入太空的格·斯·季托夫,1961年8月6日,他乘坐"东方"2号飞船首次进入太空时实际年龄还不到26岁,在太空中飞了1天1小时18分,绕地球转了18圈。2001年去世时仅66岁。

美国宇航员上天的年龄平均为42岁,第一个以花甲之年闯进太空的是美国的马斯格雷夫。此人很有传奇色彩,他拥有7个学位,是有名的飞行员、哲学家、园丁、诗人和神秘主义者,同时还是一位出色的外科医生,1993年他第5次进入太空完成"哈勃"首次维修,但在太空作业时,不慎冻伤了几个手指头,才不得不放弃手术刀。1996年他已是61

岁，但仍乘"哥伦比亚"号航天飞机完成了第6次太空飞行。他以其丰富的阅历、充沛的精力、强健的体魄，以及工作中追求完美的韧劲，让人佩服得五体投地，他还因此获得了"太空大师"、"精细博士"的雅号。

然而他的光辉很快被年龄更大的格伦所掩没。格伦出生于1921年7月，曾是最早的"水星七杰"之一。他曾在1962年乘坐"水星"6号飞船绕地球飞了3圈，当时41

以77岁高龄进入太空的美国格伦

岁的他成为世上第五位"太空人"。1965年他虽从航天局退休了，但一直坚持为重返太空而锻炼，坚持不抽烟、不饮酒，每年进行例行的体格检查。

1998年2月他又获准重披战袍，开始了为期9个月的宇航员训练活动。虽然这时他已是古稀老人，却仍严格要求自己，一丝不苟地做完所有的训练项目，得到了人们的一致好评。1998年10月29日，"发现"号航天飞机把77岁的他送上太空时，连专门前来参观的克林顿总统也情不自禁地说："这是美国最伟大的一天，也是老年人最伟大的一天。"

在9天的太空生活中，格伦的表现极好，他与其他6位同事一起进行了许多科学试验，而他本人也是这次太空试验的"小白鼠"。对他的测试包括睡眠干扰、心脏监测、蛋白质分解、太空平衡、肌群骨质等许多项目。因为他36年前上天的那些原始记录都存在档案内，这种可以对照的数据是无人可以替代的。或许这也是他能获准重返太空的原因之一。1999年1月，格伦机组的7人在日本举行了一次记者招待会，会上他侃侃而谈："人要有理想，有追求，理想与追求与年龄是无关的……我总是有自己的梦，这样岁数大一些就不会是一种负担了。"

太空英魂知多少

遨游太空固然令人神往，但却是危机四伏，任何一点小小的疏忽，都将会付出可怕的代价。据统计，在最早进入太空的203名宇航员中，就有15人献出了宝贵的生命，占7.4%。

第一位为航天事业献身的是苏联宇航员邦达连科。1961年3月23日，还是在加加林上天前，他在充满了纯氧的密封舱内做模拟试验，因一个小小的酒精棉球引发了一场大火，待救援人员打开舱门，把他送往医院的途中就停止了呼吸。

在"联盟"1号飞船上牺牲的科马罗夫

接着为此牺牲的是3名美国宇航员——39岁的格里索姆，37岁的怀特（也是美国第一个在太空行走的人）以及31岁的查菲。1967年1月27日，他们进入"阿波罗"1号飞船做地面试验，这种试验并不要求升空，甚至不必点火，火箭中也没有装燃料，因为谁也没有料到会有惨祸发生，也没有一个医生、消防员之类的应急人员在场。下午6时30分，进行最后倒数计时了，突然一个小小的火花引起了熊熊大火，人们一时无法打开舱门。整个事故前后不过3分钟光景，可3名宇航员已变成了焦炭！这可怕的3分钟使"阿波罗"

登月计划推迟了几乎整整2年！从此飞船的舱门也一律改成朝外开。

同年4月，厄运降落到苏联宇航员科马罗夫的头上。4月23日，30岁的科马罗夫登上了新制造的"联盟"1号飞船，这是他从事的第二次航天活动。"联盟"1号飞船总长9.3米，最大直径2.6米，质量6.5吨。在26小时45分的飞行中，他顺利地绕地球转了18圈，可就在24日返回地球的最后关头，降落伞失灵无法打开，造成了悲剧。

1971年6月30日，苏联的一场"太空悲剧"又让世界震惊不已。那年6月6日，3名宇航员伏尔科夫（36岁）、帕扎耶夫（38岁）及多布洛伏尔斯基（43岁）登上了"联盟"11号飞船。在20多天内，他们顺利地完成了计划中的各项试验，但就在返回地球的最后时刻，由于技术上的一个小小疏忽，密封舱没有封严，飞船内的空气一下逸漏到太空中，他们被活活憋死在飞船内！

出于政治需要，苏联对于航天事故一向是秘而不宣的，包括上面所说的"联盟"1号和"联盟"11号飞船的两次事故，也是吞吞吐吐以其他方式表达出来而最后为西方"分析"证实的。

1976年，从苏联逃往西方的一名生物化学家，揭露了一场10多年前本来完全可以避免的航天史上骇人听闻的空前惨祸。

1960年，正是火星的大冲（离地球最近）之年，赫鲁晓夫命令，要在11月初他去美国访问之前，向这个神秘的红色行星发射世界上第一枚探测器，以增强他的政治资本和个人形象。10月23日，巨大的火箭装上了高高的发射架，但当高级火箭专家格瓦伊和苏联武装部队副参谋长、火箭军司令涅杰林元帅等人下令按下发射电钮时，点火装置竟然什么反应也没有。克里姆林宫大为恼火，严令必须"按时发射"。为了不耽误发射日期，他们没有从火箭中取出燃料便匆忙进行检查抢修，一些特殊的梯子及平台火速被搬到了庞大的火箭旁，几十名工程师和专家开始在周围士兵的监督下进行全面检查。谁知不早不迟，失灵的点火装置偏在此时恢复了功能，一下点燃了火箭。但因火箭被发射塔牢牢

"挑战者"号（左）及"哥伦比亚"号上牺牲的14名宇航员

地束缚着，愤怒的火箭带着熊熊烈火连同发射架一起倒了下来，在场的所有人员全部牺牲。

此外，美国的"挑战者"号、"哥伦比亚"号航天飞机失事，捐躯的宇航员多达14名。

方兴未艾的"太空葬"

大千世界真是无奇不有。已经拥挤不堪的太空，西方还有许多私人企业仍想分一杯羹。1984年，英国北英格兰的一家殡仪馆刊登了一则别开生面的广告。广告说"死后骨灰可以撒向宇宙"，他们可以为顾客接受预约登记的业务。这家英国殡仪馆是代美国纽约"宇宙信息运输公司"中的里茨殡仪馆受理这个业务的。美国人将在三年后开设这项新业务。在此之前，他们可以为顾客免费保管骨灰。殡仪馆馆长还强调"本馆能满足预约者的任何要求"，"其费用按离地面高度不同而大致分为四档"……

广告刊出后，竟然大受欢迎，因为西方不少人都想在自己死后让"灵魂升上天堂"。所以，一时间那家殡仪馆的生意竟应接不暇。能赚钱的好生意人人想做，这种私人空间运输公司竟像雨后春笋般地兴办起来。1987年已正式注册并实现了计划的，是一家设在休斯敦的"太空服务公司"。该公司的经理唐纳德·斯莱顿原是"阿波罗"号飞船的宇航员。他在1975年7月15日与另两人同乘"阿波罗"号飞船上天。当时他已51岁，在空间逗留了15天17小时，并完成了与苏联"联盟"19号飞船的对接联合飞行。斯莱顿与佛罗里达州的蓝天殡仪馆合作，于1988年正式开办了世界上第一家"太空殡仪公司"。

他们将尸体用最新技术焚化处理后，装入一个形似唇膏的"巡天柩车"内。巡天柩车直径0.95厘米，长5.08厘米，实际上是个小小的胶囊管。胶囊内附有死者的姓名及生卒日期等简短的信息，胶囊外面可涂上一层高效的反光物质，这样可以从地面上用望远镜来"凭吊"它。公司用一枚火箭把一颗大约600千克的卫星（内装5 000粒胶囊）送到离地面约3 000千米的太空，使它们可在太空中至少存在6 300万年！收取的费用是每位2 500～3 000美元，仅比最便宜的火葬费用贵500美元左右。

1977年4月21日，一颗六角形的微型卫星果真发射升天。这颗世界第一次实行"太空葬"的卫星直径约1米，高1.5米，质量200千克，轨道离地面600千米，里面装有35位死者的部分骨灰，除了有一个是4岁的日本女孩外，其余都是科学家、教授、作家或演员，知名度最高的是电视剧《星球大战》的作者罗登·柏格。实际的收费标准是4 800～6 315美元。

"太空殡仪公司"的"巡天柩车"似一支唇膏

而死者的亲属还可得到包括卫星发射录像在内的少量纪念品。他们还准备第二次把规模搞得更大……

目前已有近150人参加了美国太空服务有限公司推出的"太空葬",其中有曾因饰演电视剧《星际迷航记》中的工程师斯科蒂而扬名的著名演员詹姆斯·杜翰,而2005年10月刚刚去世的"水星计划"的宇航员戈登·库珀届时也将和另外两名曾致力于推广人类空间探险计划的朋友一起进入太空安息。

图书在版编目（CIP）数据

浩瀚宇宙/张明昌编著. —上海：上海辞书出版社，2015.4
（发现世界丛书/褚君浩主编）
ISBN 978−7−5326−4349−3

Ⅰ.①浩… Ⅱ.①张… Ⅲ.①宇宙−普及读物
Ⅳ.①P159−49

中国版本图书馆CIP数据核字（2015）第037704号

策划统筹　蒋惠雍
责任编辑　于　霞
整体设计　赵晓音

发现世界丛书
浩瀚宇宙
张明昌　编著
上海世纪出版股份有限公司
上海辞书出版社　出版、发行
中国图书进出口上海公司

2015年4月第1版
ISBN 978−7−5326−4349−3/P·16

www.ingramcontent.com/pod-product-compliance
Lightning Source LLC
Chambersburg PA
CBHW061137220326
41599CB00025B/4265